晚古生代冰室期华北板块
环境变化与火山活动研究

王 野 张 彤 阎卫东 鲁 静 著

中国建筑工业出版社

图书在版编目（CIP）数据

晚古生代冰室期华北板块环境变化与火山活动研究 / 王野等著. -- 北京 ：中国建筑工业出版社，2025. 8.
ISBN 978-7-112-31426-3

Ⅰ．P548. 22；P317

中国国家版本馆CIP数据核字第20250XC910号

责任编辑：杨　杰
责任校对：赵　菲

晚古生代冰室期华北板块
环境变化与火山活动研究

王　野　张　彤　阎卫东　鲁　静　著

*

中国建筑工业出版社出版、发行（北京海淀三里河路9号）
各地新华书店、建筑书店经销
北京鸿文瀚海文化传媒有限公司制版
建工社（河北）印刷有限公司印刷

*

开本：787毫米×960毫米　1/16　印张：12½　字数：245千字
2025年8月第一版　　2025年8月第一次印刷
定价：**68.00**元
ISBN 978-7-112-31426-3
（45243）

前　言

　　晚古生代是植物登陆以来持续最长的冰室期（254.5～360Ma），记录了植物登陆以来唯一一次地球气候由冰室期向温室期的转变，与当前人类生活的第四纪冰期—间冰期全球气候演化特征具有极大的相似性。晚古生代冰室期由多个冰期—间冰期旋回（冰川旋回）组成，并在高纬度地区留下了广泛的沉积记录，但我们对冰川旋回对低纬度地区环境变化的影响还很少了解。同时，伴随着晚古生代潘吉亚大陆的聚合，全球火山活动频繁（如斯卡格拉克中心、峨眉山和西伯利亚等大火成岩省）、环境变化剧烈（如早阿瑟尔冰原快速生长、早亚丁斯克期冰原垮塌等）。当前我们对这些环境变化与火山活动的联系还知之甚少。

　　为了揭示晚古生代冰室期华北板块环境变化与火山活动的联系，本书以处于低纬度地区（20°N～30°N）的华北板块石炭—二叠纪扒楼沟剖面、石门寨剖面和ZK-3809钻孔典型剖面和岩心为研究对象，应用年代地层学、沉积学、元素地球化学（含汞）和岩石学等理论和方法，进行了目标地层综合年代地层格架［由锆石U-Pb定年、化学地层（有机碳同位素$\delta^{13}C_{org}$组成）等推断］、环境（包括沉积环境、海平面和碳循环波动、古野火和大陆风化趋势）和火山活动沉积记录（由元素Hg富集异常及其同位素组成推断）恢复，以及冰室期环境变化与火山活动关系的研究。利用锆石U-Pb定年和化学地层数据建立了研究区典型剖面目标地层阶/期级别的高分辨率综合年代地层格架；运用沉积环境演化、$\delta^{13}C_{org}$、干酪根显微组分和化学风化指数等指标参数，揭示了研究区的海平面波动、碳循环、古野火、风化作用、气候和环境变化的记录；利用元素 Hg 及 Hg 同位素、Ni 等富集异常等指标参数，揭示了华北北缘火山活动、斯卡格拉克中心大火成岩省、塔里木、羌塘大火成岩省、Panjal、Choiyoi、峨眉山和西伯利亚大火成岩省在目标地层的沉积记录；总结和提出了低纬度地区环境变化与火山活动的关系。本研究对深入认识晚古生代冰室期冰川旋回对低纬度地区环境变化的影响及其驱动机制具有重要意义，可以为未来第四纪冰室期环境—气候变化预测提供一定的科学依据。

本书是集体劳动的成果，撰写分工如下：第1章～第3章由王野（沈阳建筑大学）、张彤（中煤科工西安研究院）、鲁静[中国矿业大学（北京）]执笔；第4章～第7章由王野、张彤、鲁静、阎卫东（沈阳建筑大学）执笔；第8章由王野、张彤、鲁静、阎卫东执笔；硕士研究生张春华、叶卓澄、杨玉竹和赵轩震帮助完成整理工作，本书由王野统稿。

本书的研究得到了辽宁省教育厅青年项目（LJ212410153028）、辽宁省科技计划联合计划（2024–BSLH–261）、辽宁省结构智能化与安全技术重点实验室建设项目、国家自然基金（41772161/42172196）和河柳江盆地地质遗迹保护（Z1303002403442001）项目的资助，在此表示感谢。

目　录

第 1 章　引言

1.1　背景描述 ··· 1
1.2　研究目的和意义 ··· 1
1.3　国内外研究现状 ··· 3
　　1.3.1　晚古生代冰室期的研究现状 ·· 3
　　1.3.2　华北板块石炭—二叠纪年代地层格架研究现状 ················· 4
　　1.3.3　高分辨率沉积地层火山活动记录及其指标研究现状 ·········· 6
　　1.3.4　Hg 同位素作为追踪沉积地层中 Hg 来源的现状 ··············· 7
　　1.3.5　火山活动对环境—气候的驱动作用研究现状 ·················· 8
　　1.3.6　存在的问题 ··· 9
1.4　研究目标和研究内容 ·· 9
1.5　拟解决的关键问题 ·· 10
1.6　技术路线 ·· 11
1.7　完成的工作量和创新点 ··· 12
　　1.7.1　完成的工作量 ·· 12
　　1.7.2　主要研究成果 ·· 13
　　1.7.3　创新点 ··· 13
1.8　本章小结 ·· 14

第 2 章　区域地质背景

2.1　研究区范围 ·· 15
2.2　大地构造背景 ·· 16
2.3　地层发育特征 ·· 18
2.4　古地理背景 ·· 19
2.5　本章小结 ·· 21

第3章 研究材料与方法

3.1 研究材料 ……………………………………………………… 22

3.2 研究方法 ……………………………………………………… 31

    3.2.1 沉积环境分析 …………………………………………… 31

    3.2.2 U–Pb锆石定年分析和地层年代格架的建立方法 ……… 31

    3.2.3 总有机碳和碳同位素组成分析及碳循环波动的研究方法… 32

    3.2.4 汞和汞的同位素分析及火山活动记录的研究方法 …… 33

    3.2.5 有机显微组分分析和野火记录的研究方法 ………… 35

    3.2.6 常微量元素分析和大陆风化作用的研究方法 ……… 36

    3.2.7 黏土矿物含量分析和古气候的研究方法 …………… 37

3.3 本章小结 ……………………………………………………… 38

第4章 目标地层剖面层序与综合年代地层格架

4.1 剖面层序与岩性描述 ………………………………………… 39

    4.1.1 扒楼沟剖面层序与岩性描述 ………………………… 39

    4.1.2 石门寨剖面层序与岩性描述 ………………………… 45

    4.1.3 ZK–3809钻孔岩性描述 ……………………………… 49

4.2 目标地层综合年代地层格架 ………………………………… 54

    4.2.1 扒楼沟剖面年代地层格架 …………………………… 54

    4.2.2 石门寨剖面年代地层格架 …………………………… 56

    4.2.3 石门寨ZK–3809钻孔年代地层格架 ………………… 59

4.3 本章小结 ……………………………………………………… 85

第5章 研究区石炭—二叠纪环境变化特征

5.1 晚石炭世环境变化特征 ……………………………………… 86

    5.1.1 沉积环境演化与海平面变化特征……………………… 86

    5.1.2 干酪根显微组分及野火记录 ………………………… 92

    5.1.3 碳循环波动 …………………………………………… 93

    5.1.4 讨论 …………………………………………………… 94

5.2 石炭—二叠纪过渡期环境变化特征 ………………………… 99

    5.2.1 碳循环波动 …………………………………………… 99

   5.2.2　大陆风化趋势和气候变化 ································ 99
   5.2.3　讨论 ································ 101
  5.3　早二叠世环境变化特征 ································ 106
   5.3.1　碳循环波动 ································ 106
   5.3.2　干酪根显微组分和野火记录 ································ 107
   5.3.3　有机质类型变化 ································ 108
   5.3.4　大陆风化趋势 ································ 109
   5.3.5　讨论 ································ 109
  5.4　中二叠世环境变化特征 ································ 114
   5.4.1　碳循环波动和野火记录 ································ 114
   5.4.2　讨论 ································ 116
  5.5　晚二叠世环境变化特征 ································ 118
   5.5.1　沉积特征 ································ 118
   5.5.2　碳循环波动 ································ 119
   5.5.3　干酪根显微组分和野火记录 ································ 120
   5.5.4　大陆风化趋势 ································ 122
   5.5.5　讨论 ································ 124
  5.6　本章小结 ································ 128

第6章　研究区石炭—二叠纪 Hg 富集异常与火山沉积记录

  6.1　晚石炭世火山活动记录 ································ 129
   6.1.1　研究结果与分析 ································ 129
   6.1.2　讨论 ································ 131
  6.2　石炭—二叠纪过渡期火山活动记录 ································ 135
   6.2.1　研究结果与分析 ································ 135
   6.2.2　讨论 ································ 137
  6.3　早二叠世火山活动记录 ································ 141
   6.3.1　研究结果与分析 ································ 141
   6.3.2　讨论 ································ 144
  6.4　中二叠世火山活动记录 ································ 146
   6.4.1　研究结果与分析 ································ 146
   6.4.2　讨论 ································ 150
  6.5　晚二叠世火山活动记录 ································ 150
   6.5.1　研究结果与分析 ································ 150

6.5.2 讨论 ·· 152

6.6 本章小结 ·· 152

第 7 章   冰室期火山驱动的环境变化机制与模式

7.1 晚石炭世火山驱动的环境变化机制与模式 ·············· 154

7.2 石炭—二叠纪过渡期火山驱动的环境变化机制与模式 ····· 156

7.3 早二叠世火山与野火共同驱动的环境变化机制与模式 ····· 157

7.4 中二叠世火山与野火共同驱动的环境变化机制与模式 ····· 159

7.5 晚二叠世火山和野火共同驱动的环境变化机制与模式 ····· 160

7.6 冰室期火山与野火共同驱动的环境—气候变化机制 ········ 161

7.7 本章小结 ·· 163

第 8 章   结论与展望

8.1 主要结论 ·· 164

8.2 展望 ·· 165

参考文献

参考文献 ··· 167

第 1 章

引 言

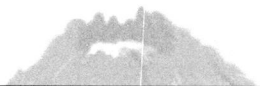

本章节主要介绍了选题对第四纪的环境—气候研究的目的和意义，并进一步对国内外有关于晚古生代冰室期的进展、华北年代地层格架的研究进展、高分辨率沉积地层火山活动记录进展、Hg同位素作为追踪沉积Hg来源进展、火山活动对环境—气候驱动作用的进展进行了回顾和总结。在前人研究的基础上提出本书的研究目标和内容，确立本书拟解决的4个关键问题，根据4个拟解决的关键问题设计研究技术路线，并进一步汇总本书完成的工作量，总结主要创新点和研究成果。

1.1 背景描述

本书以华北板块中北部河东煤田的扒楼沟剖面（38.764813° N，111.143405° E）和华北板块东北缘柳江煤田的石门寨剖面和ZK-3809钻孔（40.099315° N，119.594505° E）的石炭—二叠纪沉积地层为目标地层，在前人的研究基础上，结合剖面和钻孔实际情况，运用年代地层学、沉积学、元素地球化学、岩石学和矿物学等相关的理论和方法，建立目标地层锆石U–Pb年龄约束、以生物地层和化学地层为基础的高分辨率综合年代地层格架；以汞同位素、汞和Ni等元素异常恢复目标地层的火山活动记录；恢复目标地层的碳循环波动、大陆风化作用、野火、氧化还原环境等环境—气候变化。通过与全球剖面的对比，探讨华北板块晚古生代冰期—间冰期旋回背景下火山活动引起的一系列环境—气候变化。因此，本书的开展为冰室期气候—冰川—环境之间的联系提供了深度视角，为进一步预测未来第四纪地层表层系统的环境—气候变化提供科学的理论依据和参考。

1.2 研究目的和意义

本书的开展可以加深我们对石炭—二叠纪，包括重大地质历史时期（石炭—二叠纪过渡期和二叠—三叠纪过渡期）地球表层系统的碳循环、环境和气候变化

的认识，预测未来第四纪地层表层系统的环境—气候变化，提供科学的理论依据
和参考。工业革命近百年来，全球气候正在经历一次以变暖为主要特征的显著变
化，表层地球正处在由第四纪冰期向间冰期或者向温室气候期过渡。人类文明的
发展迫切要求人们对这些变化的发展以及人类对自然和资源的作用，有比较深刻
的了解。以对现代和第四纪冰室大气为代表的气候系统的研究机制无法达到上述
目的，而且具有相当的局限性，充分理解和认识地表的大气、环境系统就必须深
入研究各个地质发展阶段大气、自然环境的历史演变规律。因此，本书的开展为
冰室期气候—冰川—环境之间的联系提供了深度视角，并为未来第四纪气候变化
的预测提供了潜在的见解与依据。

随着潘吉亚大陆（Pangaea）的聚合，石炭—二叠纪火山活动频繁［斯卡格
拉克中心大火成岩省（Skagerrak–Centered Large Igneous Province，SCLIP），华北
北缘火山活动、塔里木（Tarim）、羌塘大火成岩省、Panjal、Choiyoi、峨眉山和
西伯利亚大火成岩省等］。石炭—二叠纪的晚古生代冰室期是由超大陆重新配置、
显生宙最低的大气 CO_2 水平和最高的 O_2 水平以及最古老的古热带雨林的演化和扩
张驱动的主要景观变化的独特交汇期。并伴随着碳循环剧烈波动，石炭—二叠纪
界线热带雨林大面积减少，早二叠世阿瑟尔期冰川的增多和亚丁斯克时期巨大的
冰原垮塌事件，中二叠世和晚二叠世生物大灭绝事件等全球性质的气候—环境—
生物变化。当前，沉积盆地火山活动的记录只在奥陶—志留纪界线，二叠—三叠
纪界线等重大地质历史界线，垂向上的高分辨率的火山活动记录还知之甚少。其
次，这些环境—气候变化的研究都集中在地层约束良好的海相地层中，华北板块
的年代地层格架的建立都是基于生物地层，并且有高精度定年的陆续报道，这些
高精度的定年说明华北盆地岩石地层的穿时性广泛存在，本次研究的目标地层并
未建立高分辨率的年代地层格架去将目标地层中火山事件与环境变化相联系。并
且华北板块是典型的陆相盆地，这些记录在地层中如何表现还有待进一步揭露。
第三，火山活动对环境气候变化的驱动机制，目前研究主要集中在晚二叠世末期
的西伯利亚大火成岩省、三叠纪的兰格利亚大火成岩省及侏罗纪大西洋和费拉大
火成岩省，而石炭—二叠纪的火山活动对环境—气候的驱动机制还了解甚少。最
后，华北板块陆相地层沉积连续且动植物化石丰富，也发现了数层可以用来进行
高分辨率 U–Pb 定年的沉凝灰岩。通过对华北板块进行地层学、沉积学和大地构
造学等研究，使得华北板块成为揭露和认识"深时"火山活动及火山活动对环境
和气候变化的理想场所。

本书的开展可以加深冰室期火山活动对环境和气候变化的驱动机制的理解，
揭示火山活动记录及其引起的环境—气候变化。石炭—二叠纪如斯卡格拉克中
心大火成岩省、华北北缘火山活动、塔里木（Tarim）、羌塘大火成岩省、Panjal、

Choiyoi、峨眉山和西伯利亚大火成岩省等。越来越多的证据表明火山活动与气候变化之间存在联系，这些零星事件促进了地球环境的变化。然而，在证明火山活动与环境变化之间的真正因果关系方面存在一个潜在的挑战：火山活动本身可以通过越来越精确的放射性同位素年龄来确定，但年龄的不确定性可能仍大于环境变化的时间范围，而记录环境气候变化的沉积物更难准确确定，特别是在缺乏含锆石的火山灰/凝灰质黏土岩层的情况下（例如，Grasby等人2019）。因此，沉积记录中记录的环境危机与可能驱动它们的火山活动事件之间的确切时间关系仍然是难以捉摸的。开发火山喷发化学地层替代品（如Hg和Ni），可准确观测同一地层中LIP与环境气候变化的关系。因此，将同一沉积层中的火山活动、碳循环、古野火和大陆风化作用相结合，分析全球气候变化的驱动因素有待进一步深入研究。

综上所述，本次研究可以加深我们对重大地质历史时期石炭—二叠纪碳循环、环境和气候变化的认识，为将来地球环境—气候变化提供理论依据。也可以加深人们对冰期—间冰期盆地沉积演化更替以及沉积环境与气候变化耦合关系的理解和认识，还能够加深我们对石炭—二叠纪碳循环、环境和气候变化与火山活动的联系的认识。

1.3 国内外研究现状

1.3.1 晚古生代冰室期的研究现状

晚古生代冰室期以南半球冈瓦纳大陆冰川发育为特征，经历了多个冰期—间冰期旋回。晚古生代冰室期是在冈瓦纳古大陆上发育一整块巨大的冰盖，它随着地球轨道参数的变化增长或消融，覆盖在冈瓦纳大陆上的并非一整块大的冰体，而是由许多增长和消融步调迥异的小规模冰层沉积中心组成。晚古生代冰室期亦非单一漫长的冰室气候，而是由多个持续时间为1~8Ma的冰期和多个间冰期旋回组成。当前这些高纬度冰川记录研究在新南威尔士、昆士兰及东澳大利亚等地区是最详细的，从石炭纪谢尔普霍夫期至二叠纪卡匹敦期共发生8次有直接的冰川沉积物记录的成冰事件（C1，325.5～328.5Ma；C2，319.5～322.5Ma；C3，315～317Ma；C4，308～313.5Ma；P1，290～299Ma；P2，280～287Ma；P3，262～270.5Ma；P4，254.5～260Ma）。这与Montañez（2007，2013）的观点不同，冰室期的时间间隔由原来的260Ma结束延长至254.5Ma，因此有关于冰室期测的结束时间是不断更新的。而在南极洲（290～299Ma）和阿拉伯地区（290～299Ma和303～313Ma），目前仅有1～2个冰川纪沉积记录被发现。

晚古生代冰室期（LPIA；254.5～332Ma）是显生宙规模最大、持续时间最长的冰室期。它的发生、发展和消亡被认为与潘吉亚大陆的重构、大气二氧化碳分压变化和植被种类及数量的变化有关。这种冰期—环境的耦合关系为我们以"深时"观点来预测未来气候变化提供了基础。晚石炭世—早二叠世是晚古生代冰室期的高峰时期，并伴随着冰期—间冰期的循环，前人的研究证实 pCO_2 和地球表层的温度及冰量有着强耦合关系，晚古生代冰室期古森林的增加及减少和硅酸盐的风化作用已经被认为是控制大气 pCO_2 分压的主要因素。巴斯基尔期—莫斯科晚期和早阿瑟尔期古森林面积的增加与古森林面积的增加和冰期气候相伴生，莫斯科晚期—格舍尔期古森林的减少伴随着 pCO_2 的增加与全球变暖。

Korte 等人通过氧同位素的研究发现，氧同位素的正负偏移分别与高纬度冰原面积的扩张与缩减相对应。Davydov 等通过低纬度欧美大陆架的蜓类化石多样性的研究发现，蜓类化石生物多样性的增减分别与高纬度地区冰原面积消融相对应。Montañez 等人通过古热带地区的 pCO_2 浓度重建的研究发现，pCO_2 浓度下降、升高趋势分别对应于冈瓦纳大陆冰原的增长和消融。

1.3.2　华北板块石炭—二叠纪年代地层格架研究现状

华北板块在石炭纪发育海陆过渡相地层，在二叠纪逐渐过渡到陆相地层，其中缺乏可用于与全球生物地层对比的海相化石，这使得华北板块在地层时代划分用来识别和对比全球地质事件具有较大的难度。华北板块石炭—二叠纪岩石地层自下而上包括本溪组、太原组、山西组、下石盒子组、上石盒子组、孙家沟组。其中在华北南部和中部的本溪组、太原组和华北中部部分地区的山西组为海陆过渡相沉积，含有数层灰岩可以用来作为区域对比。虽然灰岩层位并不连续，但目前普遍认为本溪组和太原组下部归为晚石炭世，太原组上部及以上归为二叠纪。王军等人2010年报道的植物大化石组合和孢粉组合将华北石炭二叠纪分为8个大化石组合带和7个孢粉组合带，认为本溪组对应于巴什基尔—卡西莫夫阶早期；太原组对应于卡西莫夫中早期—萨卡马尔期；山西组对应于亚丁斯克期—空谷期；下石盒子组对应于沃德期—罗德期；上石盒子组对应于卡匹敦期—吴家坪期；孙家沟组对应于长兴期。

华北板块石炭—二叠纪的磁性地层的数据也少有报道。Embleton 等人（1996）曾报道在华北板块中部的山西太原地区的上石盒子组下部第一层正向极性层是伊拉瓦拉磁极翻转（Illawarra Reversal，IR）。这与北美地区的沃德期底部的 IR 相对应，因此华北板块的上石盒子组的沉积时代为瓜德鲁普统的中期。此外，在河南的大风口和陕西峰川剖面的数据显示在下石盒子组的下部和山西组的底部都存在正向极性层。Hounslow 和 Balabanov（2016）认为这些正向磁性层是 Kiaman 反向磁性带中存在的短暂的正向磁性带。

对于华北板块石炭—二叠纪沉积地层中火山灰和碎屑锆石的年龄报道引发的年代地层格架的确定有很大争议。目前，只有河北平泉和河南永城盆地的本溪组有过高精度年代的报道，基于LA-ICP-MS方法获得的最年轻的碎屑锆石年龄为298±9Ma来自河北平泉本溪组的底部；CA-ID-TIMS方法获得的本溪组顶部的年龄为301.13±0.2Ma。太原组高精度的年代报道较多：北京西山太原组中部基于LA-ICP-MS方法获得的碎屑锆石年龄为304±3Ma；内蒙古乌海乌达剖面太原组顶部在火山灰层测得的SIMS锆石U-Pb年龄为295.9±1.4Ma，随后Schmitz等（2021)在同一层火山灰中报道了298.34±0.09Ma的CA-ID-TIMS锆石U-Pb年龄；山西宁武太原组顶部的碎屑锆石年龄为303~320Ma；山西太原底部晋祠砂岩层的碎屑锆石年龄为295Ma和太原组上部七里沟砂岩层的碎屑锆石年龄为271±7Ma；山西保德运用CA-ID-TIMS方法在太原组顶界的获得的年龄为298.18±0.32Ma；永城盆地ZK0901钻芯应用CA-ID-TIMS定年方法获得了太原组顶部的年龄为295.65±0.08Ma、太原组下部的年龄为299.32±0.12Ma。

山西组的锆石年龄在华北板块的报道，变化范围在262±2～299Ma。北京西山山西组运用LA-ICP-MS方法得到的最年轻的碎屑锆石年龄为262±2Ma；山西阳城运用LA-ICP-MS方法得到的山西组底部砂岩的年龄为299Ma；山西保德CA-ID-TIMS定年方法得到了山西组中部的年龄为295.962±0.086Ma和顶界的年龄为295.346±0.080Ma；甘肃平凉运用LA-ICP-MS方法得到的山西组最年轻的碎屑锆石年龄为281±4Ma；河南永城盆地的山西组顶部LA-ICP-MS方法获得的年龄为293.0±2.5Ma。

华北板块下石盒子组的锆石年龄，变化范围在269±4～296±4Ma。北京西山的红庙岭组顶部火山灰基于SHRIMP获得的锆石年龄为296±4Ma；山西保德下石盒子顶部基于CA-ID-TIMS获得的锆石年龄为294.8±1.2Ma；甘肃平凉基于LA-ICP-MS方法得到的下石盒子组砂岩的碎屑锆石年龄为269±4Ma；河南宜阳下石盒子组中部砂岩基于LA-ICP-MS方法获得的锆石年龄为294±5.9Ma。

华北板块上石盒子组的锆石年代，变化范围在269±4～296±4Ma。北京西山双泉组基于LA-ICP-MS方法的最年轻碎屑锆石年龄为255±9Ma；山西太原上石盒子组下部的砂岩基于LA-ICP-MS方法获得的年龄为270Ma；甘肃平凉的LA-ICP-MS方法得到的上石盒子组砂岩的碎屑锆石年龄为269±4Ma；山西保德的CA-ID-TIMS方法获得的上石盒子组上部和顶部的锆石年龄分别为283.93±0.15Ma和280.98±0.11Ma，并由此确定了上石盒子组的上部约20Myr的地层缺失；河南宜阳基于LA-ICP-MS方法获得的上石盒子组的最年轻的碎屑锆石年龄为294±5.9Ma。

华北板块孙家沟组的锆石年代，变化范围在240±3Ma－269±3Ma，变化

范围较大。陕西延安基于LA–ICP–MS方法获得的孙家沟组中部砂岩的锆石年龄
为240 ± 3Ma；河南济源基于LA–ICP–MS方法获得的孙家沟组中部砂岩锆石年
龄为244 ± 3Ma；河南宜阳基于LA–ICP–MS方法获得的孙家沟组底部砂岩锆石
年龄为242 ± 3.4Ma；山西保德基于LA–ICP–MS方法获得的孙家沟组底部砂岩锆
石年龄为269 ± 3Ma；山西太原基于CA–ID–TIMS方法获得的孙家沟组底部凝灰
质泥岩锆石年龄为261.75 ± 0.29Ma。

上述火山灰及砂岩的锆石年龄的报道为华北板块岩石地层的年代归属提供了
地质年代约束，但这些同一岩石地层中报道的锆石年代有很大差异。这说明了华
北板块的岩石地层具有一定的穿时性。因此，在评价华北板块不同区域的年代地
层格架时需要更多的高精度定年数据来约束。

1.3.3　高分辨率沉积地层火山活动记录及其指标研究现状

火山本身可以用日益高精度的放射性同位素年龄来确定年代，但年龄的不
确定性仍然可能大于环境变化本身的时间范围。因此火山排放的化学地层替代
物（Hg/Ni）是可以精确地在同一地层中观察到火山活动和环境气候变化的关
系。沉积地层中Hg元素的富集异常已经被广泛地应用在调查重大历史时期（如
奥陶—志留纪界线、二叠—三叠纪界线和三叠—侏罗纪界线等）火山活动在沉积
盆地中的记录。汞（Hg）以三种主要形式存在在现代大气中，一种是气态元素
汞（Hg^0），第二种是与颗粒相关的Hg^{II}化合物（Hg^p），以及卤化物化合物［统称
为反应性气态汞或RGM（Reactive Gaseous Mercury）］。Hg^0占大气汞总量的90%，
是全球汞分布的主要形式。它在大气中的停留时间约为6个月至2年，允许远距
离运输和大气中相对均匀的混合。并且气态Hg可以被氧化为Hg^{II}，Hg^{II}比Hg^0更
易溶于水，并且通过湿沉积（RGM）和干沉积很容易从大气中去除。除大气沉
积外，汞还通过河流的搬运作用输送到湖泊和海洋。

沉积汞富集的研究为火山活动的侵位、快速环境变化、物种灭绝和生物恢复
之间的关系提供了新的见解。火山汞富集可由火山气体的排放、煤或泥炭矿床
的燃烧（如果被岩浆侵入或被熔岩点燃）和木炭的运输（例如，由火山引发的古
野火或干旱产生）引起。火山源汞通常作为气态元素Hg^0释放到大气中，占汞排
放总量的90%以上。气态Hg^0相对稳定，可在通过直接沉积或氧化去除之前通过
大气向全球输送，形成更具颗粒反应性的形式（例如，颗粒Hg^{II}）。在陆地环境
中，大气中的Hg^0通过植物和树木的吸收或土壤中的有机物的吸收而被去除。在
大规模火山爆发期间，正常的海洋缓冲机制可能会被大量汞输入淹没，导致汞
快速转移到沉积物中。地表系统中汞储量为海洋（950×10^6mol）和土壤及植被
（1200×10^6mol）。火山作用是人类世界Hg的主要来源，占天然汞排放量的80%。

沉积汞富集作为火山输入（尤其是火山活动）的代表，可能提供有关火山活动强度、持续时间和偶发性的信息。汞在大气中的停留时间足够长，以确保火山汞在主要喷发事件后广泛分布，以确保其快速迁移到大气和海洋这类地层，可以在海洋和陆地环境中积累，提供火山活动的高分辨率记录，尽管它们会通过类似于其他地球化学替代物的物理或生物改造过程受到沉积后蚀变的影响。总的来说，与同时代陆地演替相比，海洋演替所提供的优越生物地层控制使得古火山沉积物的年代测定和对比更加可靠。

沉积物中记录到的高Hg浓度和高Hg/TOC比值可能表明增加的汞输入来自外部来源，如火山活动。因为在海洋和淡水环境中，有机质很容易吸附溶解的汞，沈俊等认为Hg/TOC是反映火山活动的一个重要指标。Hg在二叠纪末生物灭绝层的富集在全球范围内存在，同样与碳同位素负偏移伴生，该时期的Hg被认为与中大西洋火成岩省（CAMP）关系密切。而随后在生物灭绝层和三叠—侏罗纪界线出现多个Hg/TOC峰值（间隔约200ky），支持CAMP火山活动强度的波动性，并为CAMP侵位初期挥发CO_2、SO_2和CH_4等气体的幕式释放提供了直接证据。Hg浓度一直被用做指示火山活动，因为火山爆发会向地球表面系统释放大量的汞。在大气和海洋中，汞在沉积到地球表面之前的停留时间是有限的。因此，火山释放的汞有可能在同时期沉积岩中产生火山作用的地层中记录。石炭—二叠纪的火山活动记录：华北北缘火山活动、斯卡格拉克中心大火成岩省（Skagerrak-Centered Large Igneous Province，SCLIP）、塔里木（Tarim）、羌塘大火成岩省、Panjal、Choiyoi、峨眉山和西伯利亚大火成岩省等，这些火山活动及其伴生的环境变化都可能为沉积地层提供大量的Hg。

1.3.4 Hg同位素作为追踪沉积地层中Hg来源的现状

汞同位素可以用来追踪各种环境中汞的来源和途径。汞有7种稳定同位素（$\delta^{xxx}Hg$，xxx=196、198、199、200、201、202、204），相对质量范围约为4%。汞同位素的依赖质量分馏（MDF）和非质量分馏（MIF）都发生在天然样品中。MDF可能发生在各种物理（例如蒸发）、化学（例如化学还原）和生物过程（例如微生物还原）中。这些动力学反应优先将较轻的汞同位素去除到产物中，使残余反应物池富含较重的汞同位素。在自然环境中，这些同位素分馏的幅度可能超过10‰。

汞同位素，特别是质量无关分馏（MIF；$\Delta^{199}Hg$），是追踪古代沉积体系中汞源的一种有前途的工具。汞同位素的MIF有两个过程，即核体积效应（NVE）和磁同位素效应（MIE）。这些影响与Hg^{II}的光化学还原或甲基汞的光化学降解有关。甲基汞和Hg^{II}的光化学还原为元素汞（Hg^0），导致产物的MIF值较小（例如，

大多数值 <0‰），残余反应物中MIF含量较高。光化学还原的产物（Hg^0）可以分布在大气中，然后通过吸收和/或干湿沉积去除到陆地表面。在还原条件下，Hg^{II}的光还原在残余反应物中产生负的MIF。陆生植物通过气孔吸收大气中的汞，可能导致其叶片中的光还原信号（负MIF）的保存。这些过程往往在大陆系统（包括煤、土壤、沉积物和植物）中产生负的MIF，在海洋系统（包括沉积物和生物）中产生正的MIF。然而火山喷发的汞几乎没有MIF。在主要的火山事件期间，火山成因汞部分可支配沉积物汞总量，导致MIF接近零。MIF可能是由于汞和甲基汞在水溶液中与有机配体结合的动力学光化学还原过程中的磁同位素效应，以及平衡和动力学化学过程中的核体积效应引起的。这些过程倾向于在海洋系统中产生正的MIF，在陆地系统中产生负的MIF；而火山直接排放产生的MIF接近于零。

二叠—三叠纪、三叠—侏罗纪过渡地层中汞富集和接近零的MIF值的组合是火山（西伯利亚大火成岩省和兰格利亚大火成岩省）输入的证据。沈俊等调查其他重大事件期间的潜在火山输入，如晚奥陶纪海南期冰川作用和晚泥盆纪危机，考虑到当时没有已知的LIP事件，研究中推断的积极结果应该需要更多的数据支撑。

1.3.5 火山活动对环境—气候的驱动作用研究现状

火山活动对气候变化的贡献存在争议。因为火山活动可以向大气中排放大量CO_2和CH_4，提高大气温室气体浓度，导致全球变暖；但也可以通过火山来源的硫酸盐气溶胶的负辐射强迫导致全球变冷。火山作用产生的直接辐射力可能很高，足以稳定LPIA，但其大小也非常不确定。然而，爆炸性火山活动的显著增加也可能导致更高的碳埋藏率，有助于保持较低的pCO_2水平。首先，火山灰是海洋和陆地生态系统中Si、Fe和P等营养物质的重要来源。其次，伴随而来的大气酸度将提高灰分和矿物粉尘的铁溶解度，这可能解释了晚古生代大气粉尘中高浓度的高活性铁，这将提高海洋初级生产力，增加碳埋藏。

由赤道附近海西运动引起的强烈的硅酸盐的风化和潘吉亚大陆的聚合引发的火山活动影响着晚古生代的碳循环。持续不断的山脉的隆起导致赤道附近化学风化的增强，足以导致大气中pCO_2分压降至冰川作用。火山活动对全球碳循环和气候变化的影响已经被广泛的承认，火山活动通过直接释放CO_2和岩浆侵入有机质（包括煤和石油），将大量的二氧化碳和甲烷排放到大气中，从而导致大气二氧化碳分压迅速上升和全球变暖。然而，很少有人关注与pCO_2分压和古气候变化相关的石炭—二叠纪火山活动记录。有机碳同位素组成（$\delta^{13}C_{org}$）已经被用于还原大气中的二氧化碳的碳同位素组成，以此来揭示全球的碳循环。火山活动释放大量CO_2，富含^{12}C的CO_2会通过光合作用或化学过程，以有机质或碳酸盐的形式优先转移到陆相和海相地层中，导致陆地和海洋中有机和无机碳同位素组成的异步负偏移。火山作用还可以通过释放大量CO_2使气候变暖，大陆风化趋势对气候变化有明显的响应，强烈的风化作用对应温暖潮湿的气候，较冷或较干燥的气候对应较低的风化强度。

火山活动不仅会引起全球碳循环的异常波动和大陆风化作用的增强，还会引起大规模的古野火。二叠纪早期 Rajmahal 盆地的亚丁斯克沉积期间发生了多次古野火，这可能是由有利于野火的火山气候条件引起的。沉积物中的木炭化石通常被认为是野火的直接证据。岩石学（热解惰质岩）和地球化学（多环芳烃）证据是在不同的古环境和时间段重建古野火发生的可靠指标参数，通常与碎屑沉积物中化石木炭的宏观和微观特征一起考虑。从志留纪到第四纪的化石记录中都可以找到古野火的证据。

1.3.6 存在的问题

（1）华北板块岩石地层穿时性：华北板块部分地区沉积的不连续性［吴琼等人（2021）的定年发现华北保德地区上石盒子组上部有约20Ma的地层缺失］。以高精度 U-Pb 定年为基础的华北板块岩石地层具有广泛的穿时性，生物地层粗糙，与全球剖面相关联存在困难。

（2）并未在同一地层观察火山—环境变化：火山活动高精度的放射性同位素年龄和环境变化也被越来越多的人报道。但火山年龄的误差仍然大于环境变化本身的时间范围，并没有在同一地层中观察到火山活动和环境气候变化的直接关系。

（3）环境变化的驱动模式和机制不清楚：高纬度地区已经建立了完整的冰川旋回（C1～C4/P1～P4），并且华北板块早二叠世已经有关于高纬度地区冰川旋回的环境—气候记录。在更长尺度上来揭示低纬度地区的环境变化对高纬度冰川旋回的响应还没有报道，并且影响这些环境变化的驱动机制和模式还不清楚。

1.4 研究目标和研究内容

以河东煤田扒楼沟剖面、河北柳江煤田石门寨剖面的本溪组和太原组以及 ZK-3809 钻孔的太原组—孙家沟组为目标地层，运用年代地层学、元素地球化学、沉积学、岩石学和矿物学等相关的理论和方法，建立目标地层锆石 U-Pb 年龄约束的、以生物地层和化学地层为基础的高分辨率综合年代地层格架；恢复目标地层的以汞同位素、汞和 Ni 等元素异常记录的火山活动；恢复目标地层的碳循环波动、大陆风化作用、古野火和氧化还原环境等环境—气候变化。通过与全球剖面的对比，探讨华北板块晚古生代冰期—间冰期旋回背景下火山活动引起的一系列环境—气候变化。

根据以上研究目标，具体内容包括：

（1）建立研究区典型剖面目标地层阶/期级别的综合年代地层格架。年代地层格架的建立是进行全球对比的基础，在前人生物地层的基础上，利用新的U–Pb锆石定年数据和碳同位素化学地层等数据建立目标地层沉积期的综合年代地层格架，为后续火山活动和气候—环境变化记录的全球对比做好准备。

（2）目标地层的火山活动记录的恢复以及确定重要的地质界线（石炭—二叠纪界线）和大规模冰川消融时期Hg的来源。火山活动是气候—环境变化的主要驱动机制之一，选用Hg及Hg同位素，Ni浓度等可靠的火山活动指标参数，恢复高分辨率火山活动记录。

（3）对目标地层的环境气候变化记录进行恢复。通过选用有机碳同位素来恢复碳循环的波动，是由于火山活动的喷出和侵入作用会向大气中排放大量的CO_2等温室气体，这些贫^{13}C的CO_2会造成全球碳循环的波动。大陆风化作用（CIA值）在物源稳定且氧化程度相似的情况下，大陆风化作用主要与温度和湿度有关。野火（丝质体）是影响环境变化的重要组成部分，也是二叠—三叠纪界线陆地生态系统崩溃的重要原因。增强的野火也会导致大量的营养物质流入海洋，造成水体富营养化，引起最终的海洋大灭绝。野火还可以增强土壤的侵蚀作用，使沉积地层中的Hg沉积异常。

（4）建立冰室期高纬度冰期—间冰期旋回与低纬度地区环境—气候变化的关系模型。基于研究区已经建立的年代地层格架，将其与高纬度冰川旋回相关联，揭示研究区碳循环、沉积环境和海平面变化、大陆风化记录、野火记录和水体环境变化等。

（5）提出冰室期火山与野火共同驱动的环境—气候变化机制：依据研究区火山活动的记录模式（Hg、Hg/TOC、Hg/Al等）、沉积Hg的来源方式及Hg循环、干酪根显微组分记录的古野火探讨其对环境—气候变化的驱动模式和机制。

1.5　拟解决的关键问题

（1）研究区典型剖面目标地层阶/期级别的综合年代地层格架的建立。

（2）揭示目标地层Hg的富集异常、来源及其循环模式。

（3）建立冰室期高纬度冰期—间冰期旋回与低纬度地区环境—气候变化的关系模型。

（4）总结冰室期火山与野火共同驱动的环境—气候变化机制和模式。

1.6 技术路线

通过收集华北板块河东煤田扒楼沟剖面、柳江煤田石门寨剖面和ZK-3809钻孔的露头和岩心资料，运用年代地层学、沉积学、元素地球化学、岩石学和矿物学等相关的理论和方法，建立目标地层锆石U-Pb年龄约束的、以生物地层和化学地层为基础的高分辨率综合年代地层格架；恢复目标地层的以汞同位素、汞和Ni等元素异常恢复的火山活动的记录；恢复目标地层的碳循环波动、大陆风化作用、野火、氧化还原环境等环境—气候变化，并建立冰室期高纬度冰期—间冰期旋回与低纬度地区环境—气候变化的关系模型。通过与全球剖面对比，探讨华北板块晚古生代冰期—间冰期旋回背景下火山活动引起的一系列环境—气候变化。

本书的技术路线如图1-1所示。首先开展资料文献的收集与整理，重点收集与本书研究相关的国内外相关文献；其次进行野外地质调查，对钻井剖面进行系统的分层与描述，进行样品的采集，同时在野外钻井剖面测量过程中进行岩相类型识别和解释、野外沉积模式的建立等工作；然后根据野外钻井剖面数据整理编图，开展U-Pb同位素年代分析、碳同位素分析、Hg及Hg同位素分析、干酪根显微组分和碎屑岩岩矿鉴定、常量元素和微量元素分析、全岩组分分析和黏土矿物分析等，揭示石炭—二叠纪冰室期华北板块环境—气候变化与火山活动的联系。

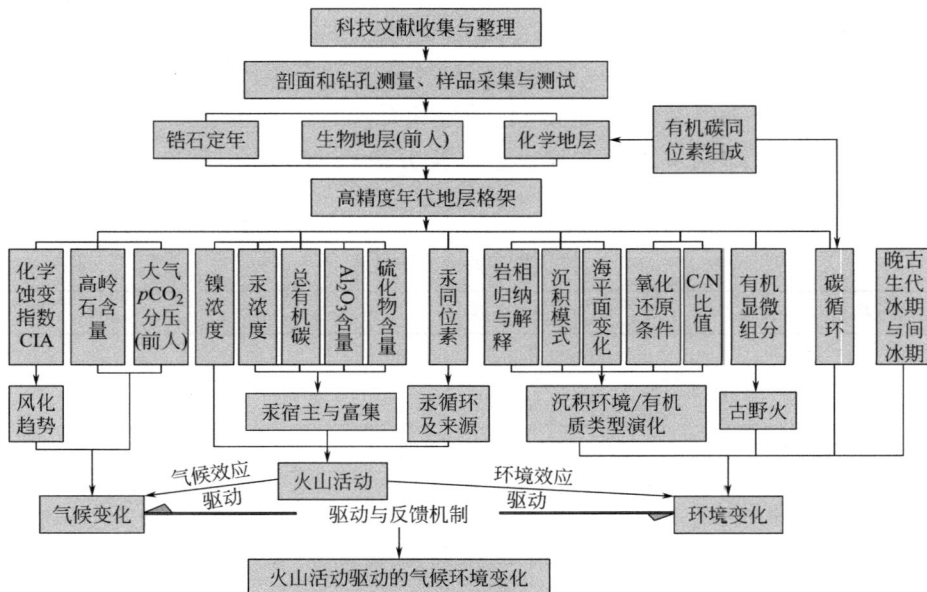

图1-1 技术路线图

1.7 完成的工作量和创新点

1.7.1 完成的工作量

根据设计的技术路线，完成了本书设计的工作量。

（1）完成了目标地层沉积期有关的资料收集工作。广泛收集华北板块地层格架、构造演化、沉积环境、物源、气候和海平面变化以及国内外石炭—二叠纪碳同位素化学地层、火山活动记录、古野火和全球 Hg 循环的记录等方面相关的专著和期刊论文。

（2）完成了目标地层的典型露头和钻孔详细的踏勘、测量和采集工作。对在华北板块中北部河东煤田的扒楼沟剖面和华北板块东北部柳江煤田的石门寨剖面以及 ZK-3809 钻孔对 2 个剖面及 1 口钻孔岩心的资料进行了实际的剖面测量工作和岩心编录工作。在此基础上，完成了扒楼沟剖面、石门寨剖面和 ZK-3809 野外露头和钻孔岩心的踏勘、测量、岩心编录和样品采集工作。

（3）完成了目标地层沉积期的 U–Pb 锆石年代、沉积环境、地球化学数据的分析和结果呈现。样品采集后，U–Pb 定年工作在中国地质大学（北京）完成，Hg 同位素测试在天津大学地球系统科学学院完成，干酪根提取工作在中国石油勘探开发研究院完成，有机碳同位素、常量微量元素在核地质北京研究院完成并进行样品的测试工作，Hg 的测试和砂岩薄片鉴定及干酪根显微组分鉴定工作在中国矿业大学（北京）煤炭资源与安全开采重点实验室完成。对与本书有关的资料和实验结果进行分析，对目标地层沉积期的锆石年代结果、沉积环境、火山活动及 Hg 循环、碳循环、大陆风化趋势和野火的记录进行了图件的制作，并与全球冰期—间冰期事件作对比，进一步分析火山活动引起的陆地环境变化（表1-1）。

本书主要实物工作量表　　　　　　　　　　　　表 1-1

完成项目	完成内容	工作量
资料收集	典型钻孔和露头剖面	3 条
	典型钻孔和露头剖面照片	800 余张
	岩心样品及露头样品采集	300 余件
	勘探报告	10 余份
	中英文参考论文	2000 余篇
	专著	10 余本

续表

完成项目	完成内容	工作量
实验分析	锆石U-Pb定年	13件
	汞浓度测试	163件
	汞同位素测试	47件
	有机碳同位素组成测试	202件
	总有机碳测试	202件
	总硫测试	163件
	常微量元素测试	126件
	黏土矿物定量分析	15件
	干酪根有机质提取	190件
	C/N比值测试	30件
图件绘制	研究进展及地质背景相关图件	7幅
	剖面层序相关图件	15幅
	U-Pb定年相关图件	11幅
	沉积环境分析相关图件	9幅
	有机碳同位素、大陆风化及野火等环境变化相关图件	16幅
	Hg的富集异常及Hg来源分析相关图件	6幅
	大火成岩省驱动的环境—气候变化图	3幅
论文撰写	毕业论文	1篇（10.0万字）

1.7.2 主要研究成果

（1）建立了华北板块石炭—二叠纪的高分辨率年代地层格架。

（2）恢复了华北板块石炭—二叠纪的火山活动的记录和环境变化。

（3）建立了华北板块石炭—二叠纪火山活动、陆地环境—气候变化与高纬度地区冰期—间冰期的联系。

（4）揭示了火山活动引发的不同气候效应的模式和机制。

1.7.3 创新点

（1）建立了研究区典型剖面目标地层阶/期级别的高分辨率综合年代地层格架：在前人生物地层研究基础上，利用（沉）凝灰岩锆石U-Pb定年和化学地层数据，河东煤田巴什基尔期—莫斯科期对应于本溪组；卡西莫夫期—萨克马尔期对应于太原组；亚丁斯克期—空谷期对应于山西组；沃德期—罗德期对应于下石盒子组；卡匹敦期—吴家坪期对应于上石盒子组；长兴期对应于孙家沟组。扒楼沟剖面的巴什基尔期晚期—莫斯科期中期对应于本溪组，莫斯科晚期—阿瑟尔期对应于太原组下部。

（2）建立了冰室期高纬度冰期—间冰期旋回与低纬度地区环境—气候变化的关系模型：高纬度地区间冰期与低纬度地区海平面升高、$\delta^{13}C_{org}$负偏移、野火增强和大陆风化增强相对应；高纬度地区冰期与低纬度地区海平面下降，$\delta^{13}C_{org}$高原、野火减弱和大陆风化减弱相对应。

（3）提出了冰室期火山与野火共同驱动的环境—气候变化机制：火山喷出作用会释放大量的硫酸盐气溶胶，会在平流层形成"阳伞效应"导致气候变冷；还可以通过侵入作用和喷出作用释放大量的温室气体引发气候变暖，导致海平面上升、野火增多、大陆风化增强、全球水循环增强和大规模的冰川消融等。野火会促进C和Hg循环的增强，具有火山活动的正反馈作用。

1.8 本章小结

（1）本书的开展为冰室期气候—冰川—环境之间的联系提供了审视视角，为未来第四纪气候变化的预测提供了潜在的见解与依据。

（2）综述晚古生代冰室期、石炭—二叠纪年代地层格架、高分辨率沉积地层火山活动记录、运用汞同位素追踪沉积地层中Hg来源、火山活动对气候的驱动作用以及对环境变化的驱动作用等国内外研究现状。总结出目前所存在的问题，针对所存在的问题，设计了研究目标和内容。

（3）针对拟解决的问题制定一系列的研究方法和技术路线，完成了目标地层沉积期有关的资料收集工作和目标地层的典型露头，以及钻孔详细的踏勘、测量和采集工作。并总结本文创新点3条和主要的研究成果5条。

第 2 章

区域地质背景

本章节主要介绍了目标地层沉积期（扒楼沟剖面和石门寨剖面的太原组和本溪组地层、ZK–3809钻孔的太原组—孙家沟组地层）华北板块的研究区位置、区域构造位置及背景、区域地层演化，研究区地层发育特征和古地理背景等详细信息。

2.1 研究区范围

华北板块北起内蒙古隆起/阴山古陆（阴山—燕山造山带），南起伏牛古陆（秦岭—大别造山带），东边到郯庐断裂及其胶东、辽东和朝鲜半岛的南端，西边至贺兰山（图2–1）。由于北部石炭—二叠纪地层发育完整，本书选择位于华北板块中北部河东煤田的山西保德扒楼沟剖面、位于华北板块东北缘的河北秦皇岛柳江煤田的石门寨剖面和ZK–3809钻孔的石炭—二叠纪地层为研究对象。

位于河北秦皇岛的柳江煤田，南北长约20km，东西宽12km，地理坐标为40.099315° N，119.594505° E。柳江向斜西翼由于岩层产状陡，地层变化大且构造复杂；向斜东翼地层产状平缓稳定，变化小。自东向西依次出露地区为基底寒武系和连续整合沉积的奥陶纪、二叠纪和三叠纪地层。柳江煤田石炭—二叠纪共含煤6层。柳江向斜的西翼由于岩层产状陡峭，地层变化大并且构造复杂，煤炭开采困难。向斜东翼地层产状平缓稳定，岩层产状平缓，有利于煤炭开采。柳江煤田煤层受燕山晚期小岩体和岩脉侵入的影响而发生叠加变质，煤的变质程度有自东向西和自南向北增强的明显特征。

山西保德的扒楼沟剖面，距离县城46km，地理坐标为38.764813° N，111.143405° E。晚石炭世海侵导致盆地在浅海和潮坪环境中沉积，有交替的海相石灰岩和页岩以及向上过渡到泻湖沼泽和海湾沉积物。上覆的二叠纪地层主要是河流三角洲沉积，直到上石盒子组紫红色地层出露，河流和浅湖相泥岩、粉砂岩和不含煤的河道砂岩沉积。Wu等人（2021）在扒楼沟剖面的二叠纪已经根据高精度的TIMS定年建立了完整的年代地层格架，并发现上石盒子组上部存在约20Myr的地层缺失。上覆孙家沟组沉积于河流环境中，由典型的红层与河道填充砂岩互层组成。

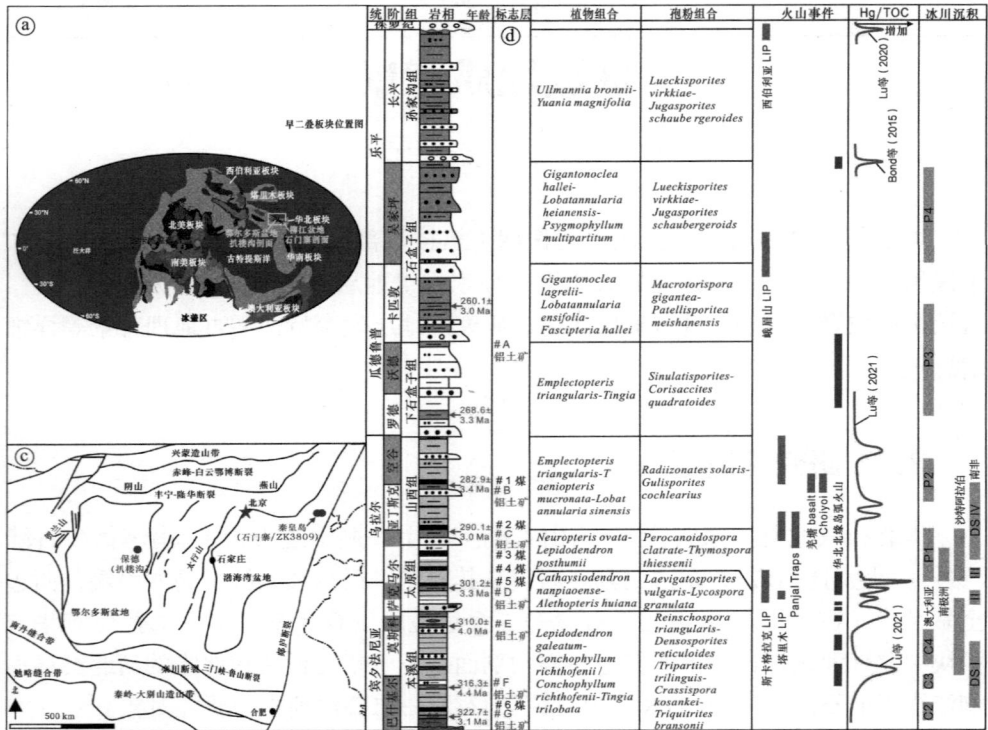

图 2-1　研究区（河东煤田扒楼沟剖面、柳江煤田石门寨剖面和 ZK-3809 钻孔）
所处位置简图及石门寨剖面综合地层与火山 - 高纬度冰川记录现状图

注：植物和孢粉化石组合来自于文献，全球火山记录来自于文献，冰川沉积
记录来自于文献和其中的参考文献

2.2　大地构造背景

晚古生代华北板块为一巨型克拉通陆表海地区，面积约 $120 \times 10^4 km^2$。西南面以特提斯洋与冈瓦纳大陆相隔，东南和北面分别以秦岭—祁连洋和蒙古—鄂霍次克洋与华南板块和西伯利亚板块相望（图 2-2 和图 2-3）。位于北纬 20°～30° 地区，它被古特提斯洋（PTO）与华南板块（SCP）分离，并被古亚洲洋（PAO）与蒙古板块分离（图 2-2 和图 2-3）。

华北板块晚石炭世—二叠纪的积物主要来源北部的内蒙古隆起，这是由于华北板块下方古亚洲洋持续向南俯冲所致。内蒙古隆起的主要由基底岩性为高度变质的太古代和古元古代岩石。华北板块（包括华北地台、以及南北两侧的板缘区）是中国大陆最古老的部分，早期太古代地层存在于本区域。基底层被中元古代—新元古代和寒武纪—奥陶纪海洋碎屑和碳酸盐台地沉积物覆盖，这些沉积物被晚古生代到中生代的陆地沉积物不整合地覆盖。

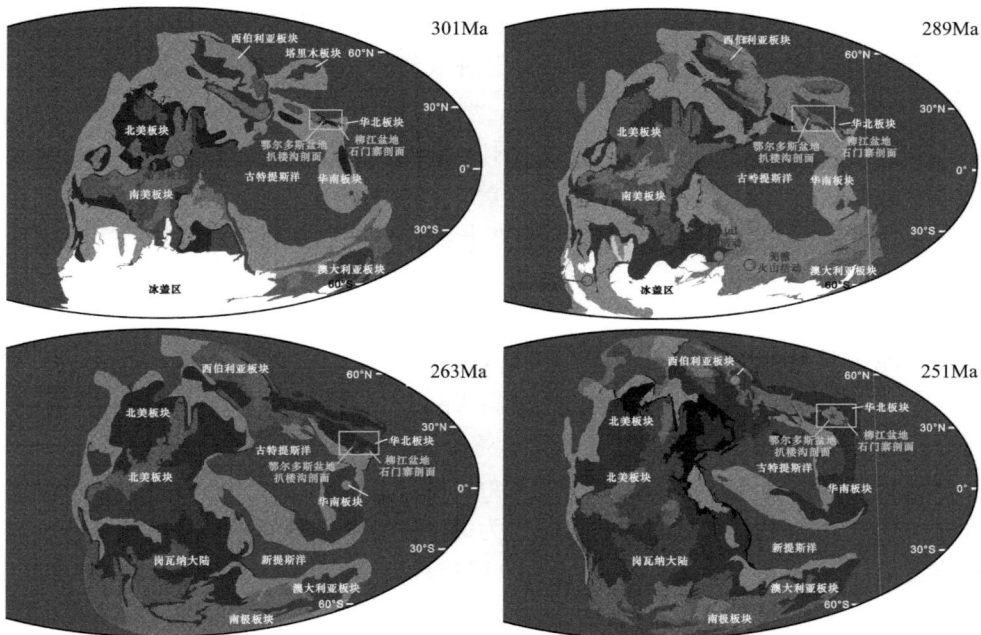

图2-2 华北板块石炭—二叠纪全球构造位置图

该时期盆地物源区构造稳定、基底沉降均匀稳、沉积界面平缓，盆地内发育一套近海沼泽、碳酸盐岩和陆源碎屑交互的过渡相煤系，沉积物主要来源于华北板块北缘的内蒙古隆起（阴山古陆）。

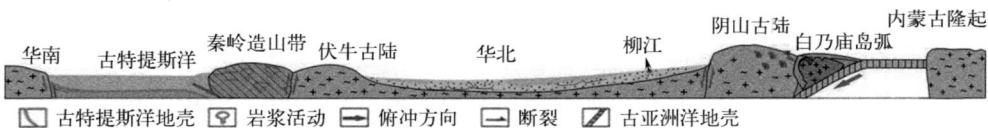

图2-3 晚石炭世盆山关系和华北板块位置示意图

2.3　地层发育特征

1.　本溪组

本溪组始建于1926年的辽宁本溪市。除河东煤田中央隆起带外，该组在研究区广泛分布，为海陆过渡相沉积。该组上、下部分别为太原组底部的晋祠砂岩（或相当层位）和中奥陶统灰岩，接触关系分别为整合接触和平行不整合接触（风化壳）。本组遍布于中、南华北各地，厚度变化较大，东北辽吉和贺兰山区最厚。本溪组厚约19～70m，分为上下两段。下段称为G层铁铝质岩段，底部是红色—紫红色的山西式铁矿（赤铁矿、黄铁矿和褐铁矿），中上部为灰白色—灰色铝土质泥岩。上段称为畔沟灰岩段，由灰黑色—灰色、黄绿色碎屑岩组成，部分地区发育薄煤层。

2.　太原组

太原组是翁文灏、Grabau等人1992年在山西省太原西山命名。太原组厚度总体是东厚西薄，东部的辽东复洲湾和鲁西南地区最厚，鄂尔多斯和山西北部厚度一般在20m左右。北华北的河北秦皇岛柳江煤田的太原组，地层厚度约51m，在该地区门寨西门至瓦家山剖面发育较好，厚度47.5m。可见平行层理、交错层理等。中华北的山西太原地区的太原组为海陆交互相含煤沉积，发育3～5层较稳定的灰岩、页岩（包含炭质页岩），2层较稳定的砂岩（晋祠砂岩、七里沟砂岩）及3～5层煤层。太原组的下段为毛儿沟灰岩段，包括庙沟灰岩底至斜道灰岩底之间的地层，为灰—灰黑色砂泥岩和2～3层灰岩（泥灰岩）及煤层。上段为七里沟砂岩段，以灰白色厚层中粗粒砂岩为主，同时发育1～2层灰岩、泥岩及煤层。

3.　山西组

山西组由E.Blackwelder、B.Willis等人命名。1922年Grabau厘定了山西组的下限为斜道灰岩顶部，上限为骆驼脖子砂岩底部，1923年又将下限延至北岔沟砂岩的底部。山西组在太原西山剖面指的是东大窑灰岩的顶部到骆驼脖子砂岩底部的由砂岩、黏土岩、黑色页岩和煤层等组成的一套沉积序列，为河流三角洲、潮汐平原沉积相为主，兼有泻湖—海湾和近海泥炭沼泽相沉积。山西组厚度有东厚西薄、北厚南薄的分布特征。在辽宁本溪厚约100~200m，鲁中至徐州100～134m，太原西山60～80m，山西中部及鄂尔多斯只有33～50m。主要的植物化石标志分子有：*Emplectopteris triangularis*，*Emplectopteridum alatum*，*Lobatannularia sinensis*，*Taeniopteris multinervis*，*Sphenophyllum thonii*，*Neuropteris ovata*，*Lepidodendron postthumii*，*Lepidodendron szeianum*，*Cathaysiopteris whitei* 等。山西组广泛分布于华北各地，与下伏太原组整合接触。

4. 下石盒子组

下石盒子组是1922年Norin于太原东山陈家峪石盒子沟命名。在华北板块北部的京西—大同一带，怀仁—准格尔等地区，下石盒子组主要以砾岩、含砾砂岩和中粗粒砂岩等较粗的碎屑沉积为主，岩层的颜色中北部主要以黄绿色夹杂紫色为主。而在华北板块中部地区则主要以泥岩和砂岩互层为主，南部主要为泥质岩夹砂岩，南部岩层的颜色主要以深灰—灰色为主。下石盒子顶部普遍发育一套铝土质泥岩，河南西部称之为大紫泥岩，山东淄博编号为B层铝土矿，在辽宁和吉林及河北编号为A层铝土矿，该层铝土矿是分别上下石盒子组的标志层。下石盒子组厚度变化较大，总体上为北厚南薄，华北板块北部为150～215m，鲁西豫西及徐淮等地只有20～70m。常见的植物化石为：Emplectopteris triangularis，Emplectopteridium alatum，Cathaysiopteris whitei等。

5. 上石盒子组

太原西山剖面的上石盒子组底部为桃花泥岩，顶部为孙家沟组红色建造。上石盒子组总体上有东厚西薄、南厚北薄的特点。上石盒子垄底部发育暗紫色—紫红色砂岩、泥质粉砂岩和泥岩等不含煤碎屑岩沉积，中、上部除个别地区不含煤且夹数层硅质岩。自北而南的碎屑粒度逐渐变细，暗紫色逐渐减少。上石盒子组主要发育的植物化石有：Gigantonoclea hallei，G. rosulate，G. cathaysiana，Gigantopteris nicotianaefolia，Lobatannularia heianensis等。

6. 孙家沟组

孙家沟组的底部与上石盒子组呈整合接触，上部与三叠纪刘家沟组同样整合接触。孙家沟组在华北板块的沉积厚度变化较大，如山西各地为15.5～321m，河北唐山为120～800m。总体而言，处于盆地周围的唐山、两淮及贺兰山地区厚度最大。迄今为止，华北板块孙家沟组发现的生物化石极为稀少，王自强（1986）发现的植物化石有31属45种，其中Ullmannia bronnii为改组植物群的优势物种，Yuania magnifolia为孙家沟组的特征分子。另外，华北各地还发现有以带肋、沟的双气囊花粉为主的孢粉化石以及少量的脊椎动物、介形类和扁体鱼等。孙家沟组广泛分布于华北各地，与下伏上石盒子组为连续沉积，但在陕西的局部地区为平行不整合接触。

2.4　古地理背景

华北板块晚石炭世初期，海平面开始上升，海水从东、西两侧入侵进入华北板块。主要发育碳酸盐台地体系和潮汐砂滩体系，为陆表海环境（图2-4）。晚石炭世中期华北板块认为陆表海沉积，潮汐沙滩和碳酸岩台地沉积体系广泛分布，陆相河流、冲积扇沉积体系仅分布在南票、平泉一带。晚石炭世晚期，由南向北的沉积体系的展布为：潮汐沙滩、三角洲、河流沉积体系。陆源碎屑物质经过海水的改造后形成一系列的潮汐沙滩，物源为北部内蒙古隆起。潮汐沙滩周围分布着潮坪相，之间为海湾相沉积（图2-4）。综上，晚石炭世晚期为开阔的陆表海—冲积平原景观（图2-4）。北部还有河流和三角洲沉积体系的存在，海岸线在大同、兴隆及柳江煤田一带。

　　早二叠世早期时，由于兴蒙海槽的向南俯冲，由晚石炭世向东倾斜转变为早二叠世的向南东倾斜，这是由于华北板块南缘基底古斜坡下沉导致的。该时期华北板块为一广阔的陆表海，以碳酸盐台地沉积体系和潮汐沙滩体系为主，台地和含台地的泻湖潮坪广泛分布（图2-4），地形平缓，分布面积巨大，物源区为北部阴山古陆。中二叠世，海岸线迁移至南华北，海平面开始快速下降。从南而北依次分布着河流、泛滥盆地、湖泊、河流三角洲和三角洲平原沉积体系，聚煤作用仅发生在南华北、淮北和淮南一带。

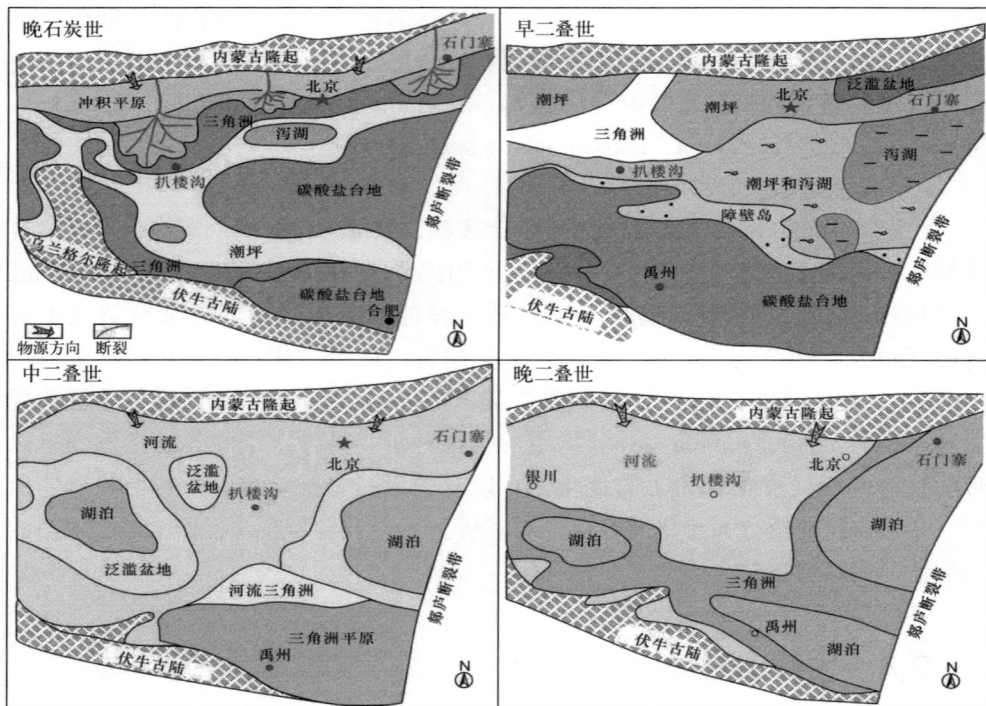

图2-4　石炭—二叠纪古地理背景图（修改自尚冠雄，1997）

　　晚二叠世，华北板块北部的阴山古陆和南部秦岭—中条—伏牛古陆为物源区，在靠近古陆地区常出现砾岩和含砾粗砂岩，靠近沉积区的中部则多为中细砂岩。晚二叠世晚期华北板块碎屑物质供应丰富，是由于其抬升幅度较大，物源由北部内蒙古和秦岭—中条—伏牛古陆共同提供物源。晚二叠甘海水已经全部撤出华北板块，河流和湖泊体系广泛分布在全盆地（图2-4），全区不含煤且动植物化石稀少，以红色碎屑岩建造为主，气候干旱。

2.5 本章小结

（1）石炭—二叠纪华北板块位于古特提斯洋的东北缘，古纬度为北纬20°～30°之间，华北板块的南缘为秦岭—大别造山带，北缘为阴山古陆（内蒙古隆起），晚石炭物源区为华北板块北缘的内蒙古隆起，早二叠世开始，为南北混合物源。

（2）华北板块石炭—二叠纪的古地理环境主要为一套海陆过渡相碎屑沉积。主要的沉积环境有陆表海碳酸岩台地、潮汐沙滩、三角洲、泛滥盆地、河流等沉积体系。

第 3 章

研究材料与方法

本章节介绍了本次研究所涉及的样品的采样位置，采集方法与样品的处理方法，以及样品的分析测试方法［包括U–Pb锆石处理及测试、泥岩样品总有机碳（TOC）、有机碳同位素组成（$\delta^{13}C_{org}$）、汞（Hg）及Hg同位素、常量元素和微量元素、有机显微组分和总硫（TS）］。还介绍了沉积环境、年代地层格架、火山活动、碳循环、野火、大陆风化及古气候等被替代的指标反映的环境意义。

3.1 研究材料

本书以华北板块中北部河东煤田的扒楼沟剖面、华北板块东北缘的石门寨剖面和ZK–3809钻孔岩心的本溪组至孙家沟组为目标地层，运用鲁静等2016年总结的模式化煤系露头剖面采样方法，按照地质分层和编号、分层描述与拍照记录。本次研究按照0.5～0.8m的间距进行泥岩和砂岩样品的采集，在凝灰质黏土岩层位进行凝灰质黏土岩的采集，在可能的地质界线和事件附近进行加密采样，如图3–1所示。

本次研究在华北板块中北部河东煤田的扒楼沟剖面、华北板块东北缘的石门寨剖面和ZK–3809钻孔岩心的本溪组至孙家沟组共采集凝灰质黏土岩13件（表3–1），泥岩样品202件，岩石薄片样品4件（扒楼沟剖面8层砂岩和12层灰岩；ZK–3809第20层凝灰质黏土岩）。凝灰质黏土岩每件约1kg，泥岩样品每件0.5kg，砂岩样品约5cm×5cm×5cm大小。对沉凝灰岩样品进行U–Pb同位素锆石年代分析；对泥岩样品进行总有机碳（TOC）、有机碳同位素组成（$\delta^{13}C_{org}$）、汞（Hg）及Hg同位素、常量元素和微量元素、有机显微组分和总硫（TS）等测试和鉴定；对砂岩样品进行砂岩薄片鉴定。对每个样品的详细的测试项目见表3–2。

凝灰质黏土岩采集与测试统计表　　　　　　　表3–1

剖面 / 钻孔	组	样品编号	层号 / 深度	计数
扒楼沟剖面	太原组	PLG–1/PLG–2	P bed 21m/23m	3 件
	本溪组	PLG–G	P bed 3m	

续表

剖面/钻孔	组	样品编号	层号/深度	计数
石门寨剖面	太原组	LJ D	S bed 3m/12m/23m	4件
	本溪组	LJ G/LJ F/LJ E	S bed 28m	
ZK-3809钻孔	孙家沟组	L 6/LJ 13	510m/519m	6件
	上石盒子组/下石盒子组	LJ 168/ LJ 235	665m/735m	
	山西组	LJ B/LJ C	775m/803m	

泥岩样品采集与测试项目统计表 表3-2

剖面/钻孔	组	样品编号	TOC（%）	$\delta^{13}C_{org}$（‰）	汞（Hg）	汞同位素	常量元素	微量元素	干酪根	TS	黏土矿物	C/N
扒楼沟剖面	太原组	BP-C31-2	√	√	√	√	√	√		√		
		BP-C31-1	√	√	√	—	√	√	—	√	—	
		BP-C29-6	√	√	√	√	√	√	—	√	—	
		BP-C29-5	√	√	√	—	√	√	—	√	—	
		BP-C29-4	√	√	√	—	√	√	—	√	—	
		BP-C29-3	√	√	√	—	√	√	—	√	—	
		BP-C29-2	√	√	√	—	√	√	—	√	—	
		BP-C29-1	√	√	√	—	√	√	—	√	—	
		BP-C27-4	√	√	√	—	√	√	—	√	—	
		BP-C27-3	√	√	√	—	√	√	—	√	—	
		BP-C27-2	√	√	√	—	√	√	—	√	—	
		BP-C27-1	√	√	√	—	√	√	—	√	—	
		BP-C26-6	√	√	√	—	√	√	—	√	—	
		BP-C26-5	√	√	√	—	√	√	—	√	—	
		BP-C26-4	√	√	√	—	√	√	—	√	—	
		BP-C26-3	√	√	√	—	√	√	—	√	—	
		BP-C26-2	√	√	√	—	√	√	—	√	—	
		BP-C26-1	√	√	√	—	√	√	—	√	—	
		BP-C24-2	√	√	√	—	√	√	—	√	—	
		BP-C24-1	√	√	√	—	√	√	—	√	—	
		BP-C23-3	√	√	—	—	√	√	—	√	—	
		BP-C23-2	√	√	√	—	√	√	—	√	√	

续表

剖面/钻孔	组	样品编号	TOC（%）	δ¹³C$_{org}$（‰）	汞（Hg）	汞同位素	常量元素	微量元素	干酪根	TS	黏土矿物	C/N
扒楼沟剖面	太原组	BP-C23-1	√	√	√	√	√	√	√	√	—	—
		BP-C21-2	√	√	√	—	√	√	√	√	—	—
		BP-C21-1	√	√	√	—	√	√	√	√	—	—
		BP-C20-1	√	√	√	—	√	√	√	√	—	—
		BP-C19-2	√	√	√	—	√	√	√	√	—	—
		BP-C19-1	√	√	√	—	√	√	√	√	—	—
		BP-C18-1	√	√	√	—	√	√	√	√	—	—
		BP-C17-3	√	√	√	—	√	√	√	√	—	—
		BP-C17-2	√	√	√	—	√	√	√	√	—	—
		BP-C17-1	√	√	√	—	√	√	√	√	—	—
		BP-C16-2	√	√	√	√	√	√	√	√	—	—
		BP-C16-1	√	√	√	—	√	√	√	√	—	—
		BP-C14-1	√	√	√	—	√	√	√	—	—	—
		BP-C13-1	√	√	√	—	√	√	√	—	—	—
		BP-C11-1	√	√	√	—	√	√	√	—	—	—
	本溪组	BP-C9-1	√	√	√	—	√	√	√	—	—	—
		BP-C6-3	√	√	—	—	—	—	√	—	—	—
		BP-C6-2	√	√	—	—	—	—	√	—	—	—
		BP-C6-1	√	√	—	—	—	—	√	—	—	—
		BP-C5-4	√	√	—	—	—	—	√	—	—	—
		BP-C5-3	√	√	—	—	—	—	√	—	—	—
		BP-C5-2	√	√	—	—	—	—	√	—	—	—
		BP-C4-2	√	√	—	—	—	—	√	—	—	—
		BP-C4-1	√	√	—	—	—	—	√	—	—	—
		BP-C3-2		√	—	—	—	—	√	—	—	—
石门寨剖面	太原组	BP-C3-1	√	√	—	—	—	—	√	—	—	—
		BP-C1	√	√	—	—	—	—	√	—	—	—
		Sm35-1-1	√	√	√	—	√	√	√	—	—	—
		Sm35-1	√	√	√	√	√	√	√	√	—	—
		Sm34-2-1	√	√	√	—	√	√	√	√	—	—

续表

剖面/钻孔	组	样品编号	TOC（%）	$\delta^{13}C_{org}$（‰）	汞（Hg）	汞同位素	常量元素	微量元素	干酪根	TS	黏土矿物	C/N
石门寨剖面	太原组	Sm34-2	√	√	√	—	√	√	√	√	√	—
		Sm32-2-1	√	√	√	—	√	√	√	√	—	—
		Sm32-2	√	√	√	√	√	√	√	√	√	—
		Sm32-1-1	√	√	√	—	√	√	√	√	—	—
		Sm32-1	√	√	√	—	√	√	√	√	—	—
		Sm31-2-1	√	√	√	—	√	√	√	√	—	—
		Sm31-2	√	√	√	√	√	√	√	√	√	—
		Sm31-1-1	√	√	√	—	√	√	√	√	—	—
		Sm31-1	√	√	√	—	√	√	√	√	—	—
		Sm30-2-1	√	√	√	—	√	√	√	√	—	—
		Sm30-2	√	√	√	√	√	√	√	√	√	—
		Sm30-1-1	√	√	√	—	√	√	√	√	—	—
		Sm30-1	√	√	√	√	√	√	√	√	—	—
		Sm29-2-1	√	√	√	—	√	√	√	√	—	—
		Sm29-2	√	√	√	—	√	√	√	√	√	—
		Sm29-1-1	√	√	√	—	√	√	√	√	—	—
		Sm29-1	√	√	√	√	√	√	√	√	—	—
		Sm27-4-1	√	√	√	—	√	√	√	√	—	—
		Sm27-4	√	√	√	√	√	√	√	√	—	—
		Sm27-3-1	√	√	√	—	√	√	√	√	—	—
		Sm27-3	√	√	√	√	√	√	√	√	—	—
		Sm27-2-1	√	√	√	—	√	√	√	√	—	—
		Sm27-2	√	√	√	√	√	√	√	√	—	—
		Sm26-1-1	√	√	√	—	√	√	√	√	—	—
		Sm26-1	√	√	√	√	√	√	√	√	—	—
	本溪组	Sm23-4-1	√	√	√	—	√	√	√	√	—	—
		Sm23-4	√	√	√	—	√	√	√	√	—	—
		Sm23-1	√	√	√	—	—	—	√	√	—	—
		Sm22-3	√	√	√	—	—	—	√	√	—	—
		Sm22-2	√	√	√	—	—	—	√	√	—	—

续表

剖面/钻孔	组	样品编号	TOC（%）	δ¹³C_org（‰）	汞（Hg）	汞同位素	常量元素	微量元素	干酪根	TS	黏土矿物	C/N
石门寨剖面	本溪组	Sm22-1	√	√	√	—	—	—	√	√	—	—
		Sm20-3	√	√	√	—	—	—	√	√	—	—
		Sm20-2	√	√	√	—	—	—	√	√	—	—
		Sm20-1	√	√	√	—	—	—	√	√	—	—
		Sm18-4	√	√	√	—	—	—	√	√	—	—
		Sm18-3	√	√	√	—	—	—	√	√	—	—
		Sm18-2	√	√	√	—	—	—	√	√	—	—
		Sm17-1	√	√	√	—	—	—	√	√	—	—
		Sm16-2	√	√	√	—	—	—	√	√	—	—
		Sm16-1	√	√	√	—	—	—	√	√	—	—
		Sm15-2	√	√	√	—	—	—	√	√	—	—
		Sm15-1	√	√	√	—	—	—	√	√	—	—
		Sm14-1	√	√	√	—	—	—	√	√	—	—
		Sm13-1	√	√	√	—	—	—	√	√	—	—
		Sm12-2	√	√	√	—	—	—	√	√	—	—
		Sm12-1	√	√	√	—	—	—	√	√	—	—
		Sm11-2	√	√	√	—	—	—	√	√	—	—
		Sm11-1	√	√	√	—	—	—	√	√	—	—
		Sm10-2	√	√	√	—	—	—	√	√	—	—
		Sm10-1	√	√	√	—	—	—	√	√	—	—
		Sm9-1	√	√	√	—	—	—	√	√	—	—
		Sm8-1	√	√	√	—	—	—	√	√	—	—
		Sm7-1	√	√	√	—	—	—	√	√	—	—
		Sm5-3	√	√	√	—	—	—	√	√	—	—
		Sm5-2	√	√	√	—	—	—	√	√	√	√
		Sm5-1	√	√	√	—	—	—	√	√	—	—
		Sm4-1	√	√	√	—	—	—	√	√	—	—
		Sm3-1	√	√	√	—	—	—	√	√	—	—
		Sm2-1	√	√	√	—	—	—	√	√	—	—

剖面/钻孔	组	样品编号	TOC（%）	$\delta^{13}C_{org}$（‰）	汞（Hg）	汞同位素	常量元素	微量元素	干酪根	TS	黏土矿物	C/N
ZK-3809钻孔岩心	孙家沟组	LJ6	√	√	—	—	√	√	√	—	—	—
		LJ11	√	√	—	—	√	√	√	—	—	—
		LJ12	√	√	—	—	√	√	√	—	—	—
		LJ13	√	√	—	—	√	√	√	—	—	—
		LJ16	√	√	—	—	√	√	√	—	—	—
		LJ17	√	√	—	—	√	√	√	—	—	—
		LJ18	√	√	—	—	√	√	√	—	—	—
		LJ18-1	√	√	—	—	√	√	√	—	—	—
		LJ19	√	√	—	—	√	√	√	—	—	—
		LJ27	√	√	—	—	√	√	√	—	—	—
		LJ30	√	√	—	—	√	√	√	—	—	—
		LJ32	√	√	—	—	√	√	√	—	—	—
		LJ34	√	√	—	—	√	√	√	—	—	—
		LJ39	√	√	—	—	√	√	√	—	—	—
		LJ40	√	√	—	—	√	√	√	—	—	—
		LJ44	√	√	—	—	√	√	√	—	—	—
		LJ46	√	√	—	—	√	√	√	—	—	—
		LJ50	√	√	—	—	√	√	√	—	—	—
		LJ51	√	√	—	—	√	√	√	—	—	—
		LJ52	√	√	—	—	√	√	√	—	—	—
		LJ53	√	√	—	—	√	√	√	—	—	—
		LJ59	√	√	—	—	√	√	√	—	—	—
		LJ60	√	√	—	—	√	√	√	—	—	—
		LJ61	√	√	—	—	√	√	√	—	—	—
		LJ72	√	√	—	—	√	√	√	—	—	—
		LJ73	√	√	—	—	√	√	√	—	—	—
		LJ75	√	√	—	—	√	√	√	—	—	—
		LJ76	√	√	—	—	√	√	√	—	—	—

剖面/钻孔	组	样品编号	TOC（%）	δ¹³C$_{org}$（‰）	汞（Hg）	汞同位素	常量元素	微量元素	干酪根	TS	黏土矿物	C/N
ZK-3809 钻孔岩心	上石盒子组	LJ115	√	√	√	—	—	√	√	√	—	—
		LJ124	√	√	√	—	—	√	√	√	—	—
		LJ132	√	√	√	—	—	√	√	√	—	—
		LJ144	√	√	√	—	—	√	√	√	—	—
		LJ153	√	√	√	—	—	√	√	√	—	—
		LJ168	√	√	√	—	—	√	√	√	—	—
		LJ169	√	√	√	—	—	√	√	√	—	—
		LJ170	√	√	√	—	—	√	√	√	—	—
		LJ171	√	√	√	—	—	√	√	√	—	—
		LJ176	√	√	√	—	—	√	√	√	—	—
		LJ185	√	√	√	—	—	√	√	√	—	—
		LJ198	√	√	√	—	—	√	√	√	—	—
	下石盒子组	LJ199	√	√	√	—	—	√	√	√	—	—
		LJ208	√	√	√	—	—	√	√	√	—	—
		LJ209	√	√	√	—	—	√	√	√	—	—
		LJ210	√	√	√	—	—	√	√	√	—	—
		LJ211	√	√	√	—	—	√	√	√	—	—
		LJ219	√	√	√	—	—	√	√	√	—	—
		LJ220	√	√	√	—	—	√	√	√	—	—
		LJ221	√	√	√	—	—	√	√	√	—	—
		LJ222	√	√	√	—	—	√	√	√	—	—
		LJ230	√	√	√	—	—	√	√	√	—	—
		LJ231	√	√	√	—	—	√	√	√	—	—
		LJ232	√	√	√	—	—	√	√	√	—	—
		LJ233	√	√	√	—	—	√	√	√	—	—
		LJ234	√	√	√	—	—	√	√	√	—	—
		LJ235	√	√	√	—	—	√	√	√	—	—
		LJ236	√	√	√	—	—	√	√	√	—	—
		LJ237	√	√	√	—	—	√	√	√	—	—
		LJ238	√	√	√	—	—	√	√	√	—	—
	山西组	LJ252	√	√	√	—	—	√	√	√	—	—
		LJ253	√	√	√	—	—	√	√	√	—	—
		LJ265	√	√	√	√	√	√	√	√	—	√

续表

剖面/钻孔	组	样品编号	TOC（%）	$\delta^{13}C_{org}$（‰）	汞（Hg）	汞同位素	常量元素	微量元素	干酪根	TS	黏土矿物	C/N
ZK-3809钻孔岩心	山西组	LJ266	√	√	√		√	√	√	√	—	√
		LJ267	√	√	√	√	√	√	√	√	√	√
		LJ268	√	√	√		√	√	√	√	—	√
		LJ271	√	√	√	√	√	√	√	√	√	√
		LJ272	√	√	√	√	√	√	√	√	√	√
		LJ273	√	√	√		√	√	√	√	√	√
		LJ280	√	√	√		√	√	√	√	—	√
		LJ281	√	√	√	√	√	√	√	√	—	√
		LJ282	√	√	√		√	√	√	√	√	√
		LJ285	√	√	√		√	√	√	√	—	√
		LJ286	√	√	√	√	√	√	√	√	√	√
		LJ286-1	√	√	√	√	√	√	√	√	—	√
		LJ288	√	√	√	√	√	√	√	√	√	√
		LJ288-1	√	√	√	√	√	√	√	√	—	√
		LJ289	√	√	√		√	√	√	√	√	√
		LJ290	√	√	√		√	√	√	√	—	√
		LJ291	√	√	√		√	√	√	√	—	√
		LJ292	√	√	√	√	√	√	√	√	—	√
		LJ296	√	√	√		√	√	√	√	—	√
	太原组	LJ301	√	√	√	√	√	√	√	√	—	√
		LJ302	√	√	√		√	√	√	√	—	√
		LJ303	√	√	√		√	√	√	√	—	√
		LJ304	√	√	√	√	√	√	√	√	—	√
		LJ307	√	√	√		√	√	√	√	—	√
		LJ308	√	√	√		√	√	√	√	—	√
		LJ309	√	√	√		√	√	√	√	—	√
		LJ310	√	√	—		√	√	√	√	—	√
		LJ311	√	√	—	√	√	√	√	√	—	√
		LJ312	√	√	√	√	√	√	√	√	—	√
共计（件）			202	202	163	47	127	160	202	163	15	30

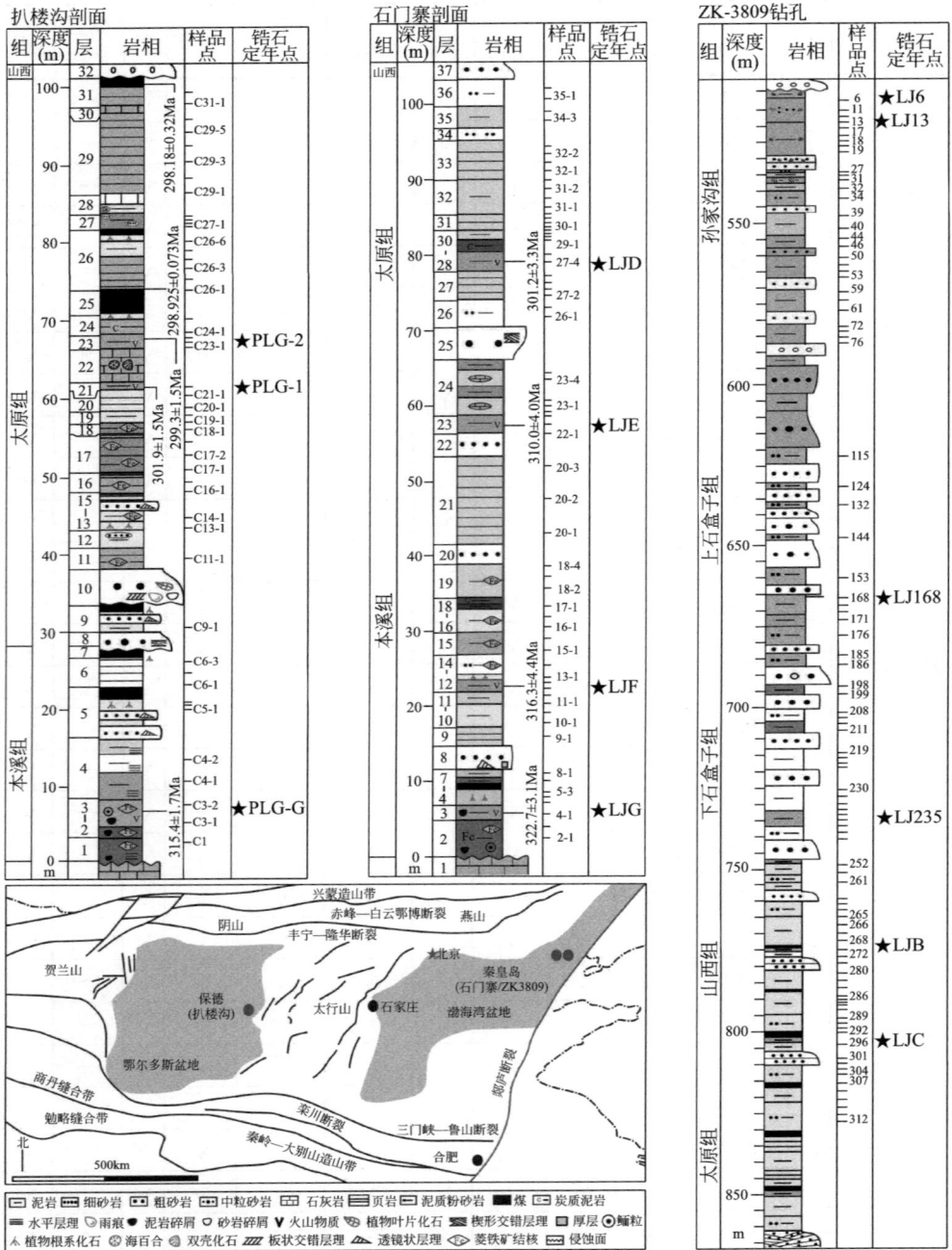

图 3-1 目标地层 U-Pb 锆石定年和泥岩采样层位图

3.2 研究方法

3.2.1 沉积环境分析

以河东煤田扒楼沟剖面、柳江煤田石门寨剖面和ZK-3809岩心钻孔为研究对象，运用鲁静等2016年总结的模式化煤系露头剖面沉积环境分析方法，按照地质分层和编号（岩性差异、颜色差异、化石种类差异、厚层变化、沉积构造变化、冲刷面、暴露面和海泛面）、分层描述与记录（产状特征、厚层特征、接触关系和沉积构造等岩层特征；碎屑岩、泥质岩、化学岩、有机岩等岩性特征；化石特征；素描图；拍照）、岩相归纳与沉积环境解释（岩层特征、岩性特征和生物化石等岩相识别依据；岩相总结与解释；参考前人成果、沉积模式对比和瓦尔特相率确定沉积环境）、信手岩相剖面图的绘制（垂向比例尺、分层号、分层厚度、岩性填充、沉积构造、沉积环境和标志层）、沉积模式与剖面环境演化、室内资料的整理六个步骤来进行。

通过对剖面和钻孔进行测量、岩性分层与描述，从岩石的颜色、结构和沉积构造等方面的特征，参考Miall等人1978年的岩相划分标准和Li等人2021年的岩相划分，结合研究区的砂岩粒度概率曲线，应用瓦尔特相率来确定研究区的沉积环境。根据沉积界面和垂向上的沉积相的关系叠加模式，恢复研究区的海平面变化。

3.2.2 U-Pb锆石定年分析和地层年代格架的建立方法

1. 锆石定年分析实验方法

本次研究共计在河东煤田扒楼沟剖面采取沉凝灰岩样品3件（#PLG-G、#PLG-1、#PLG-2），柳江煤田石门寨剖面采取沉凝灰岩样品4件（LJ#G、LJ#F、LJ#E、LJ#D），ZK-3809钻孔采取样品6件（LJ#C、LJ#B、LJ#235、LJ#168、LJ#13、LJ#6），共计13件沉凝灰岩样品。首先对13个沉凝灰岩样品进行冲洗，然后对样品进行破碎、筛分和重力与磁性浮选，最后在光学显微镜下进行锆石的挑选工作，将挑选的锆石放在环氧树脂上进行剖光。通过反射光、透射光和阴极发光下观察锆石的环带结构、大小和完整度，并选择在阴极发光（CL）显微镜下表现出明显振荡分带的自形锆石晶体进行U-Pb锆石同位素分析。

U-Pb定年工作是在中国地质大学（北京）使用Thermo Fisher X-Series 2 ICP-MS仪器进行的（LA-ICP-MS方法），以获得离子信号强度。ICP-MS为美国Thermo Fisher公司的X Series 2型四极杆等离子体质谱仪，美国Coherent公司生产的型号GeoLasPro-193为激光进样系统。参考物质NIST SRM610作为微量元素含量测定的外标，标准锆石 Plesovice 和锆石 91500 分别被用做 U–Th–Pb 同位素比率的监控样品和标样。使用 ICPMSDataCal 软件对得到的数据进行分析，使用 Isoplot 3.0 插件来进行 U–Pb 锆石平均年龄和和谐年的计算，并绘制相关图版。

2. 地层年代格架的建立方法

以前人研究的岩石地层和生物地层格架为基础，利用年代地层（锆石 U–Pb 定年）和化学地层（有机碳同位素组成）对生物地层进行校正，以确定目标地层国际阶级别的高分辨率综合地层格架。

3.2.3　总有机碳和碳同位素组成分析及碳循环波动的研究方法

1. 总有机碳（TOC）测试方法

总有机碳的测试运用到的仪器为型号 Eltra CS580–A 的碳硫分析仪，将碎至 200 目的泥岩样品，根据现行国家标准《沉积岩中总有机碳测定》的规定进行测试分析。最低检测线为 100μg/g，相对分析误差为 ±0.2%。核工业北京地质研究院分析测试中心完成本书的总有机碳的数据测定工作。

2. 有机碳同位素（$\delta^{13}C_{org}$）测试方法

同位素质谱法的有机质稳定碳同位素测定是对研究区的泥岩样品进行有机碳同位素的测试。将碎至 200 目的泥岩样品，根据现行国家标准《土壤质量　总汞、总砷、总铅的测定　原子荧光法　第 1 部分：土壤中总汞的测定》GB/T 22105.1 上机测试，采用型号为 MAT–253 的稳定同位素质谱仪，对 $\delta^{13}C_{org}$ 的测试结果进行 VPDB 标准校准，绝对分析误差小于 ±0.1‰。核工业北京地质研究院分析测试中心完成本书的有机碳同位素的数据测定工作。

3. 碳循环波动的研究方法

光合作用使大气 CO_2 大规模向植物体迁移，植物遗体有机质或者富集成泥炭而形成煤层，或者被稀释呈细分散状赋存在于陆源碎屑岩和碳酸岩盐中。植物对古大气 CO_2 分馏是有机质碳同位素（$\delta^{13}C_{org}$）组成的主要影响因素。其影响因素包括植物类型、大气 CO_2 含量和气候（温度和湿度）。偏高的 $\delta^{13}C_{org}$ 值反映干热气候，偏低 $\delta^{13}C_{org}$ 值反映湿暖气候。

陆地植物残留物中的碳同位素值（$\delta^{13}C_{org}$）已被用于确定大气 CO_2 的碳同位素组成，这反映了全球碳循环的变化。此外，在植物组合和气候不变的条件下，碳同位素值也与大气 pCO_2 密切相关。在大气 pCO_2 上升的背景下，植物光合作用优先利用 ^{12}C，并导致陆地有机物中的负 $\delta^{13}C_{org}$ 偏移。

3.2.4 汞和汞的同位素分析及火山活动记录的研究方法

1. 汞浓度的测定方法

本书中汞的浓度根据现行国家标准《土壤质量 总汞、总砷、总铅的测定 原子荧光法 第1部分：土壤中总汞的测定》GB/T 22105.1的规定，采用汞分析仪（Lumex RA-915+）完成，该种仪器的最低检测线为2ng/g，相对分析误差为±5%。本书的汞浓度数据测定在中国矿业大学（北京）国家重点实验室完成。

汞浓度的测试：

（1）将准备好的样品破碎至200目备用。

（2）首先将实验室的空气浓度通过通风设备调节至100ng/m³以下；对仪器设备进行检查，各个仪器连接口密封良好后预热30min。

（3）利用无水乙醇对盛放样品的石英舟、药匙等实验工具进行擦拭和清洗，再将石英舟放入测汞仪中空烧以去除其附着在石英舟表面的汞，以达到无污染的状态。

（4）待冷却至常温再次对其用无水乙醇擦拭，然后放置备用。

（5）将计算机检测汞浓度的软件仪器进一步校准后等待测试。

（6）采用天平对样品进行称重（0.03g），放入擦拭完成的石英舟内，然后放入仪器进行烧纸测试，等待计算机中软件的测试页面中的峰值输出完整，再进行积分计算，最后输出所测试样品的汞的浓度。

2. 汞同位素的测定方法

汞的同位素组成在天津大学的表层地球系统科学学院进行测试，测试仪器为多接收电感耦合等离子质谱仪（MC-ICPMS，Nu Plasma 3D）。具体实验方法如下：根据冷冻干燥后待测试的样品中测得的总汞浓度，使用4mL双蒸馏HNO_3和4mL超纯H_2O_2在30mL聚四氟乙烯容器中，通过程序化微波消解系统加热，每个样品消解0.2～0.6g。使用燃烧捕集法对沉积物中的汞进行预浓缩，并使用10mL 40%双蒸馏酸（2HNO_3/1HCl，v/v）捕集挥发性汞。程序空白和标准物质以相同的方式处理样品。

程序空白占样品中汞质量的1%以下，样品和程序标准物质的汞消解和预富集回收率均在88%～110%之间。用Milli-Q水将处理后的样品溶液稀释至汞浓度为0.5～2ng/g，通过将定制的冷蒸汽发生系统耦合到多收集器电感耦合等离子体质谱（MC-ICPMS，天津大学Nu plasma 3D）来测量汞同位素比值。^{202}Hg的灵敏度为ng/g Hg，溶液吸收率为0.8mL/min。NIST 997 Tl内部标准溶液（通过Aridus II去溶剂雾化器系统提供）使用指数分馏定律和NIST 3133Hg标准样品支架法校正仪器质量偏差。

将NIST 3133溶液与酸基质和汞浓度均在5%以内的样品溶液进行匹配。法拉第杯被放置在同时收集所有七种汞同位素和两种铊同位素的位置。采集时间为7min（5个区块，20个周期，4.2s的整合时间），初始摄取时间为3min。样本之间用样品基质溶液清洗系统7min，以确保空白信号小于之前样品或标准信号的1%。

通过标准化至通用NIST 3133汞标准，汞同位素比率表示为$\delta^{xxx}Hg$（‰，xxx=199，200，201，202，204）：

$$\delta^{xxx}Hg（‰）=\left[\left(\delta^{xxx}Hg/\delta^{198}Hg\right)_{sample}/\left(\delta^{xxx}Hg/\delta^{198}Hg\right)_{NIST\ 3133}-1\right]\times1000$$

MIF值表示为$\Delta^{xxx}Hg$（‰，xxx=199，200，201，204），表示测量的$\delta^{xxx}Hg$值与使用动力学MDF定律从$\delta^{202}Hg$预测的值之间的差值：

$$\Delta^{xxx}Hg（‰）=\delta^{xxx}Hg-^{xxx}\beta\times\delta^{202}Hg$$

^{199}Hg的质量相关比例因子$^{xxx}\beta$为0.2520，^{200}Hg为0.5024，^{201}Hg为0.7520，^{204}Hg为1.4930。

在不同分析阶段分析的二级标准NIST 3177溶液和程序标准物质（GBW07310、DORM-4）的汞同位素比率与先前研究中报告的一致。样品的典型2SD分析不确定度估计为NIST 3177和GBW07310（沉积物）或DORM-4中汞同位素比的较大2SD不确定度。只有当重复分析样品中汞同位素比值的2SD不确定度大于典型的2SD不确定度时，才将其作为分析不确定度。

3. 火山活动记录的研究方法

汞（Hg）在现代大气中以3种形式存在：气态汞Hg^0、与氧化物颗粒Hg_p相关的二价氧化汞Hg^{II}以及卤化物。Hg^0占大气汞总量的90%，是全球汞分布的主要形式。它在大气中的停留时间约为6个月至2年，允许长距离运输和在大气中相对均匀的混合。Hg^0可以被氧化成Hg^{II}，Hg^{II}比Hg^0更易溶于水，并且很容易通过湿沉积（RGM）和干沉积从大气中去除。除大气沉降外，汞还通过河流颗粒物（例如黏土和有机物）输送到水环境（例如湖泊和海洋）。

地球表面系统中最大的汞储库是海洋（约950×10^6mol）、土壤和植被（1200×10^6mol）。由于快速去除，大气汞库较小（4×10^6mol）。现代大气汞的主要来源是人为排放（$11\sim20\times10^6$mol/年），主要来自汞开采和汞在金银矿中的提取，以及来自煤炭燃烧。据估计，总人为排放量是自然地质源排放量的$4\sim8$倍（约2.5×10^6mol/yr）。火山作用是前人类世界的主要来源，约占天然汞排放量的80%。

火山活动及其相关的岩浆作用是汞的主要外在来源，并且沉积物中的Hg已经成为大规模火山活动的新代表。沉积汞富集的研究为大火成岩省的侵位、环境的快速变化、大灭绝和生物恢复之间的关系提供了新的见解。由火山活动引发的汞（火山汞）的富集的可能来自火山气体的排放、煤炭/泥炭的氧化燃烧（这是由岩浆侵入或熔岩点燃引起的），以及火山引发的野火导致汞的富集。

火山来源的汞通常以气态元素Hg^0的形式释放到大气中，占汞总排放量的90%以上，气态Hg^0相对稳定，在通过直接沉积或氧化为更具颗粒活性的形式（例如颗粒氧化Hg^{II}）之前，可以在全球范围内通过大气传输。在陆地环境中，大气中的Hg^0通过植物和树木的吸收或土壤中有机物的吸收而去除。

Hg的奇数同位素非质量分馏（MIF）已经被广泛地用于评价大陆和海洋环境中的火山通量和来源。火山不仅可以直接释放Hg，还可以通过岩浆加热富有机质的沉积物和火山作用引起的土壤侵蚀增强引发Hg的富集异常。Hg奇数同位素非质量分馏（MIF）可以有效地追踪Hg在各种环境中的来源和途径，陆地植物通过其气孔吸收大气中的汞，导致其叶片中光还原信号以负MIFs保存。

这些过程往往会在大陆系统（包括煤、土壤、沉积物和植物）中产生负的MIFs，在海洋系统（包括沉积物和生物）中产生正的MIFs。在重大火山事件期间，火山成因的Hg可能会主导沉积物中的总Hg，从而导致接近零的MIFs；火山活动还可以通过岩浆加热富有机质的沉积物和火山作用引起的土壤侵蚀增强使地层中记录的MIFs产生负偏移。

3.2.5 有机显微组分分析和野火记录的研究方法

1. 有机显微组分分析的研究方法

本书干酪根的提取参考现行行业标准《透射光—荧光干酪根显微组分鉴定及类型划分方法》SY/T 5125，在中国石油勘探开发研究院完成。干酪根提取的主要流程：

（1）样品处理：将20g的样品放入烧杯，然后再用超纯水进行浸泡沉淀，2～4h之后除去上清液后将剩余的样品进行烘干备用。

（2）酸处理：将烘干的样品在通风橱中加入6mol/L的浓盐酸后加热（60～70℃）搅拌2h左右，目的是去除样品中的碳酸岩。待反应结束时加入超纯水反复洗涤至溶液呈中性后，去除上部上清液（离心机操作）。将处理好的溶液按照1（样品溶液）：2.4（6mol/L的盐酸）：3.6（40%的氢氟酸）的比例混合，并进行加热处理，在60～70℃的水浴锅重复操作。

（3）碱处理：酸处理后，将样品加入200mL浓度0.5mol/L的氢氧化钠溶液中，去除样品中残留的酸溶液和碱溶液。此步骤也同样需要反复操作，直至溶液变成中性且无颜色。

（4）重液浮选：将处理好的样品转移至离心管，加入相对密度为2.0左右的重液，用超声波清洗仪处理15min使溶液充分扩散。处理后的样品放入离心机中离心后提取上部的干酪根，对下部剩余的样品用同样的重液处理方法再次提取干酪根。

本书干酪根的鉴定参考现行行业标准《透射光—荧光干酪根显微组分鉴定及类型划分方法》SY/T 5125，在中国矿业大学（北京）完成。干酪根鉴定的主要流程：用滴管吸取适量的丙三醇溶液和干酪根样品混合，将其用玻璃棒蘸取到载玻片上，用镊子夹盖玻片从一边缓慢盖上，轻轻挤压出气泡。在盖玻片周围均匀地铺满胶水后移至紫光灯下晾干备用。鉴定方法：将制作好的片子放在显微镜下进行有机显微组分（镜质组、壳质组、惰质组、腐泥组）的统计，按照等间距依次移动，将十字丝作为固定的坐标并记录下改坐标区域的样品成分。在每个样品中，有机显微组分至少要统计到300粒以上，最后在Excle中对样品中的有机显微组分含量进行百分比计算。

2. 古野火记录的研究方法

沉积地层中通过干酪根鉴定出的有机显微组分中的惰质组（丝质体和木炭等）被认为是古野火发生的标志。惰质组来自于植物的不完全燃烧，因此越来越多的学者运用惰质组的含量升高来指示古野火。地质历史时期，古野火是影响地球生态系统发展的重要因素之一。二叠—三叠纪界线，频繁的古野火是造成二叠—三叠纪界线处陆地植物灭绝的直接原因之一。

野火的增加将导致植物燃烧产生大量有机物和营养物，并导致土壤和岩石风化加剧，通过地表径流进入海洋。这些大量的营养输入刺激了蓝藻和藻类的水华。晚三叠世卡尼洪水事件时期，由于其全球大气径流和水循环的增加，也同样导致沉积记录中野火的增多。通过改变关键营养素的流量，增强了初级生产力。此外，火灾通过释放碳和气溶胶以及改变地表反照率来影响气候系统。

3.2.6　常微量元素分析和大陆风化作用的研究方法

1. 常微量元素的测试方法

首先将样品破碎至200目后放入烘箱中烘干，处理后的样品等分为两份分别进行常量元素和微量元素的测试。常量元素使用熔片X射线荧光光谱法（荧光光谱仪型号为PW2404），依照现行国家标准《硅酸盐岩石化学分析方法　第28部分：16个主次成分量测定》GB/T 14506.14和《硅酸盐岩石化学分析方法　第14部分：氧化亚铁量测定》GB/T 14506.28进行测试。微量元素使用封闭酸溶—电感耦合等离子体质谱仪（ICPMS），根据现行国家标准《硅酸盐岩石化学分析方法　第30部分：44个元素量测定》GB/T 14506.30进行测试。本书中的常量元素和微量元素的测试工作在核工业北京地质研究院完成。

2. 大陆风化作用的研究方法

Nesbitt和Young（1982）的化学蚀变指数（CIA）是一种广泛使用的指标，

它提供了一种跟踪硅酸盐风化过程中（主要表现为 Na、K、Ca 等碱金属离子从源岩中流失）长石矿物通过水合作用转化为黏土矿物的方法。使用以下公式计算 CIA：

$$CIA = Al_2O_3 / (Al_2O_3 + CaO^* + Na_2O + K_2O) \times 100$$

其中所有氧化物都以摩尔为单位，CaO* 表示按照 McLennan（1993）的方法的硅酸盐部分中的 CaO。在本书中，采用 MClenman 等人的方法对 CaO* 进行计算和校正。运用 Fedo 等人的方法对 CIA 数值进行钾质交代作用的判断，如果大陆风化趋势平行于 A—CN 边，则不需要进行校正；如果大陆风化趋势亚平行于 A—CN 边，则需对样品的 CIA 值进行校正，之后再用于判断研究区的大陆风化趋势。

岩石未经过化学风化时，CIA 值小于 50；岩石经过低等化学风化作用，CIA 值为 50～65，反映寒冷、干燥的古气候条件；岩石经过中等化学风化作用，CIA 值为 65～85，反映温暖、湿润的古气候条件；化学风化作用强烈，CIA 值为 85～100，反映炎热、潮湿的古气候条件；岩石经过完全的化学风化，CIA 值为 100。

3.2.7　黏土矿物含量分析和古气候的研究方法

1. 黏土矿物的分析测试方法

首先将样品破碎至 200 目后放入烘箱中烘干，采用型号为 D/max–PC2500 X 射线衍射仪依照现行行业标准《沉积岩中黏土矿物和常见非黏土矿物 X 射线衍射分析方法》SY/T 5163 进行测试，该项目在中国石油勘探开发研究院完成。最后用 Clayquan 2016 软件进行定性和定量分析，计算出各个样品中各黏土矿物组分的百分含量。

黏土矿物的分析测试方法：N 片（自然风干定向片）是将粉碎好的样品加入超纯水溶解并搅拌均匀，用超声波震荡目的是使黏土分散均匀，静置 4h 后提取上清液，进行离心之后加入少量的超纯水进行溶解，用滴管吸取悬浮液滴在载玻片并涂抹均匀，自然风干。EG 片（乙二醇饱和片）是将 N 片置于乙二醇蒸汽箱（恒定为 50℃）中进行饱和处理，恒温时间不低于 8h 后冷却至室温。T 片（高温片）是将乙二醇饱和片放置于马沸炉中，加热到 450℃，冷却至室温备用。更详细的实验流程见现行行业标准《沉积岩中黏土矿物和常见非黏土矿物 X 射线衍射分析方法》SY/T 5163 1995 和周凯（2021）。

2. 古气候的研究方法

黏土矿物可以提供有价值的古气候信息。通常，伊利石的存在为干旱和寒冷气候条件提供了一个指标，绿泥石在化学风化受到抑制的地区占主导地位（例如与冰川或干燥的裸露表面有关），高岭土保存通常指温暖和潮湿的条件，蒙脱石的形成反映了水解的程度。一般来说，相对丰富的绿泥石、伊利石和石英被解释为相对干燥的气候条件，高岭石被解释为相对湿润的气候条件，蒙脱石与伊蒙混层反映的古气候均具有明显的季节性变化特征，被解释为季节性干旱或湿润的气候条件。

3.3　本章小结

（1）参考野外露头剖面模式化采样方法，对扒楼沟剖面、石门寨剖面和ZK-3809钻孔进行采样。共计采集凝灰质黏土岩13件，用于U–Pb锆定年；泥岩样品202件，其中用于TOC测试和$\delta^{13}C_{org}$ 202件、Hg浓度的富集163件、Hg同位素47件、常量元素126件、微量元素159件、干酪根富集和鉴定190件、TS分析163件、C/N比值分析30件。用于显微镜下观察的岩石薄片4件。

（2）本书的TOC、$\delta^{13}C_{org}$、常量元素、微量元素、TS和C/N比值分析是在北京核工业研究院完成测试的；在中国矿业大学（北京）国家重点实验室完成Hg浓度的测试；Hg同位素在天津大学地球系统科学学院完成；干酪根的富集工作在中国石油勘探开发研究院完成，并在中国矿业大学（北京）完成了鉴定工作；在本次研究中共完成鉴定和测试工作1286余次。

（3）使用U–Pb定年的方法来约束研究区的年代地层格架；使用Hg和Ni浓度来揭示火山活动记录和Hg同位素揭示沉积Hg的来源；使用可替代的指标参数，如有机碳同位素组成、CIA、干酪根显微组分和C/N比值等分别反映碳循环波动、大陆风化趋势、野火和有机质类型变化等一系列环境变化。

第4章

目标地层剖面层序与综合年代地层格架

本章以华北板块中北部河东煤田扒楼沟剖面的本溪组和太原组下部，华北板块东北缘柳江煤田 ZK–3809 钻孔的太原组、山西组、上石盒子组、下石盒子组和孙家沟组、石门寨剖面的本溪组和太原组下部为研究对象，首先进行剖面描述，再利用 LA–ICP–MS 方法进行锆石 U–Pb 定年，并结合生物地层进一步确定目标地层的年代地层格架。

4.1 剖面层序与岩性描述

4.1.1 扒楼沟剖面层序与岩性描述

河东煤田的扒楼沟剖面，石炭—二叠纪的本溪组、太原组、山西组、下石盒子组地层完整（图4–1、图4–2），在上石盒子组和孙家沟组之间有约20Myr的缺失。

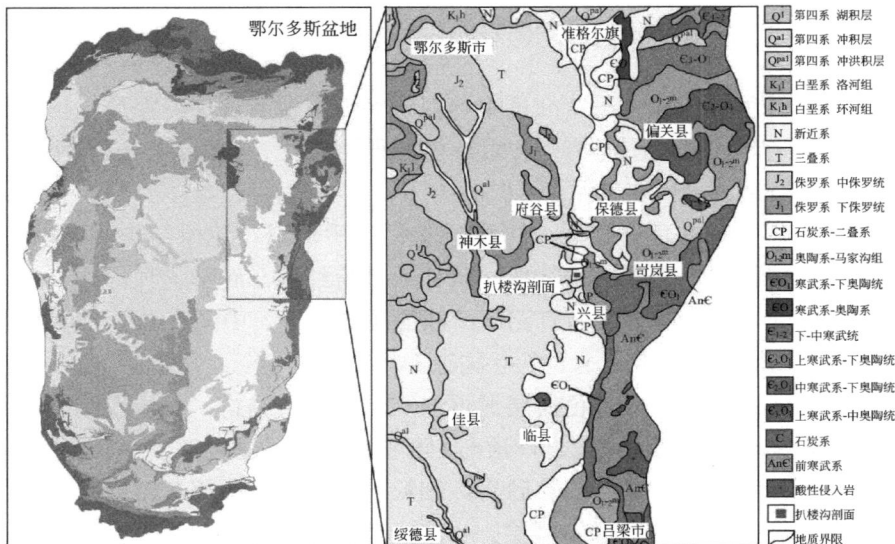

图 4–1 鄂尔多斯盆地质简图

　　本书对扒楼沟剖面的本溪组和太原组进行了详细的野外剖面的测量和描述，其中第1～7层为本溪组，第8～31层为太原组，如图4-3～图4-9所示。详细的岩性描述和分层如下：

P-bed 1：暗紫色—紫红色泥页岩。泥质结构，泥质胶结。块状构造。底部含奥陶纪石灰岩砾石（粒径2～40cm），分选性差，风化垮塌沉积，夹黑色的菱铁质条带（5～10cm），夹菱铁质结核（1～2cm），局部含杂色砾石，含撕裂状泥砾。　　　　　　　　　　　　　　　　　　　　　　　3.0m

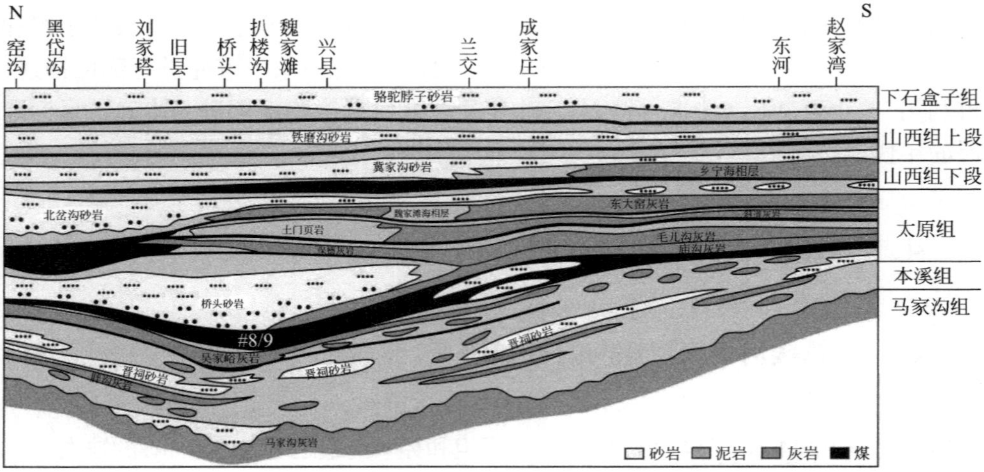

图4-2　河东煤田东缘晚古生代含煤岩系岩性变化图

注：图修改自陈忠惠（1990）。

P-bed 2：紫红色—灰绿色—紫红色块状泥岩夹铁质泥岩薄层。泥质结构，块状构造。含有砂质泥屑，含紫红色泥砾（粒径3～5cm），岩石坚硬，铁质胶结，上伏红色泥岩（0.3m）。　　　　　　　　　　　　　　　　0.87m

P-bed 3：灰色—青灰色薄层状—中厚层状铝土质泥岩。泥质结构，泥质胶结，块状构造。含菱铁质结核，风化后呈粉红色，底部、顶部含有丰富的鲕粒，中部少，层面有泥砾，低能还原环境。中间夹1.5m厚灰白色中厚层状凝灰质黏土岩，块状构造。　　　　　　　　　　　　3.3m

P-bed 4：红色—黄色—灰白色薄层泥页岩互层。泥质结构，泥质胶结。水平层理构造。底部红色页岩，顶部为灰白色铝土质泥岩。　　　　　　9.1m

P-bed 5：下伏灰白色中厚层细粒砂岩，细粒砂状结构。中部灰白色根土岩，胶结较差。上伏约30cm煤层。　　　　　　　　　　　　　　　　　5m

P-bed 6：灰色—土黄色薄层泥页岩互层。泥质结构，泥质胶结。水平层理构造，

图4-3 P-bed 1 ~ 4 分层剖面图

与下伏煤层渐变接触。 4.7m

P-bed 7：煤层，水平层理。 0.35m

P-bed 8：灰白色厚层状细粒砂岩。细粒砂状结构，发育楔状交错层理构造。上部为薄层状灰黑色粉砂岩，顶底部突变接触，与下部煤层冲刷接触。古水流方向为290°、262°、270°。下伏板状交错层理，河流能量减弱，上伏泥质粉砂岩有丰富的植物化石。 2.4m

P-bed 9：下伏灰黑色薄层页岩，中部薄层透镜状粉砂岩，粉砂状结构。上伏为煤层，可能河床出露，有冰雹痕。 2.4m

P-bed 10：中部土黄色—灰白色厚层细粒砂岩，细粒砂状结构，板状交错层理构造。上部灰黑色薄层砂岩，有植物化石印痕。底部有砾岩，中粒砾状结构，分选性较好。古水流方向为265°、266°、267°。 4.8m

P-bed 11：灰黑色薄层碳质页岩，水平层理构造。深水—浅水沉积，发育菱铁质结核。 2.68m

P-bed 12：上部为土黄色中厚层细砂岩，细粒砂状结构，块状构造。下部为灰白色薄层透镜状砂岩。 2.2m

P-bed 13：古土壤，泥质构造，泥质胶结，水平层理。 0.8m

P-bed 14：下伏黑色薄层页岩，水平层理构造，缺氧环境，缺少植物化石。上伏灰白色泥质粉砂岩，泥质胶结，粉砂状结构，局部有砂岩透镜体，含

图 4-4　P-bed 6 ~ 10 分层剖面图

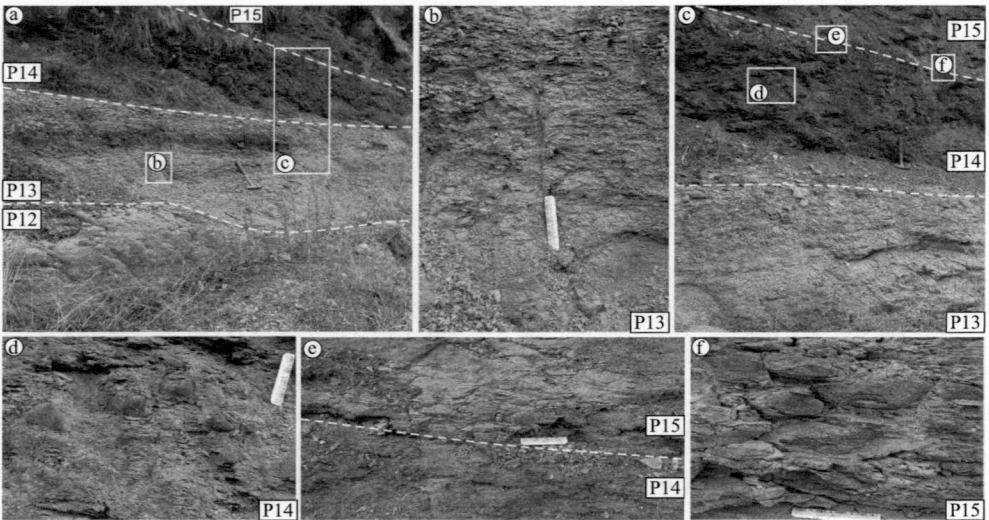

图 4-5　P-bed 12 ~ 15 分层剖面图

菱铁质结核（5～10cm）。 1.2m

P-bed 15：顶部煤层，下部灰白色中厚层细砂岩，铁质胶结，块状构造。 1.2m

P-bed 16：黑色薄层页岩，水平层理构造，上部有0.2m的煤。煤层顶板的页岩为
海泛面。 2.2m

P-bed 17：黑色薄层页岩，水平层理构造，顶部有煤线。 3.52m

P-bed 18：黑色薄层页岩，水平层理构造，缺少植物化石，为缺氧环境。 1.17m

P-bed 19：黑色薄层状页岩，水平层理构造，向上渐变为灰白色薄层铝土质泥
岩，泥质构造，泥质胶结，分选性差，可见透镜状砂岩。 1.61m

P-bed 20：灰白色薄层铝土质泥岩，泥质胶结，水平层理构造。 1.08m

P-bed 21：黄色薄层铝土质泥岩，泥质胶结，泥质结构。为古土壤，上部有薄层
灰白色火山灰。 1.5m

P-bed 22：灰白色厚层状灰岩，块状构造，滴盐酸剧烈起泡，可见方解石条带。
与下伏地层为突变接触。 3m

图4-6 P-bed 15～18 分层剖面图

P-bed 23：黑色—紫红色—灰白色薄层状凝灰质黏土岩，泥质胶结，泥质结构，

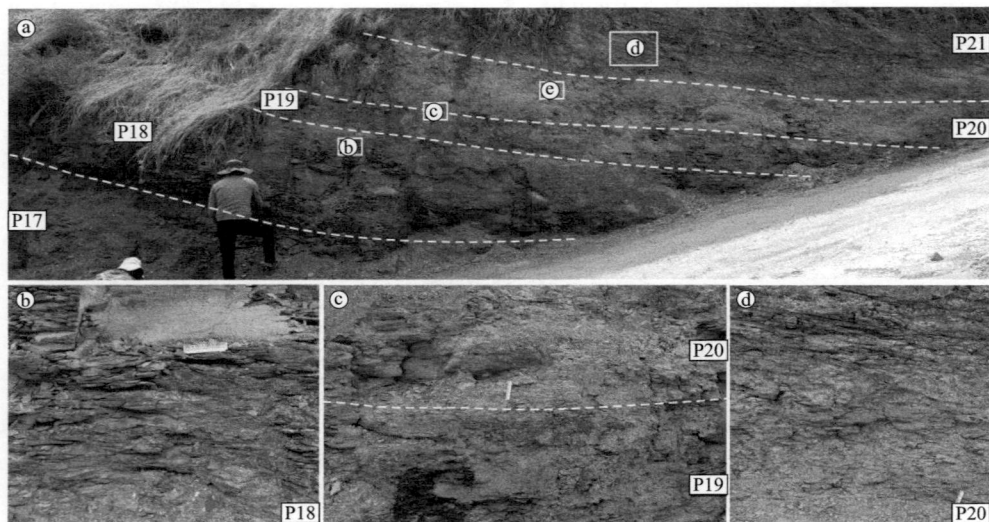

图 4–7 P–bed 17 ～ 21 分层剖面图

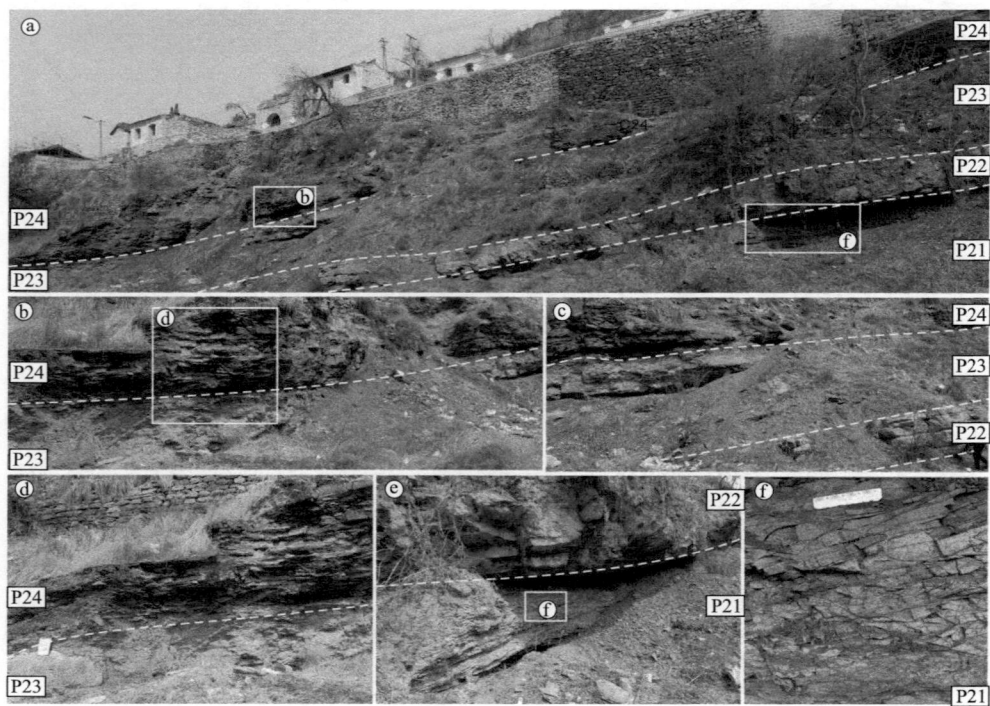

图 4–8 P–bed 21 ～ 24 分层剖面图

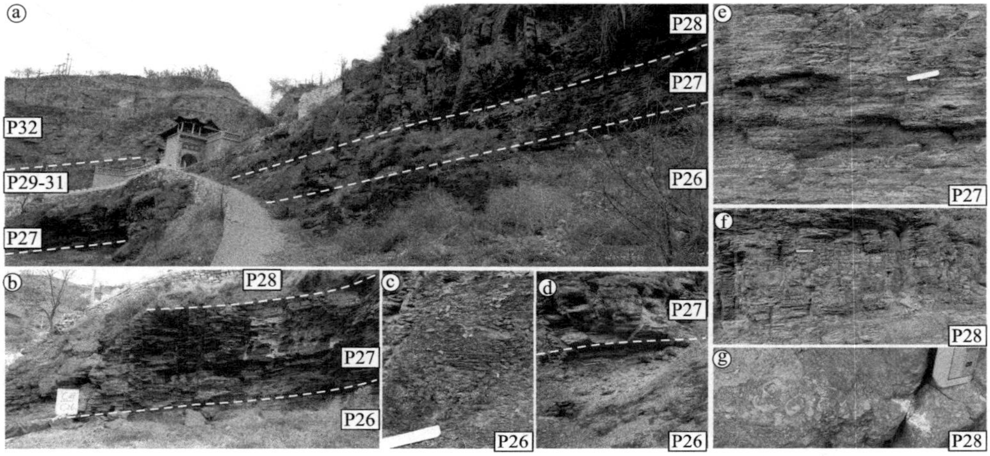

图 4-9 P-bed 26 ~ 32 分层剖面图

水平层理造。 1.5m

P-bed 24：黑色薄层状碳质页岩，水平层理构造。中间夹土黄色薄层泥岩条带。
3.2m

P-bed 25：煤层，水平层理构造。 2.6m

P-bed 26 ~ 27：下伏为灰黑色薄层状页岩，水平层理构造；中部为灰白色薄层
状泥岩，厚度约0.5m，为古土壤；上伏为煤层约0.2m。 6.85m

P-bed 28：灰黑色薄层灰岩夹土黄色薄层粉砂岩。砂岩为粉砂状构造，部分分选
性较差，有生物扰动，灰岩层含有大量海洋生物化石。 5m

P-bed 29：黑色薄层状页岩，水平层理构造，中间含有大量铁质结核。 10m

P-bed 30：灰白色中厚层状灰岩，块状构造。 1.4m

P-bed 31：黑色薄层页岩，水平层理构造，中部发育铁质结核。顶部煤。 2.1m

4.1.2 石门寨剖面层序与岩性描述

柳江煤田的石门寨剖面，石炭—二叠纪的本溪组、太原组、山西组、下石盒
子组、上石盒子组和孙家沟组地层完整图如图4-10所示。

本论文对石门寨剖面的本溪组和太原组进行了详细的野外剖面的测量和描
述，其中第2 ~ 24层为本溪组，第25 ~ 36层为太原组，如图4-11 ~ 图4-14所
示。详细的岩性描述和分层如下：

S-bed 2：山西式铁矿，风化壳，褐色厚层状铁质泥岩（山西式铁矿），发育结核
构造（大量铁质结核），鲕粒结构。 4.8m

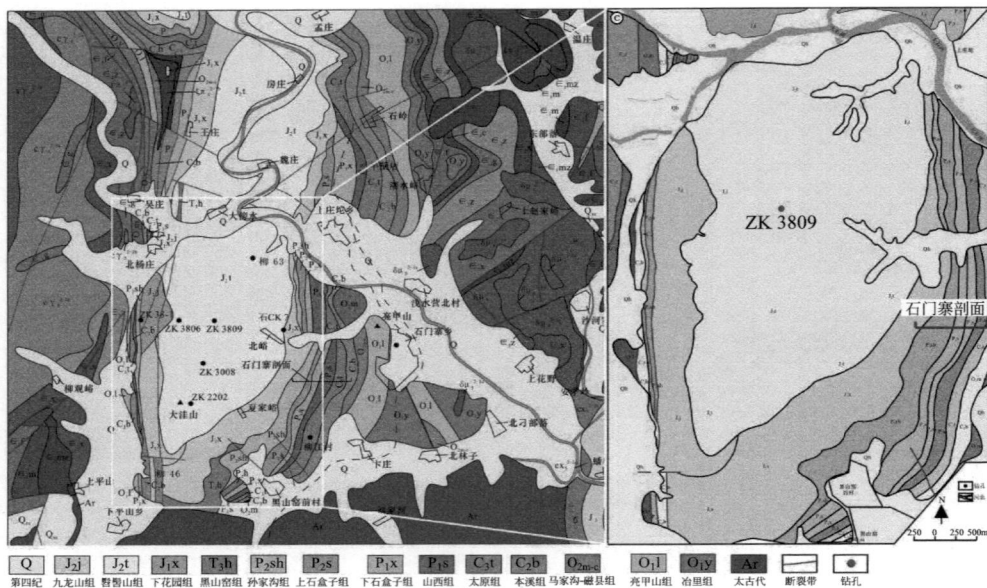

图 4-10　柳江煤田地质简图

S-bed 3：灰白色 G 层铝土质泥岩，含菱铁质结核，块状构造，鲕粒结构。　　1.5m

S-bed 4：古土壤层，块状构造，发育根化石（根土岩）。上部为灰黑色薄层泥
　　　　　岩，水平层理构造。　　　　　　　　　　　　　　　　　　　　1.7m

S-bed 5：煤层，水平层理。　　　　　　　　　　　　　　　　　　　　　0.5m

S-bed 6：黑色薄层页岩，海相，水平层理。　　　　　　　　　　　　　　0.3m

S-bed 7：灰色薄层页岩，水平层理。　　　　　　　　　　　　　　　　　0.4m

S-bed 8：灰白色巨厚层状细砂岩，横向砂体呈透镜状。下伏地层渐变接触向
　　　　　上变粗，逆粒序，中部球形风化，块状构造，中上部楔状交错层理。
　　　　　　　　　　　　　　　　　　　　　　　　　　　　　　　　　3.5m

S-bed 9：灰色黑色页岩，水平层理，与下伏砂岩突变接触，夹透镜状杏黄色钙
　　　　　质泥质泥岩（混合棱木化石）。　　　　　　　　　　　　　　　3.6m

S-bed 10：灰白色薄层铝土质泥岩。　　　　　　　　　　　　　　　　　　3.8m

S-bed 11：灰黑色薄层页岩（含棱铁质结核）夹条带状铁质泥，中间夹铁质结
　　　　　　核，与下伏铝土质泥岩突变接触。　　　　　　　　　　　　　1.1m

S-bed 12：灰白色凝灰质黏土岩，块状构造。　　　　　　　　　　　　　　1m

S-bed 13：根土岩，泥质结构，泥质胶结。　　　　　　　　　　　　　　　0.5m

S-bed 14：灰色薄层粉砂质泥岩，下部全棱铁质结核。　　　　　　　　　　3m

图 4-11 S-bed 1 ~ 10 分层剖面图

S-bed 15：灰黑色薄层状泥岩（中间夹3 ～ 5层棱铁质结核）结核呈褐黄色，与
下伏地层突变接触。　　　　　　　　　　　　　　　　　　　3.2m

S-bed 16：灰绿色薄层状泥岩（含铁量较多）夹灰白色铝土质泥岩（为主），含
棱铁质结核和鲕粒。　　　　　　　　　　　　　　　　　　　3m

S-bed 17：根土岩，泥质结构，泥质胶结。　　　　　　　　　　　0.4m

S-bed 18：黑色泥岩（泥质沼泽），顶底都有落煤层，含大量棱铁质结核、叶片、
树干根叶化石。顶底有15 ～ 20cm煤，煤层上部有一层20cm铝土质泥
岩。　　　　　　　　　　　　　　　　　　　　　　　　　0.8m

S-bed 19：灰白色中厚层中粗砂岩，正粒序，底部发育冲刷面。　　　4.9m

S-bed 20：灰黑色，薄层泥页岩，水平层理，夹铁质泥岩。　　　　　3m

S-bed 21：灰白色薄层细砂岩，铁质胶结，风化后呈同心圆层状。　　11.5m

S-bed 22：灰白色细砂岩，块状构造。　　　　　　　　　　　　　2.9m

S-bed 23：灰绿色铝土质泥岩，块状构造。　　　　　　　　　　　2.4m

S-bed 24：灰黑色薄层泥页岩，水平层理，含棱铁质结核，顶部含3 ～ 4层黑色
透镜状石灰岩（条带状）。　　　　　　　　　　　　　　　8.1m

S-bed 25：球形风化砂岩，土黄色，水平层理。　　　　　　　　　4m

S-bed 26：灰白色铁质细砂岩与灰白色泥岩互层，泥岩中含大量棱铁质结核。
　　　　　　　　　　　　　　　　　　　　　　　　　　　3.7m

图 4-12　S-bed 12 ～ 18 分层剖面图

图 4-13　S-bed 17 ～ 27 分层剖面图

图 4-14 S-bed 28 ~ 35 分层剖面图

S-bed 27：灰黑色薄层状铁质泥岩，含大量棱铁质结核。 3.6m

S-bed 28：灰绿色凝灰质黏土岩。 2m

S-bed 29：黑色炭质泥岩夹煤层（根土岩）中部闪长玢岩侵入体（球形风化闪长玢岩）。 1.8m

S-bed 30：灰白色薄层泥岩，发育水平层理，中间夹条白色铝土质泥岩。 1.5m

S-bed 31：黑色薄层泥页岩，水平层理。 2.1m

S-bed 32：深灰色薄层泥岩，下部夹透镜状粉砂岩。 5m

S-bed 33：深灰色薄层泥页岩，水平层理。 5m

S-bed 34：灰白色粉砂岩，块状构造。 1.5m

S-bed 35：深灰色薄层泥岩，水平层理。 3.1m

S-bed 36：灰白色泥质粉砂岩，块状构造。 3.5m

4.1.3 ZK-3809 钻孔岩性描述

柳江煤田的 ZK-3809 钻孔，距离石门寨剖面约 2km，钻孔保存了石炭—二叠纪的部分太原组，以及完整的山西组、下石盒子组、上石盒子组和孙家沟组地层（图 4-10）。本书对 ZK-3809 钻孔进行了详细的描述、分层和采样。其中 810m 以下为太原组、748 ~ 810m 为山西组、695 ~ 748m 为下石盒子组、590 ~ 695m 为上石盒子组、510 ~ 590m 为孙家沟组（图 4-15）。详细的岩性描述和分层如下：

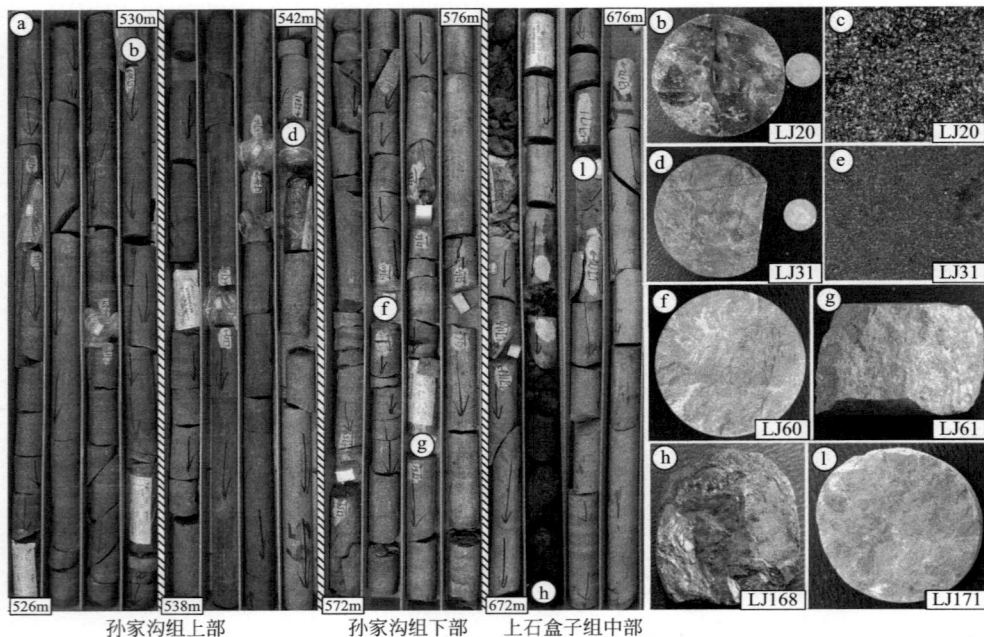

图 4-15 ZK-3809 部分岩心及采样位置图

太原组：

层 1：黑色薄层状煤层。 830.50～833.50m

层 2：灰色薄层状粉砂质泥岩。 822.30～830.50m

层 3：灰黑色层状炭质泥岩，泥质结构，有水平层理，有硅质条带，含有少量植物茎化石，在上部含炭量极少。 817.50～822.30m

层 4：黑色薄层状煤层。 815.80～817.50m

层 5：灰绿色薄层粉砂质泥岩，中细砂岩和灰黑色薄层炭质泥岩互层。

810.40～815.80m

山西组：

层 6：灰白色巨厚层细砂岩，碎屑结构，块状构造，主要为硅质胶结。

806.50～810.40m

层 7：灰黑色薄层状炭质泥岩，泥质结构，水平层理，含有植物茎、叶化石。底部薄层凝灰质黏土岩（LJ#C）。 803.80～806.50m

层 8：灰白色巨厚层泥质粉砂岩，碎屑结构，泥质构造。 802.50～803.80m

层 9：黑色薄层状煤层。 799.50～802.50m

层 10：灰白色巨厚层状粉砂质泥岩，遇稀盐酸不反应。 794.80～799.50m

层 11：灰黑色巨厚层状泥岩，泥质结构，块状构造。 788.20～794.80m

层12：黑色薄层状煤层。 787.60 ～ 788.20m

层13：灰黑色薄层状炭质泥岩，泥质结构，含大量植物化石，含有方解石脉
（与稀盐酸剧烈反应）。 781.90 ～ 787.60m

层14：灰白色块状中细砂岩，碎屑结构，硅质胶结，在775.8m处含树干化石，
表面有炭屑。 777.50 ～ 781.90m

层15：灰白色厚层状泥岩，泥质结构，块状构造。 775.10 ～ 777.50m

层16：灰绿色薄层状凝灰质黏土岩（LJ#B），泥质结构。 774.80 ～ 775.10m

层17：黑色薄层状煤层，为半亮—半暗型。 774.00 ～ 774.80m

层18：灰黑色薄层状泥岩，泥质结构，含有少量植物化石。 764.80 ～ 774.00m

层19：灰黑色巨厚层状粉砂质泥岩，块状构造，硅质胶结。 760.10 ～ 764.80m

层20：灰白色巨厚层状细砂岩，碎屑结构，块状构造，含少量云母，硅质胶结，
滴稀盐酸无反应。 756.80 ～ 760.10m

层21：灰黑色薄层状泥岩，泥质结构，块状构造。 754.00 ～ 756.80m

层22：灰黑色巨厚层粉砂质泥岩，块状构造，硅质胶结。 752.50 ～ 754.00m

层23：灰白色薄层状泥岩，泥质结构，块状构造。 748.20 ～ 752.50m

层24：灰绿色厚层状铝土质泥岩，新鲜面光滑。 747.60 ～ 748.20m

层25：灰白色巨厚层状中砂岩，似斑状结构，块状构造。 741.60 ～ 747.60m

层26：灰白色巨厚层状粉砂质泥岩，泥质结构，块状构造。 737.50 ～ 741.60m

层27：灰绿色厚层状凝灰质黏土岩（LJ#235），块状构造。 733.50 ～ 737.50m

层28：灰白色巨厚层状泥岩，泥质结构，细层构造。 724.90 ～ 733.50m

层29：灰白色巨厚层状中粗砂岩，粒屑结构，块状构造，含少量黄铁矿（金黄
色，金属光泽，四方晶体，整体成几何产出），为铁质—硅质胶结。

719.50 ～ 724.90m

层30：灰白色巨厚层状细砂岩，碎屑结构，块状构造，主要为硅质胶结，中部
有少部分钙质胶结。 707.20 ～ 719.50m

层31：灰绿色厚层泥岩，泥质结构，块状构造，泥质胶结，含少量云母。

704.20 ～ 707.20m

层32：灰绿色中厚层状粉砂质泥岩，泥质结构，块状构造。 703.70 ～ 704.20m

层33：灰白色厚层含砾中粗砂岩，碎屑结构，块状构造，砾径2mm ～ 2cm，含
砾量约30%。 696.60 ～ 700.60m

层34：灰黑色厚层状泥岩，泥质结构，含少量炭屑。 693.40 ～ 696.60m

层35：灰白色巨厚层状中砂岩，碎屑结构，块状构造，硅质胶结，中间夹有薄
层泥岩（厚度约为10cm）。 687.90 ～ 693.40m

层36：灰绿色薄层状粉砂质泥岩，泥质结构，块状构造。 683.20 ～ 687.90m

层37：灰白色巨厚层状细砂岩，碎屑结构，块状构造。　　　　681.20～683.20m

层38：灰绿色中厚层状粉砂质泥岩，为硅质胶结，有硅质条带。

675.10～681.20m

层39：灰绿色厚层状凝灰质黏土岩（LJ#168），泥质结构，块状构造。

671.90～675.10m

层40：灰黑色中厚层状泥岩，泥质结构，块状构造。　　　　665.40～671.90m

层41：灰白色巨厚层状含砾中粗砂岩，碎屑结构，块状构造，砾石以石英为主，
　　　砾径为2mm～4cm。　　　　　　　　　　　　　　　662.40～665.40m

层42：灰绿色粉砂质泥岩，以泥岩为主，块状构造。　　　657.30～662.40m

层43：灰白色厚层状中砂岩，碎屑结构，块状构造，硅质胶结。砾石以石英为
　　　主，砾径为2mm～8cm，分选性差，磨圆度较好。　　648.80～657.30m

层44：灰绿色粉砂质泥岩，泥质结构，块状结构。　　　　647.20～648.80m

层45：灰白色厚层状中砂岩，碎屑结构，块状构造，硅质胶结。

642.10～647.20m

层46：灰白色巨厚层状细砂岩，碎屑结构，块状构造。硅质胶结，磨圆度较差。

637.30～642.10m

层47：灰绿色巨厚层状粉砂质泥岩，碎屑结构，块状构造。632.10～636.10m
　　　灰白色巨厚层状细砂岩，碎屑结构，块状构造，分选性较好，磨圆度较差。

636.10～637.30m

层48：灰绿色巨厚层状粉砂质泥岩，碎屑结构，块状构造。　630.10～632.10m

层49：灰白色巨厚层状含砾中粗砂岩，碎屑结构，块状构造，硅质胶结，在上
　　　部夹有灰绿色薄层泥岩（厚度约10cm），砾径为2mm～4cm，分选性一
　　　般，磨圆度较好。　　　　　　　　　　　　　　　　624.90～630.10m

层50：灰绿色巨厚层状粉砂质泥岩，碎屑结构，块状构造，硅质胶结，分选性
　　　一般，磨圆度一般。　　　　　　　　　　　　　　　619.90～624.90m

层51：暗紫色中厚层状中砂岩，碎屑结构，块状构造，成分有石英、长石、暗
　　　色矿物及少量云母，滴稀盐酸不起泡。砾径为2～8mm，分选性磨圆度
　　　一般，粒度向上变粗。　　　　　　　　　　　　　　607.75～619.90m

层52：灰绿色厚层状铝土质泥岩，泥质结构，块状构造。　602.90～607.75m

层53：底部为暗紫色块状铁质细砂岩，碎屑结构，块状构造，成分以石英为主，
　　　层面含少量云母，含铁质鲕粒，岩石重量大，层面扎手，滴稀盐酸不起
　　　泡。向上粒度逐渐变细，上部为暗紫色块状铁质粉砂岩，正粒序，滴稀
　　　盐酸不起泡。　　　　　　　　　　　　　　　　　　594.10～602.90m

层54：暗红色巨厚层状泥岩，泥质结构，块状构造。　　　591.55～594.10m

孙家沟组：

层55：灰白色巨厚层状中砾岩，碎屑结构，块状构造，滴稀盐酸不起泡。砾石砾径为2mm～6cm，填隙物为中砂，主要成分是石英、钾长石和暗色矿物，分选性较差，磨圆度较好。砾岩中的碎屑成分主要是岩屑和长石。

$$587.65 \sim 591.55m$$

层56：暗红色巨厚层状泥岩，泥质结构，层状构造，层面含云母，滴稀盐酸不起泡，小刀易刻划。　　　　　　　　　　　　　　　581.85～587.65m

层57：灰绿色中厚层状细砂岩，碎屑结构，块状构造，层面含少量云母，滴稀盐酸不起泡。　　　　　　　　　　　　　　　　　　576.80～581.85m

层58：灰绿色巨厚层状泥岩，泥质结构，块状构造，滴稀盐酸不起泡。

$$571.45 \sim 576.80m$$

层59：暗红色巨厚层状细砂岩，碎屑结构，块状构造，含少量云母，部分层面含方解石条带（遇稀盐酸剧烈起泡），泥质胶结。　　　567.50～571.45m

层60：紫红色巨厚层状粉砂质泥岩，泥质结构，块状构造，以泥质胶结为主，部分为钙质胶结（滴稀盐酸轻微起泡），有方解石条带（滴稀盐酸剧烈起泡）。　　　　　　　　　　　　　　　　　　　　　　560.70～567.5m

层61：暗紫色巨厚层状铁质细砂岩，碎屑结构，块状构造，含少量云母，含铁质鲕粒，有方解石条带，滴稀盐酸剧烈起泡。　　　558.00～560.70m

层62：暗红色巨厚层状泥岩，泥质结构，块状构造，含少量云母，滴稀盐酸不起泡。　　　　　　　　　　　　　　　　　　　　554.25～558.00m

层63：灰绿色巨厚层状泥岩，泥质结构，块状构造，泥质胶结，含方解石条带，滴稀盐酸剧烈起泡。　　　　　　　　　　　547.50～554.25m

层64：灰绿色巨厚层状细砂岩，碎屑结构，块状构造，含暗色矿物和少量云母，滴稀盐酸不起泡。　　　　　　　　　　　　544.30～547.50m

层65：灰黑—灰绿色巨厚层状粉砂质泥岩，碎屑结构，块状构造，滴稀盐酸不起泡。　　　　　　　　　　　　　　　　　　540.45～544.30m

层66：灰色厚层状泥岩，泥质结构，块状构造，滴稀盐酸不起泡。

$$538.10 \sim 540.45m$$

层67：灰绿色厚层状硅质岩，贝壳状断口。　　　　　536.20～538.10m

层68：灰色中厚层泥岩，泥质结构，块状构造。　　　535.85～536.20m

层69：灰绿色巨厚层中砂岩，碎屑结构，块状构造。　534.25～535.85m

层70：灰色块状细砂岩，碎屑结构，块状构造，主要成分是石英、钾长石，含少量云母和暗色矿物，滴稀盐酸不起泡。局部含砾，砾径2mm～1cm，分选性较好，磨圆度一般。　　　　　　　　　　　　529.30～534.25m

层71：暗紫色厚层状泥岩，泥质结构，块状构造，含少量云母，钙质胶结，滴
　　　稀盐酸轻微起泡。局部存在灰绿色矿物，可能是绿泥石化，含大量泥岩
　　　碎屑。　　　　　　　　　　　　　　　　　　　　　　519.60 ～ 529.30m

层72：灰绿色巨厚层状凝灰质黏土岩（LJ#13和LJ#6），碎屑结构，块状构造。
　　　　　　　　　　　　　　　　　　　　　　　　　　512.60 ～ 519.60m

层73：灰绿色中厚层泥岩，泥质结构，块状构造，滴稀盐酸剧烈起泡。
　　　　　　　　　　　　　　　　　　　　　　　　　　510.60 ～ 512.60m

4.2　目标地层综合年代地层格架

4.2.1　扒楼沟剖面年代地层格架

扒楼沟剖面本溪组底部第3层（PLG–G）、太原组中部第21层（PLG–1）和23层（PLG–2）采集了3块凝灰质黏土岩（采样点见图3–1）。从样品（PLG–G）中分离出3500多个锆石晶体，从样品PLG–1中回收了2800个锆石晶体，从样品PLG–2中回收了3000个锆石晶体。锆石晶体直径为100 ～ 240μm。大多数晶体在阴极发光（CL；图4–16）。这些锆石晶体的Th/U比值范围为0.33 ～ 1.56（算术平均值为0.65；表4–1）。综上所述，以上特征表明这些锆石起源于火山。

扒楼沟剖面的3个样品的^{206}Pb/^{238}U定年结果见图4–16和表4–1。从PLG–G样品中，11颗锆石的加权平均年龄为315.5 ± 3.3Ma（平均标准权主偏差$MSWD$=0.03，n=11，不确定度在2σ水平下给出，标准锆石pleovice和91500的单点分析误差小于2.2%，下同），一致年龄为315.5 ± 1.7Ma（$MSWD$=0.66，n=11），表明凝灰质黏土岩（PLG–G）形成于315.5Ma［图4–16（b）］；从样品PLG–1中，18颗锆石的最年轻加权平均年龄为301.9 ± 3.0Ma（$MSWD$=0.02，n=18），一致年龄为301.9 ± 1.5Ma（$MSWD$=0.04，n=18），表明凝灰质黏土岩（PLG–1）形成于301.9Ma［图4–16（c）］；从样品PLG–2中，23颗锆石的最年轻加权平均年龄为299.4 ± 2.7Ma（$MSWD$=0.003，n=23），一致年龄为299.3 ± 1.5Ma（$MSWD$=0.11，n=23），表明凝灰质黏土岩（PLG–2）形成于299.4Ma［图4–16（d）］。

我们将这些时代解释为凝灰质黏土层的沉积时代，原因如下：锆石晶体的Th/U比值在0.16 ～ 1.18之间（平均为0.65，表4–1），具有良好的自形晶体形态，并且具有明显的振荡带，表明锆石来自火山活动［图4–16（a）］。

这三个年龄的分布与生物地层学和区域岩石地层学所确定的宾夕法尼亚时代相一致。利用^{206}Pb/^{238}U锆石年龄可以建立沉积序列的年龄模型，如图4–17所示。本溪组第3层的凝灰质黏土岩PLG–G年龄315.4 ± 1.7Ma为巴什基尔期晚期。太原

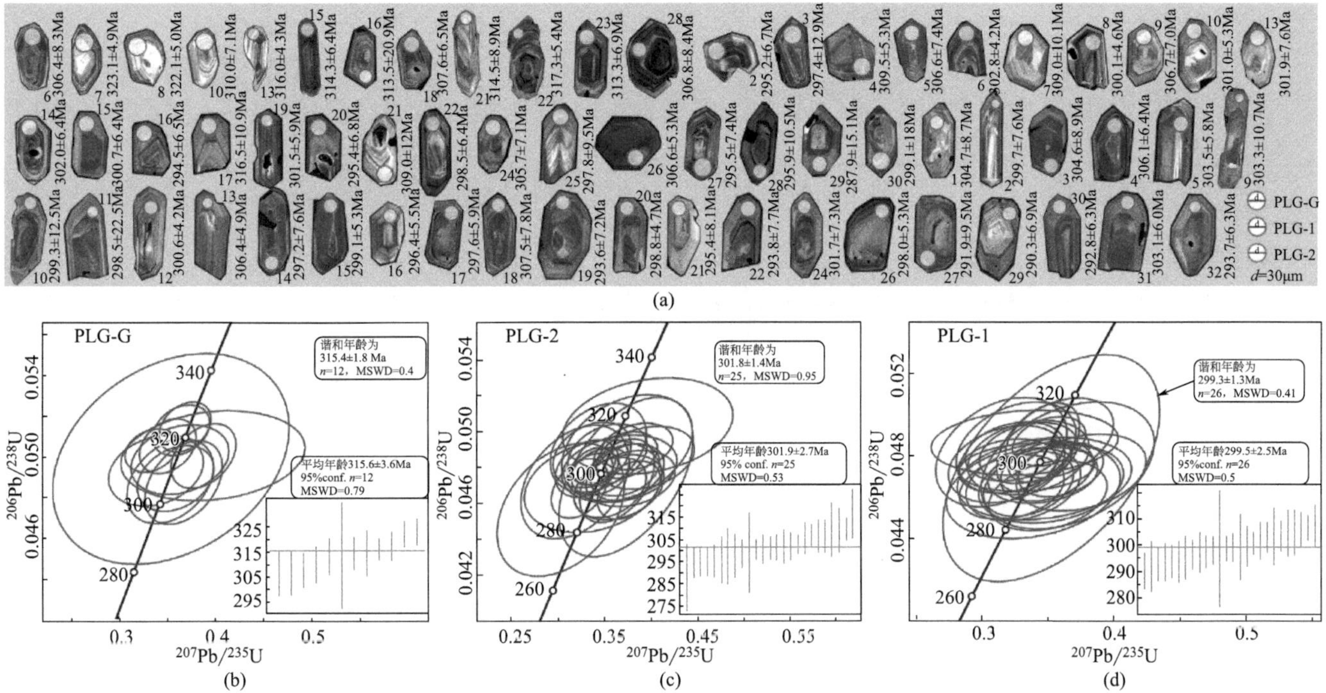

图 4-16　锆石 $^{206}Pb/^{238}U$ 年龄分布图

（a）每个样品的锆石晶体示例；（b）PLG-G 样品锆石 $^{206}Pb/^{238}U$ 年龄；（c）样品 PLG-2 锆石 $^{206}Pb/^{238}U$ 年龄；（d）样品 PLG-1 锆石 $^{206}Pb/^{238}U$ 年龄

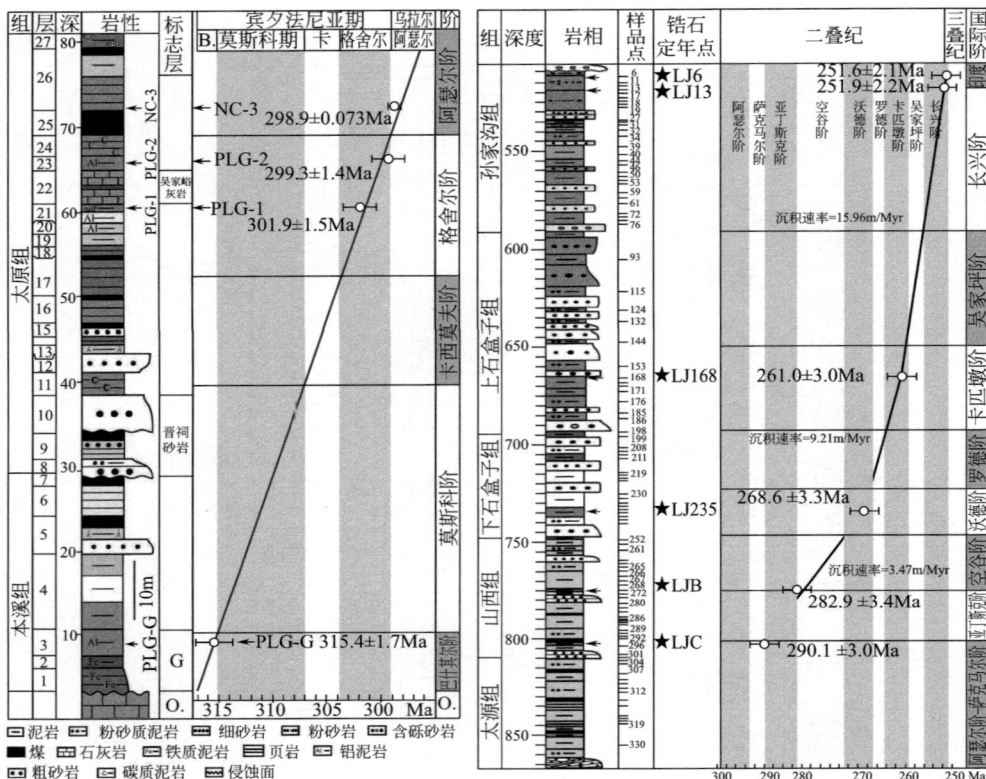

图4-17 扒楼沟和石门寨剖面年代地层格架图

组中21层的PLG-1样品的年龄301.9 ± 1.5Ma为格舍尔期，23层的PLG-2样品的年龄299.3 ± 1.5Ma为格舍尔期（图4-17）。

基于本研究的三个测年数据和吴琼等人（2021）在扒楼沟剖面的298.9 ± 0.073Ma高精度测年数据，采用线性插值和无压实差校正，从年代地层格架（图4-17）确定了大约3.6m/Myr的沉积速率。这些数据使我们能够将莫斯科系的底线置于第4层，卡西莫夫期的基底划分为第11层，格舍尔期的底线在第17层，阿瑟尔的底部是25层。这些结论与以前的磁地层学和生物地层学估计基本一致，其中，从锆石年代对石炭—二叠纪界线的估计与王军（2010）和吴琼等人（2021）的生物地层和年代地层分析基本一致。

4.2.2 石门寨剖面年代地层格架

石门寨剖面本溪组和太原组采集的4个凝灰质黏土岩样品的位置如图3-1和图4-18（LJ#G、LJ#E、LJ#F和LJ#D）所示。这4个凝灰质黏土岩中锆石的粒度大小变化在50～200μm。单个锆石晶体在阴极发光（CL）中显示出自形形态和明显的振荡环带，是岩浆成因的锆石［图4-19（a）］。四个样品的 $^{206}Pb/^{238}U$ 测年结果如图4-19和表4-1所示。

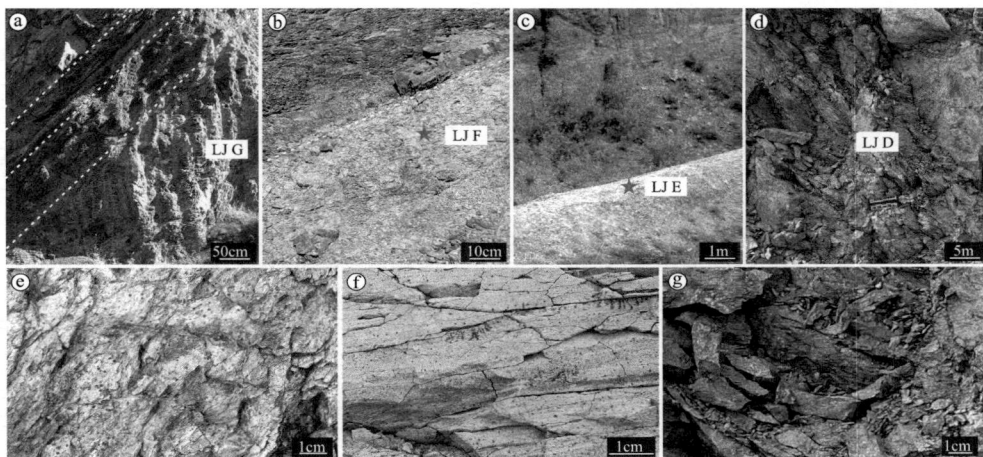

图4-18　石门寨剖面中用于U-Pb锆石定年的凝灰质黏土岩样品的位置图
注：五角星代表样品的位置。

　　LJ#G样品，25个协和的锆石年龄表现为两个峰值［图4-19（b）］；较年轻的峰值的加权平均 $^{206}Pb/^{238}U$ 年龄为322.9±3.1Ma（MSWD=0.027，n=17），而较老的峰的加权平均 $^{206}Pb/^{238}U$ 年龄为450.4±4.9Ma（MSWD=1.7，n=6）。样品LJ#F产生了8个协和年龄，表现为一个峰值［图4-19（c）］，加权平均 $^{206}Pb/^{238}U$ 年龄为316.3±4.4Ma（MSWD=0.0051，n=7）。样品LJ#E产生了19个协和年龄，表现为双峰式的分布［图4-19（d）］；较年轻的峰的加权平均 $^{206}Pb/^{238}U$ 年龄为310.0±4.0Ma（MSWD=0.00014，n=9），而较老的峰的加权平均 $^{206}Pb/^{238}U$ 年龄为394.4±5.7Ma（MSWD=0.097，n=4）。样品LJ#D产生了28个协和年龄，具有双峰式的分布模式［图4-19（e）］；较年轻的峰的加权平均 $^{206}Pb/^{238}U$ 年龄为301.2±3.3Ma（MSWD=0.0019，n=12），而较老的峰的加权平均 $^{206}Pb/^{238}U$ 年龄为332.5±3.8Ma（MSWD=0.0036，n=14）。

　　我们将最年轻的峰值的加权平均年龄解释为凝灰质黏土岩层位的沉积年龄，原因如下：首先，锆石晶体的Th/U比在0.41～2.70之间变化（平均0.96，表4-1），具有明显振荡分带的自形晶体形态，表明来自火山作用的锆石。其次，在宾夕法尼亚纪期间，物源区内蒙古隆起的频繁的火山活动为凝灰岩和火山碎屑物

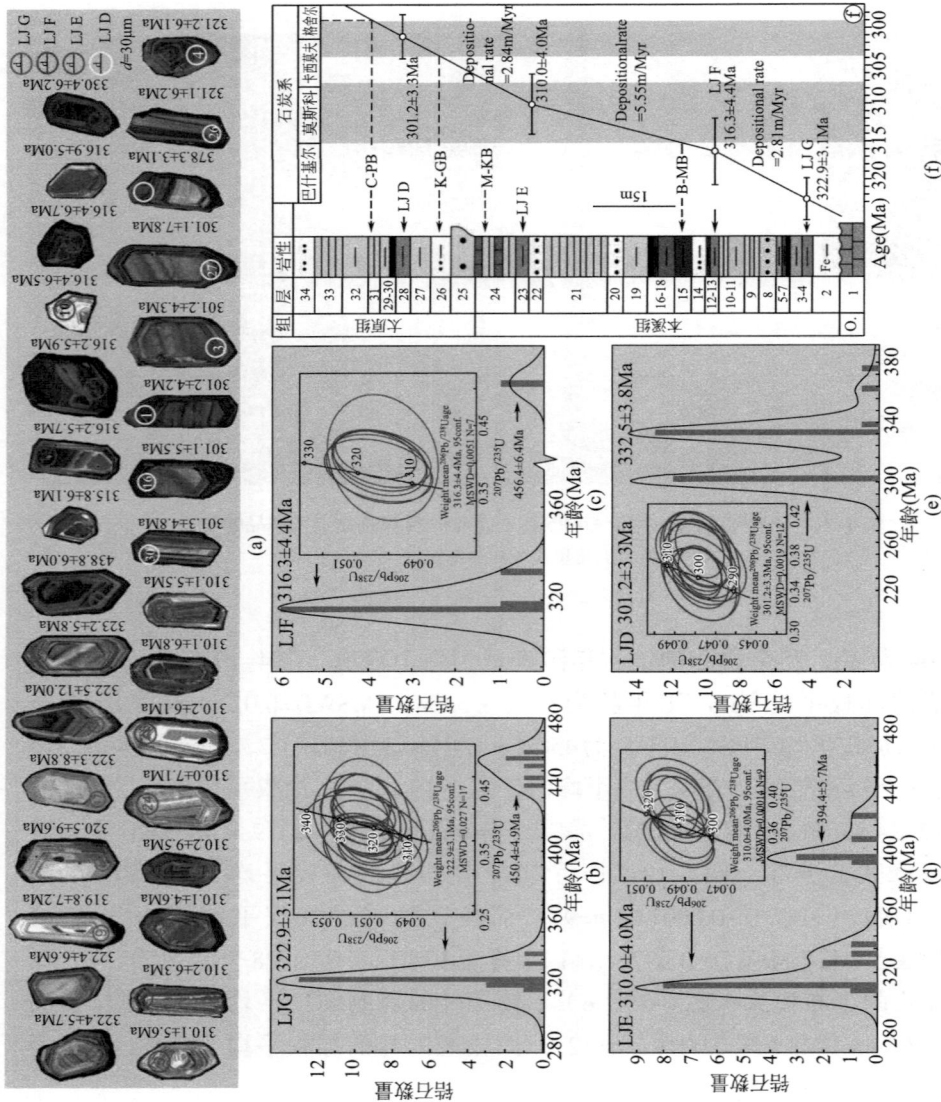

图 4-19　锆石 $^{206}Pb/^{238}U$ 年龄分布图

（a）每个样品的锆石晶体示例；（b）LJ#G 样品 U–Pb 年龄；（c）LJ#F 样品 U–Pb 年龄；（d）LJ#E 样品 U–Pb 年龄；
（e）LJ#D 样品 U–Pb 年龄；（f）通过石门寨剖面 4 个 U–Pb 锆石年龄建立年代地层格架

质频繁输入沉积盆地提供了可能性，较年轻的峰的年龄与宾夕法尼亚纪年龄一致
[图4-19（f）]。最后，四个较年轻的峰值加权平均年龄的分布与根据生物地层学
和区域岩石地层学确定的宾夕法尼亚纪年龄一致。

利用$^{206}Pb/^{238}U$锆石年龄可以恢复沉积序列的年龄模型。本溪组来自层3凝灰
质黏土岩LJ#G的年代为巴什基尔早期的322.9±3.1Ma，层12样品LJ#F的年代为
巴什基尔晚期的316.3±4.4Ma，而本溪组上部层23样品LJ#E的年代为莫斯科晚
期的310.0±4.0Ma[图4-19（f）]。太原组下部层28样品LJ#D的年代为格舍尔
晚期301.2±3.3Ma。使用线性分析，在不进行差分压实校正的情况下，根据4个
U-Pb年龄之间的年代地层框架确定了近似的平均沉积速率[图4-19（f）]。LJ#G
和LJ#F之间的平均沉积速率为2.81m/Myr，LJ#F和LJ#E之间的平均沉积速率增
加到5.55m/Myr，而LJ#E和LJ#D之间的平均沉积速率减少到2.84m/Myr[图4-19
（f）]。这使得我们可以将莫斯科期的基底置于层15，卡西莫夫期的基底置于层
24，格舍尔期的底部置于层26，阿瑟尔的底部置于层31。这些结论与之前的生
物地层估计大致一致，其中，我们根据锆石年代对石炭—二叠纪边界的估计与王
军（2010）的生物地层分析大致一致（表4-2）。

4.2.3　石门寨ZK-3809钻孔年代地层格架

从ZK3809岩芯钻孔的山西组采集了2个凝灰质黏土岩样品（LJ#C和LJ#B，
图3-1），下石盒子组采集了1个凝灰质黏土岩样品（LJ#235，图3-1），上石盒
子组采集了1个凝灰质黏土岩样品（LJ#168，图3-1），孙家沟组顶部采集了2
个凝灰质黏土岩样品（LJ#13和LJ#6，图3-1）。从LJ#C样品中分离出约2500个
锆石晶体，从LJ#B样品中分离出约1500个锆石晶体，从LJ#235样品中分离出
约2000个锆石晶体，从LJ#168样品中分离出约1000个锆石晶体，从LJ#13样品
中分离出3000个锆石晶体，从LJ#6样品中分离出3500个锆石晶体。锆石的晶
体直径为90～210μm。锆石晶体在阴极发光显微镜下表现出自形形态和明显的
振荡环带结构[CL；图4-20（a）]。这些锆石晶体的Th/U比值在0.33～1.56之
间变化（平均值为0.65；表4-3）。总的来说，这些特征表明这些锆石起源于火
山岩。

6个样品的$^{206}Pb/^{238}U$测年结果如图4-20和表4-3所示。从样本LJ#C中，获得
了27个协和的锆石年龄，呈三峰式分布；较年轻峰的协和年龄为290.1±1.5Ma
（MSWD=0.82，n=19，不确定度在2σ水平，标准锆石pleovice和91500的单点分
析误差小于2.2%，下同）；$^{206}Pb/^{238}U$的加权平均年龄为290.1±3.0Ma（MSWD=0.2，
n=19）。样本LJ#B得到了19个具有三峰分布的和谐年龄值，最年轻的峰的和谐年
龄为282.7±1.4Ma（MSWD=1.4，n=12），加权平均$^{206}Pb/^{238}U$年龄为282.9±3.4Ma

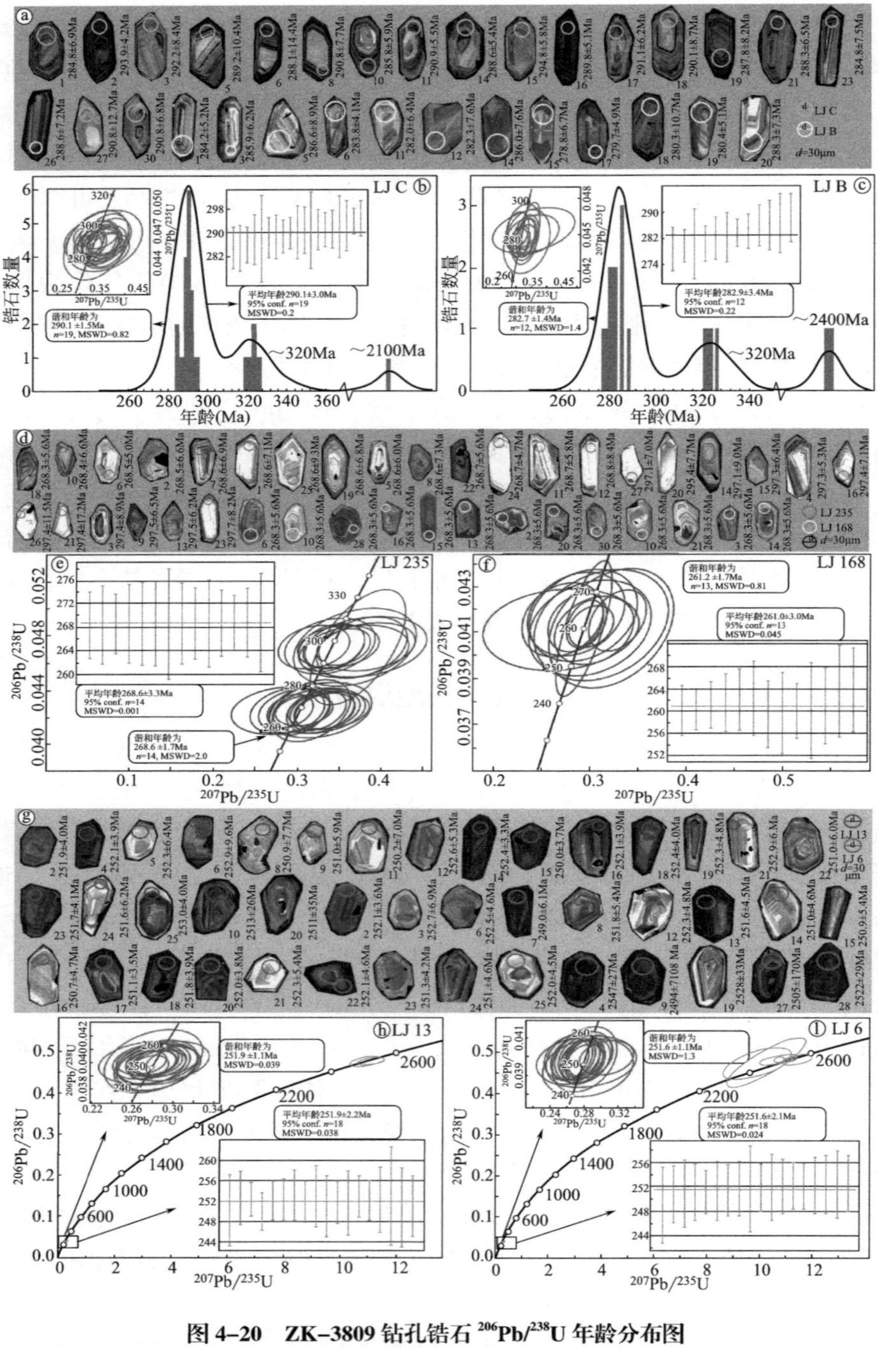

图 4-20　ZK-3809 钻孔锆石 $^{206}Pb/^{238}U$ 年龄分布图

（a）、（d）、（g）为每个样品的锆石晶体示例；（b）LJ#C 样品锆石 $^{206}Pb/^{238}U$ 年龄；（c）样品 LJ#B 锆石 $^{206}Pb/^{238}U$ 年龄；（e）样品 LJ#235 锆石 $^{206}Pb/^{238}U$ 年龄；（f）样品 LJ#168 锆石 $^{206}Pb/^{238}U$ 年龄；（h）样品 LJ#13 锆石 $^{206}Pb/^{238}U$ 年龄；（i）样品 LJ#6 锆石 $^{206}Pb/^{238}U$ 年龄

（MSWD=0.22，*n*=12）。

从样本LJ#235中，获得了26个协和的锆石年龄，呈双峰式分布；较年轻峰的协和年龄为268.6±1.7（MSWD=2.0，*n*=14）；$^{206}Pb/^{238}U$的加权平均年龄为268.6±3.3Ma（*MSWD*=0.001，*n*=14）。样本LJ#168得到了13个和谐年龄值，峰值的和谐年龄为261.2±1.7Ma（MSWD=0.81，*n*=13），加权平均$^{206}Pb/^{238}U$年龄为268.0±3.0Ma（MSWD=0.045，*n*=13）。

样品LJ#13中，18个和谐年龄值得出的加权平均年龄为251.9±2.2Ma（*MSWD*=0.038，*n*=18），协和年龄为251.9±1.1Ma（MSWD=0.039，*n*=18）。因此，该凝灰岩层在约251.9Ma时开始形成。样品中2511～2513Ma的两个锆石记录了华北板块的基底年龄。样品LJ#6中，18个锆石（249.0～252.5Ma）的加权平均值为251.6±2.1Ma（MSWD=0.024，*n*=18），协和年龄为251.6±1.1Ma（MSWD=1.3，*n*=18），表明该凝灰岩层的沉积结束于约251.6Ma。该层的另外五颗锆石的年代是基底年龄为2505～2528Ma。标准锆石Plēsovice和91500的单点分析误差小于1.8%。我们将最年轻峰的年龄解释为凝灰质黏土岩的沉积年龄。

利用ZK-3809的6个$^{206}Pb/^{238}U$锆石年龄可以恢复沉积序列的年龄模型。山西组底部凝灰质黏土岩LJ#C的年代290.1±3.0Ma为萨克马尔和亚丁斯克的界线，山西组中部LJ#B的年代282.9±3.4Ma为亚丁斯克末期，下石盒子组下部的凝灰质黏土岩LJ#235的年代268.6±3.3Ma为沃德期中期，上石盒子组下部的凝灰质黏土岩LJ#168的年代261.0±3.0Ma为卡匹敦晚期，孙家沟组顶部的凝灰质黏土岩LJ#13的年代251.9±2.2Ma为长兴期末期，孙家沟组顶部的凝灰质黏土岩LJ#6的年代251.6±2.1Ma为三叠纪印度期早期。使用线性分析，在不进行差分压实校正的情况下，根据6个U-Pb年龄之间的年代地层框架确定了近似的平均沉积速率。LJ#B和LJ#235之间的平均沉积速率为3.47m/Myr，LJ#235和LJ#168之间的平均沉积速率增加到9.21m/Myr，而LJ#168和LJ#6之间的平均沉积速率增加到15.96m/Myr。这使得我们可以将亚丁斯克期的底置于山西组底部，空谷期的底部置于山西组中部，沃德期的底部置于下石盒子底部，罗德期的底部置于下石盒子中部，卡匹敦期底部置于上石盒子底部，吴家坪期的底部置于上石盒子中部，长兴期的底部置于孙家沟组底部。这些结论与之前的生物地层大致一致，其中，我们根据锆石年代对石炭—二叠纪边界的估计与王军（2010）的生物地层分析大致一致。

扒楼沟剖面沉凝灰岩 U–Pb 锆石定年结果表（PLG–1、PLG–2、PLG–G） 表 4–1

样品号	锆石样品	含量（μg/g）		Th/U	同位素值				rho	年龄		和谐度
		Th 232.0	U 238.0		$^{207}Pb/^{235}U$ Ratio	1sigma	$^{206}Pb/^{238}U$ Ratio	1sigma		$^{206}Pb/^{238}U$ 年龄（Ma）	$^{206}Pb/^{238}U$ 1sigma	
PLG–G	PLG–G–6	815.6	598.8	1.36	0.3682	0.0266	0.0487	0.0014	0.3849	306.4	8.3	96%
	PLG–G–7	70.4	282.3	0.25	0.3694	0.0179	0.0514	0.0008	0.3248	323.1	4.9	98%
	PLG–G–8	62.4	115.4	0.54	0.3655	0.0197	0.0512	0.0008	0.2967	322.1	5.0	98%
	PLG–G–10	125.7	106.2	1.18	0.3395	0.0325	0.0493	0.0011	0.2434	310.0	7.1	95%
	PLG–G–13	212.0	189.0	1.12	0.3344	0.0178	0.0502	0.0007	0.2618	316.0	4.3	92%
	PLG–G–15	307.4	616.4	0.50	0.3888	0.0222	0.0500	0.0010	0.3662	314.3	6.4	94%
	PLG–G–16	161.5	162.0	1.00	0.3547	0.0812	0.0498	0.0034	0.2981	313.5	20.9	98%
	PLG–G–18	320.2	336.3	0.95	0.3598	0.0264	0.0489	0.0011	0.2963	307.6	6.5	98%
	PLG–G–21	158.0	189.2	0.84	0.3985	0.0631	0.0500	0.0015	0.1834	314.5	8.9	92%
	PLG–G–22	161.7	263.9	0.61	0.3517	0.0195	0.0505	0.0009	0.3167	317.3	5.4	96%
	PLG–G–23	102.2	179.1	0.57	0.3643	0.0336	0.0498	0.0011	0.2452	313.3	6.9	99%
	Plesovice 1	76.2	739.8	0.10	0.3791	0.0151	0.0519	0.0007	0.3364	326.2	4.3	99%
	Plesovice 2	62.5	691.9	0.09	0.3891	0.0132	0.0538	0.0006	0.3210	338.1	3.6	98%
	Plesovice 3	80.0	826.6	0.10	0.4212	0.0153	0.0522	0.0006	0.2918	327.7	3.4	91%
	Plesovice 4	83.0	862.5	0.10	0.4413	0.0170	0.0534	0.0006	0.2988	335.3	3.8	89%
	91500std 1	23.2	68.5	0.34	1.8602	0.0734	0.1796	0.0028	0.3900	1064.8	15.1	99%
	91500std 2	23.1	69.2	0.33	1.8402	0.0849	0.1787	0.0025	0.2991	1060.1	13.5	99%
	91500std 3	23.0	67.7	0.34	1.9425	0.0901	0.1792	0.0027	0.3206	1062.8	14.6	96%

续表

样品号	锆石样品	含量（μg/g）		Th/U	同位素比值					年龄		和谐度
		Th 232.0	U 238.0		$^{207}Pb/^{235}U$ Ratio	1sigma	$^{206}Pb/^{238}U$ Ratio	1sigma	rho	$^{206}Pb/^{238}U$ 年龄（Ma）	$^{206}Pb/^{238}U$ 1sigma	
PLG-C	91500std 4	22.7	68.8	0.33	1.7579	0.0807	0.1791	0.0027	0.3307	1062.1	14.9	96%
	91500std 5	22.4	67.9	0.33	1.8915	0.0759	0.1780	0.0029	0.4056	1056.1	15.9	97%
	91500std 6	22.5	69.3	0.32	1.8089	0.0702	0.1803	0.0025	0.3634	1068.8	13.9	98%
PLG-2	PLG-2-2	247.7	277.0	0.89	0.3212	0.0199	0.0469	0.0011	0.3779	295.2	6.7	95%
	PLG-2-3	77.7	142.9	0.54	0.3165	0.0380	0.0472	0.0021	0.3687	297.4	12.9	93%
	PLG-2-4	127.9	211.6	0.60	0.3825	0.0252	0.0492	0.0009	0.2662	309.5	5.3	93%
	PLG-2-5	77.2	127.6	0.61	0.3347	0.0275	0.0487	0.0012	0.3017	306.6	7.4	95%
	PLG-2-6	236.9	315.4	0.75	0.3363	0.0153	0.0481	0.0007	0.3132	302.8	4.2	97%
	PLG-2-7	59.0	93.9	0.63	0.3413	0.0339	0.0491	0.0016	0.3354	309.0	10.1	96%
	PLG-2-8	460.7	488.5	0.94	0.3330	0.0159	0.0477	0.0008	0.3298	300.1	4.6	97%
	PLG-2-9	89.3	88.0	1.01	0.3512	0.0281	0.0487	0.0011	0.2909	306.7	7.0	99%
	PLG-2-10	131.0	117.4	1.12	0.3438	0.0208	0.0478	0.0009	0.2996	301.0	5.3	99%
	PLG-2-13	50.8	94.0	0.54	0.3638	0.0405	0.0480	0.0012	0.2326	301.9	7.6	95%
	PLG-2-14	123.6	149.5	0.83	0.3293	0.0224	0.0480	0.0010	0.3211	302.0	6.4	95%
	PLG-2-15	76.1	114.0	0.67	0.3721	0.0258	0.0478	0.0010	0.3127	300.7	6.4	93%
	PLG-2-16	90.2	157.9	0.57	0.3737	0.0221	0.0467	0.0010	0.3835	294.5	6.5	90%
	PLG-2-17	75.3	127.6	0.59	0.3945	0.0603	0.0503	0.0018	0.2302	316.5	10.9	93%
	PLG-2-19	89.3	138.6	0.64	0.3691	0.0248	0.0479	0.0010	0.2984	301.5	5.9	94%

续表

样品号	锆石样品	含量（μg/g）		Th/U	同位素比值				rho	年龄		和谐度
		Th	U		$^{207}Pb/^{235}U$		$^{206}Pb/^{238}U$			$^{206}Pb/^{238}U$	$^{206}Pb/^{238}U$	
		232.0	238.0		Ratio	1sigma	Ratio	1sigma		年龄（Ma）	1sigma	
PLG-2	PLG-2-20	130.1	174.9	0.74	0.3539	0.0256	0.0469	0.0011	0.3270	295.4	6.8	95%
	PLG-2-21	42.3	81.4	0.52	0.3720	0.0459	0.0491	0.0020	0.3231	309.0	12.0	96%
	PLG-2-22	169.7	308.9	0.55	0.3756	0.0315	0.0474	0.0010	0.2596	298.5	6.4	91%
	PLG-2-24	81.8	130.7	0.63	0.3912	0.0345	0.0486	0.0012	0.2699	305.7	7.1	90%
	PLG-2-25	98.7	149.2	0.66	0.3613	0.0266	0.0473	0.0015	0.4416	297.8	9.5	94%
	PLG-2-26	219.5	213.4	1.03	0.3702	0.0225	0.0487	0.0009	0.2888	306.6	5.3	95%
	PLG-2-27	253.9	249.3	1.02	0.3633	0.0317	0.0469	0.0012	0.2928	295.5	7.4	93%
	PLG-2-28	184.6	345.5	0.53	0.3359	0.0483	0.0470	0.0017	0.2526	295.9	10.5	99%
	PLG-2-29	161.0	141.5	1.14	0.3012	0.0449	0.0457	0.0024	0.3595	287.9	15.1	92%
	PLG-2-30	87.6	148.7	0.59	0.3705	0.0471	0.0475	0.0029	0.4850	299.1	18.0	93%
	Plesovice-1	69.8	765.0	0.09	0.3841	0.0114	0.0542	0.0007	0.4405	340.2	4.3	96%
	Plesovice-2	65.4	710.9	0.09	0.3947	0.0122	0.0544	0.0008	0.4514	341.4	4.6	98%
	Plesovice-3	79.2	823.8	0.10	0.4016	0.0091	0.0537	0.0005	0.4192	337.1	3.1	98%
	Plesovice-4	79.1	813.3	0.10	0.3927	0.0089	0.0537	0.0005	0.4467	337.0	3.3	99%
	91500std-1	23.3	78.5	0.30	1.7659	0.0734	0.1792	0.0034	0.4513	1062.4	18.4	97%
	91500std-2	24.2	74.2	0.33	1.9345	0.0766	0.1792	0.0031	0.4401	1062.5	17.1	97%
	91500std-3	24.2	71.6	0.34	1.8348	0.0754	0.1791	0.0028	0.3797	1061.8	15.3	99%
	91500std-4	24.3	71.6	0.34	1.8656	0.0797	0.1793	0.0026	0.3430	1063.1	14.4	99%

续表

样品号	锆石样品	含量（μg/g）		Th/U	同位素比值					年龄		和谐度
		Th 232.0	U 238.0		$^{207}Pb/^{235}U$ Ratio	1sigma	$^{206}Pb/^{238}U$ Ratio	1sigma	rho	$^{206}Pb/^{238}U$ 年龄（Ma）	$^{206}Pb/^{238}U$ 1sigma	
PLG-2	91500std-5	23.4	71.2	0.33	1.8476	0.0904	0.1791	0.0028	0.3246	1062.3	15.6	99%
	91500std-6	24.0	71.0	0.34	1.8528	0.0813	0.1792	0.0028	0.3535	1062.6	15.2	99%
	91500std-7	25.1	76.4	0.33	1.8143	0.0786	0.1794	0.0028	0.3642	1063.5	15.5	98%
	91500std-8	23.6	71.2	0.33	1.8861	0.0745	0.1790	0.0028	0.3901	1061.3	15.1	98%
	91500std-9	24.1	68.7	0.35	1.8339	0.0840	0.1790	0.0027	0.3266	1061.4	14.7	99%
	91501std-10	23.4	69.5	0.34	1.8665	0.0797	0.1794	0.0030	0.3930	1063.4	16.5	99%
	91502std-11	23.9	74.2	0.32	1.8937	0.0640	0.1793	0.0028	0.4559	1063.0	15.1	98%
	91503std-12	24.4	72.2	0.34	1.8067	0.0528	0.1791	0.0023	0.4406	1061.8	12.6	98%
PLG-1	PLG-1-1	58.6	130.9	0.45	0.3418	0.0208	0.0484	0.0014	0.4794	304.7	8.7	97%
	PLG-1-2	97.3	190.1	0.51	0.3179	0.0291	0.0476	0.0012	0.2832	299.7	7.6	93%
	PLG-1-3	169.8	274.9	0.62	0.3251	0.0299	0.0484	0.0015	0.3265	304.6	8.9	93%
	PLG-1-4	235.9	357.4	0.66	0.3316	0.0467	0.0486	0.0010	0.1517	306.1	6.4	94%
	PLG-1-5	85.6	189.4	0.45	0.3239	0.0247	0.0482	0.0009	0.2565	303.5	5.8	93%
	PLG-1-9	128.9	222.6	0.58	0.3140	0.0328	0.0482	0.0017	0.3471	303.3	10.7	91%
	PLG-1-10	84.2	177.7	0.47	0.3640	0.0432	0.0475	0.0020	0.3597	299.3	12.5	94%
	PLG-1-11	82.3	178.8	0.46	0.3516	0.0540	0.0474	0.0036	0.4974	298.5	22.3	97%
	PLG-1-12	170.5	251.8	0.68	0.3429	0.0158	0.0477	0.0007	0.3135	300.6	4.2	99%
	PLG-1-13	91.7	178.3	0.51	0.3499	0.0183	0.0487	0.0008	0.3102	306.4	4.9	99%

续表

样品号	锆石样品	含量（μg/g）		Th/U	同位素比值				rho	年龄		和谐度
		Th 232.0	U 238.0		207Pb/235U Ratio	1sigma	206Pb/238U Ratio	1sigma		206Pb/238U 年龄（Ma）	206Pb/238U 1sigma	
PLG-1	PLG-1-14	184.6	195.6	0.94	0.3742	0.0324	0.0472	0.0012	0.3007	297.2	7.6	91%
	PLG-1-15	146.5	260.8	0.56	0.3187	0.0246	0.0475	0.0009	0.2339	299.1	5.3	93%
	PLG-1-16	197.3	169.8	1.16	0.3452	0.0275	0.0470	0.0009	0.2372	296.4	5.5	98%
	PLG-1-17	173.6	283.3	0.61	0.3483	0.0232	0.0472	0.0010	0.3051	297.6	5.9	98%
	PLG-1-18	85.9	172.8	0.50	0.3579	0.0269	0.0489	0.0013	0.3468	307.5	7.8	98%
	PLG-1-19	79.7	172.1	0.46	0.3305	0.0287	0.0466	0.0012	0.2872	293.6	7.2	98%
	PLG-1-20	114.5	218.6	0.52	0.3335	0.0339	0.0474	0.0008	0.1594	298.8	4.7	97%
	PLG-1-21	176.0	141.1	1.25	0.3463	0.0436	0.0469	0.0013	0.2232	295.4	8.1	97%
	PLG-1-22	101.8	194.4	0.52	0.3514	0.0362	0.0466	0.0012	0.2602	293.8	7.7	95%
	PLG-1-24	97.7	169.4	0.58	0.3344	0.0304	0.0479	0.0012	0.2716	301.7	7.3	97%
	PLG-1-26	105.1	211.5	0.50	0.3588	0.0213	0.0473	0.0009	0.3083	298.0	5.3	95%
	PLG-1-27	133.4	243.4	0.55	0.3379	0.0434	0.0463	0.0015	0.2582	291.9	9.5	98%
	PLG-1-29	65.1	97.1	0.67	0.3491	0.0296	0.0461	0.0011	0.2851	290.3	6.9	95%
	PLG-1-30	97.0	192.8	0.50	0.3218	0.0261	0.0465	0.0010	0.2721	292.8	6.3	96%
	PLG-1-31	95.1	178.8	0.53	0.3345	0.0247	0.0481	0.0010	0.2740	303.1	6.0	96%
	PLG-1-32	81.9	167.1	0.49	0.3344	0.0225	0.0466	0.0010	0.3261	293.7	6.3	99%
	Plesovice-1	44.4	523.6	0.08	0.3623	0.0136	0.0527	0.0006	0.3161	331.4	3.8	94%
	Plesovice-2	78.9	703.5	0.11	0.3842	0.0148	0.0524	0.0007	0.3276	328.9	4.1	99%

续表

样品号	锆石样品	含量（μg/g）		Th/U	同位素比值				rho	年龄		和谐度
		Th	U		207Pb/235U		206Pb/238U			206Pb/238U	206Pb/238U	
		232.0	238.0		Ratio	1sigma	Ratio	1sigma		年龄（Ma）	1sigma	
	Plesovice-3	41.2	486.6	0.08	0.3988	0.0151	0.0531	0.0006	0.3219	333.8	4.0	97%
	Plesovice-4	40.2	483.5	0.08	0.4034	0.0167	0.0533	0.0006	0.2885	335.0	3.9	97%
	91500std-1	24.5	71.3	0.34	1.9011	0.0789	0.1803	0.0026	0.3502	1068.8	14.3	98%
	91500std-2	24.0	70.8	0.34	1.7993	0.0895	0.1780	0.0026	0.2957	1056.1	14.3	98%
	91500std-3	26.0	75.4	0.35	1.9008	0.0794	0.1809	0.0025	0.3372	1071.7	13.9	99%
PLG-1	91500std-4	26.3	75.5	0.35	1.7996	0.0778	0.1775	0.0026	0.3443	1053.2	14.5	99%
	91500std-5	26.0	75.6	0.34	1.8489	0.0791	0.1779	0.0027	0.3528	1055.3	14.7	99%
	91500std-6	26.0	75.0	0.35	1.8515	0.0816	0.1805	0.0026	0.3273	1069.5	14.2	99%
	91500std-7	25.6	75.1	0.34	1.8173	0.0828	0.1784	0.0029	0.3578	1058.4	15.9	99%
	91500std-8	25.0	73.4	0.34	1.8831	0.0807	0.1799	0.0030	0.3828	1066.5	16.1	99%
	91500std-9	24.7	75.4	0.33	1.8143	0.0891	0.1792	0.0028	0.3233	1062.5	15.6	98%
	91501std-10	24.5	72.4	0.34	1.8861	0.0945	0.1792	0.0032	0.3604	1062.4	17.7	98%

表 4-2　石门寨剖面沉凝灰岩 U-Pb 锆石定年结果表（LJ#D、LJ#E、LJ#F、LJ#G）

样品号	锆石样品	含量（μg/g）		Th/U	同位素比值					年龄		和谐度
		Th 232	U 238		$^{207}Pb/^{235}U$ Ratio	$^{207}Pb/^{235}U$ 1sigma	$^{206}Pb/^{238}U$ Ratio	$^{206}Pb/^{238}U$ 1sigma	rho	$^{206}Pb/^{238}U$ 年龄（Ma）	$^{206}Pb/^{238}U$ 1sigma	
LJ#D	LJD-29	486.4	653.5	0.74	0.3751	0.0039	0.0478	0.0278	0.0015	300.8	9.0	92%
	LJD-12	219.3	212.1	1.03	0.3568	0.0044	0.0478	0.0288	0.0013	301.0	7.7	97%
	LJD-25	226.5	486.7	0.47	0.3743	0.0038	0.0478	0.0253	0.0012	301.1	7.2	93%
	LJD-26	341.5	424.1	0.81	0.3866	0.0040	0.0478	0.0254	0.0010	301.1	6.2	90%
	LJD-16	412.4	519.3	0.79	0.3569	0.0032	0.0478	0.0206	0.0009	301.1	5.5	97%
	LJD-27	316.1	431.0	0.73	0.3504	0.0037	0.0478	0.0245	0.0012	301.1	7.2	98%
	LJD-10	146.8	167.8	0.88	0.3773	0.0056	0.0478	0.0317	0.0013	301.1	7.8	92%
	LJD-3	436.9	525.1	0.83	0.3623	0.0026	0.0478	0.0181	0.0007	301.2	4.3	95%
	LJD-4	268.2	474.4	0.57	0.3809	0.0039	0.0478	0.0227	0.0010	301.2	6.1	91%
	LJD-1	312.2	604.8	0.52	0.3632	0.0023	0.0478	0.0158	0.0007	301.2	4.2	95%
	LJD-30	347.4	448.3	0.77	0.3869	0.0029	0.0478	0.0200	0.0008	301.3	4.8	90%
	LJD-13	710.0	531.5	1.34	0.3836	0.0037	0.0480	0.0268	0.0011	302.0	6.6	91%
	LJD-11	270.2	388.8	0.69	0.4248	0.0034	0.0529	0.0233	0.0009	332.0	5.7	92%
	LJD-2	223.0	308.8	0.72	0.4054	0.0070	0.0529	0.0460	0.0016	332.1	9.8	96%
	LJD-7	363.9	316.9	1.15	0.4241	0.0035	0.0529	0.0272	0.0010	332.1	6.4	92%
	LJD-18	460.8	273.5	1.69	0.4098	0.0038	0.0529	0.0273	0.0009	332.1	5.4	95%
	LJD-21	1469.7	544.1	2.70	0.3717	0.0030	0.0529	0.0195	0.0010	332.2	6.1	96%
	LJD-20	548.7	459.2	1.19	0.4043	0.0024	0.0529	0.0163	0.0007	332.5	4.5	96%

续表

样品号	锆石样品	含量（μg/g）		Th/U	同位素比值					年龄		和谐度
		Th 232	U 238		207Pb/235U Ratio	1sigma	206Pb/238U Ratio	1sigma	rho	206Pb/238U 年龄（Ma）	206Pb/238U 1sigma	
LJ#D	LJD-28	783.4	467.8	1.67	0.0061	0.4273	0.0473	0.0529	0.0016	332.6	9.8	91%
	LJD-23	302.5	356.1	0.85	0.0045	0.4245	0.0307	0.0530	0.0013	332.9	8.1	92%
	LJD-24	274.9	330.7	0.83	0.0033	0.4170	0.0214	0.0530	0.0009	332.9	5.6	93%
	LJD-8	161.7	178.0	0.91	0.0087	0.4341	0.0601	0.0530	0.0019	333.1	11.4	90%
	LJD-15	440.3	256.2	1.72	0.0047	0.4293	0.0323	0.0530	0.0012	333.1	7.2	91%
	LJD-22	574.7	514.8	1.12	0.0033	0.4337	0.0231	0.0532	0.0009	334.3	5.7	91%
	LJD-31	96.2	116.6	0.83	0.0096	0.4203	0.0517	0.0536	0.0061	336.5	7.1	94%
	LJD-19	834.5	515.9	1.62	0.0042	0.3971	0.0309	0.0538	0.0009	337.7	5.6	99%
	LJD-9	261.8	182.3	1.44	0.0053	0.4753	0.0369	0.0577	0.0012	361.6	7.5	91%
	LJD-6	1206.6	566.7	2.13	0.0118	0.4979	0.0797	0.0604	0.0064	378.3	3.1	91%
LJ#E	LJE-24	505.3	354.5	1.43	0.3461	0.0197	0.0493	0.0012	0.4141	310.0	7.1	97%
	LJE-20	295.6	542.5	0.54	0.3936	0.0165	0.0493	0.0007	0.3628	310.1	4.6	91%
	LJE-5	231.4	268.1	0.86	0.3627	0.0206	0.0493	0.0009	0.3272	310.1	5.6	98%
	LJE-9	278.7	207.5	1.34	0.3787	0.0242	0.0493	0.0009	0.3004	310.1	5.8	94%
	LJE-8	249.3	608.5	0.41	0.3788	0.0175	0.0493	0.0009	0.3932	310.1	5.5	94%
	LJE-18	365.0	729.3	0.50	0.3854	0.0253	0.0493	0.0011	0.3404	310.1	6.8	93%
	LJE-22	402.6	340.3	1.18	0.3512	0.0198	0.0493	0.0010	0.3658	310.2	6.3	98%
	LJE-15	525.3	544.6	0.96	0.3945	0.0307	0.0493	0.0015	0.4038	310.2	9.5	91%

续表

| 样品号 | 锆石样品 | 含量（μg/g） | | Th/U | 同位素比值 | | | | rho | 年龄 | | 和谐度 |
		Th 232	U 238		207Pb/235U Ratio	1sigma	206Pb/238U Ratio	1sigma		206Pb/238U 年龄（Ma）	206Pb/238U 1sigma	
LJ#E	LJE-26	281.2	168.2	1.67	0.3917	0.0251	0.0493	0.0010	0.3170	310.2	6.1	92%
	LJE-10	341.5	215.8	1.58	0.3867	0.0217	0.0518	0.0011	0.3945	325.6	7.0	98%
	LJE-16	524.5	273.8	1.92	0.4236	0.0341	0.0522	0.0021	0.4944	328.0	12.7	91%
	LJE-1	81.9	136.3	0.60	0.4193	0.0327	0.0530	0.0010	0.2500	332.9	6.3	93%
	LJE-25	437.5	284.4	1.54	0.4391	0.0460	0.0538	0.0014	0.2475	337.7	8.5	90%
	LJE-7	284.3	280.0	1.02	0.4617	0.0237	0.0626	0.0010	0.3231	391.5	6.3	98%
	LJE-27	445.7	374.7	1.19	0.5002	0.0258	0.0631	0.0009	0.2802	394.2	5.5	95%
	LJE-2	365.6	349.9	1.04	0.4890	0.0203	0.0632	0.0009	0.3364	394.9	5.4	97%
	LJE-4	370.8	356.7	1.04	0.5146	0.0268	0.0634	0.0010	0.3093	396.1	6.2	93%
	LJE-6	212.6	232.7	0.91	0.5147	0.0275	0.0654	0.0012	0.3345	408.5	7.1	96%
	LJE-21	336.5	304.3	1.11	0.5011	0.0239	0.0679	0.0012	0.3598	423.4	7.0	97%
LJ#F	LJF-21	179.1	227.0	0.79	0.3461	0.0197	0.0493	0.0012	0.4141	316.4	6.7	94%
	LJF-14	235.3	298.0	0.79	0.3936	0.0165	0.0493	0.0007	0.3628	315.6	6.9	90%
	LJF-17	279.7	209.2	1.34	0.3627	0.0206	0.0493	0.0009	0.3272	315.8	6.1	90%
	LJF-19	278.2	267.4	1.04	0.3787	0.0242	0.0493	0.0009	0.3004	316.2	5.7	91%
	LJF-25	358.2	428.0	0.84	0.3788	0.0175	0.0493	0.0009	0.3932	316.2	5.9	92%
	LJF-10	136.6	185.6	0.74	0.3854	0.0253	0.0493	0.0011	0.3404	316.4	6.5	93%
	LJF-2	210.5	257.2	0.82	0.3512	0.0198	0.0493	0.0010	0.3658	316.9	5.0	90%

续表

样品号	锆石样品	含量（μg/g）		Th/U	同位素比值				rho	年龄		和谐度
		Th 232	U 238		207Pb/235U Ratio	1sigma	206Pb/238U Ratio	1sigma		206Pb/238U 年龄（Ma）	206Pb/238U 1sigma	
LJ#F	LJF-24	249.9	322.1	0.78	0.3945	0.0307	0.0493	0.0015	0.4038	330.4	6.2	90%
	LJF-5	153.9	331.2	0.46	0.3917	0.0251	0.0493	0.0010	0.3170	456.4	6.4	99%
LJ#C	LJG-9	146.8	127.4	1.15	0.3360	0.0242	0.0509	0.0012	0.3183	319.8	7.2	91%
	LJG-18	75.4	87.1	0.87	0.3323	0.0322	0.0510	0.0016	0.3150	320.5	9.6	90%
	LJG-30	267.1	301.3	0.89	0.3566	0.0222	0.0512	0.0011	0.3408	321.6	6.6	96%
	LJG-29	88.8	98.6	0.90	0.3801	0.0493	0.0512	0.0017	0.2576	321.9	10.5	98%
	LJG-17	74.7	106.0	0.70	0.3757	0.0684	0.0513	0.0014	0.1531	322.3	8.8	99%
	LJG-8	176.4	196.6	0.90	0.3476	0.0222	0.0513	0.0009	0.2823	322.4	5.7	93%
	LJG-25	91.8	108.3	0.85	0.3862	0.0453	0.0513	0.0011	0.1788	322.4	6.6	97%
	LJG-31	250.7	238.0	1.05	0.3599	0.0420	0.0513	0.0020	0.3271	322.5	12.0	96%
	LJG-26	111.3	261.2	0.43	0.3592	0.0192	0.0514	0.0009	0.3276	323.1	5.5	96%
	LJG-19	179.3	194.4	0.92	0.3799	0.0229	0.0514	0.0010	0.3067	323.2	5.8	98%
	LJC 27	123.4	143.2	0.86	0.3884	0.0294	0.0514	0.0014	0.3481	323.2	8.3	96%
	LJG-21	105.5	143.5	0.74	0.3950	0.0241	0.0514	0.0010	0.3262	323.3	6.3	95%
	LJG-12	128.6	189.7	0.68	0.4173	0.0257	0.0514	0.0009	0.2825	323.3	5.5	90%
	LJG-4	185.6	190.6	0.97	0.3610	0.0219	0.0514	0.0010	0.3052	323.3	5.8	96%
	LJG-15	248.5	455.9	0.54	0.4048	0.0195	0.0515	0.0009	0.3583	323.7	5.5	93%
	LJG-22	155.9	252.8	0.62	0.3631	0.0205	0.0515	0.0010	0.3349	323.8	6.0	97%

续表

样号	锆石样品	含量（μg/g）		Th/U	同位素比值					年龄（Ma）		谐和度
		Th 232	U 238		$^{207}Pb/^{235}U$ Ratio	1sigma	$^{206}Pb/^{238}U$ Ratio	1sigma	rho	$^{206}Pb/^{238}U$ 年龄（Ma）	1sigma	
LJ#G	LJG-28	151.5	236.8	0.64	0.3951	0.0259	0.0515	0.0009	0.2577	324.0	5.3	95%
	LJG-13	165.3	161.5	1.02	0.3516	0.0236	0.0530	0.0008	0.2379	333.0	5.2	91%
	LJG-11	55.0	94.8	0.58	0.3970	0.0256	0.0539	0.0012	0.3380	338.1	7.2	99%
	LJG-7	152.6	219.6	0.69	0.5503	0.0300	0.0704	0.0010	0.2598	438.8	6.0	98%
	LJG-2	194.5	374.2	0.52	0.5416	0.0216	0.0712	0.0010	0.3506	443.2	6.0	99%
	LJG-1	183.1	375.2	0.49	0.5338	0.0217	0.0725	0.0009	0.3027	451.1	5.4	96%
	LJG-10	139.7	177.5	0.79	0.6158	0.0337	0.0733	0.0013	0.3131	455.8	7.5	93%
	LJG-3	176.5	356.6	0.49	0.5823	0.0233	0.0733	0.0009	0.3028	455.8	5.3	97%
	LJG-14	167.8	313.1	0.54	0.5687	0.0216	0.0738	0.0010	0.3689	459.0	6.2	99%

ZK-3809钻孔沉凝灰岩U-Pb锆石定年结果表
（LJ#6、LJ#13、LJ#168、LJ#235、LJ#B、LJ#C）

表4-3

样品号	锆石样品	含量（μg/g）		Th/U	同位素比值				rho	年龄		和谐度
		Th 232	U 238		$^{207}Pb/^{235}U$ Ratio	1sigma	$^{206}Pb/^{238}U$ Ratio	1sigma		$^{206}Pb/^{238}U$ 年龄（Ma）	$^{206}Pb/^{238}U$ 1sigma	
LJ#6	LJ6-2	233.8	457.1	0.51	0.3062	0.0210	0.0399	0.0006	0.2158	252.2	3.7	92%
	LJ6-3	99.3	171.3	0.58	0.2804	0.0250	0.0398	0.0011	0.3157	251.7	7.0	99%
	LJ6-6	139.3	287.2	0.49	0.2853	0.0188	0.0400	0.0007	0.2833	252.5	4.6	99%
	LJ6-7	724.9	898.4	0.81	0.2845	0.0350	0.0394	0.0010	0.2053	249.0	6.2	97%
	LJ6-8	117.5	156.4	0.75	0.2671	0.0208	0.0398	0.0009	0.2830	251.9	5.4	95%
	LJ6-12	202.4	228.8	0.88	0.2662	0.0216	0.0399	0.0008	0.2430	252.3	4.9	94%
	LJ6-13	366.5	860.1	0.43	0.2641	0.0142	0.0398	0.0007	0.3399	251.7	4.5	94%
	LJ6-14	162.8	222.0	0.73	0.2783	0.0174	0.0397	0.0007	0.3002	251.1	4.6	99%
	LJ6-15	227.3	275.0	0.83	0.2826	0.0387	0.0397	0.0009	0.1616	250.9	5.4	99%
	LJ6-16	95.5	196.5	0.49	0.2784	0.0156	0.0397	0.0008	0.3421	250.7	4.7	99%
	LJ6-17	464.0	834.1	0.56	0.2807	0.0143	0.0397	0.0006	0.2811	251.1	3.5	99%
	LJ6-18	747.7	861.5	0.87	0.2734	0.0109	0.0398	0.0006	0.4009	251.8	3.9	97%
	LJ6-20	209.0	614.6	0.34	0.2797	0.0124	0.0399	0.0006	0.3506	252.1	3.8	99%
	LJ6-21	113.7	154.4	0.74	0.2791	0.0221	0.0399	0.0009	0.2808	252.4	5.5	99%
	LJ6-22	380.1	471.1	0.81	0.2766	0.0177	0.0399	0.0008	0.2944	252.2	4.7	98%
	LJ6-23	152.9	292.8	0.52	0.2751	0.0154	0.0398	0.0007	0.3076	251.4	4.2	98%
	LJ6-24	165.8	333.4	0.50	0.2840	0.0174	0.0398	0.0008	0.3098	251.3	4.7	99%

续表

样品号	锆石样品	含量（μg/g）		Th/U	同位素比值				rho	年龄		和谐度
		Th 232	U 238		$^{207}Pb/^{235}U$ Ratio	1sigma	$^{206}Pb/^{238}U$ Ratio	1sigma		$^{206}Pb/^{238}U$ 年龄（Ma）	1sigma	
LJ#6	LJ6-25	266.0	360.3	0.74	0.2671	0.0172	0.0399	0.0007	0.2846	252.0	4.5	95%
	LJ6-4	185.4	317.4	0.58	11.0269	0.3257	0.4846	0.0064	0.4470	2547.1	27.8	99%
	LJ6-9	292.0	344.6	0.85	9.9281	0.8537	0.4726	0.0248	0.6113	2494.9	108.8	97%
	LJ6-19	36.0	75.2	0.48	11.4538	0.3663	0.4804	0.0078	0.5050	2528.9	33.8	98%
	LJ6-27	532.9	340.8	1.56	10.2572	0.9921	0.4750	0.0390	0.8493	2505.3	170.5	98%
	LJ6-28	327.0	267.5	1.22	10.4758	0.3157	0.4790	0.0068	0.4724	2522.7	29.7	98%
	Plesovice-1	79.1	711.9	0.50	0.3727	0.0183	0.0511	0.0008	0.3084	321.1	4.8	99%
	Plesovice-2	77.1	700.0	0.51	0.3899	0.0184	0.0516	0.0007	0.2974	324.4	4.4	97%
	Plesovice-3	76.6	698.2	0.52	0.3694	0.0150	0.0542	0.0008	0.3663	340.4	4.9	93%
	Plesovice-4	76.9	695.6	0.52	0.3751	0.0159	0.0535	0.0008	0.3637	335.9	5.1	96%
	91500std-1	18.0	54.3	0.65	1.8879	0.1342	0.1794	0.0035	0.2758	1063.5	19.2	98%
	91500std-2	20.3	56.0	0.59	1.8125	0.1161	0.1790	0.0037	0.3214	1061.3	20.2	98%
	91500std-3	18.7	53.4	0.60	1.9639	0.1214	0.1791	0.0039	0.3481	1062.1	21.1	96%
	91500std-4	19.1	55.9	0.62	1.7365	0.1116	0.1792	0.0038	0.3320	1062.8	20.9	96%
	91500std-5	18.8	54.9	0.63	1.9038	0.1069	0.1792	0.0034	0.3331	1062.9	18.3	98%
	91500std-6	19.0	55.2	0.62	1.7966	0.1005	0.1791	0.0031	0.3056	1062.0	16.8	98%
	91500std-7	18.4	55.0	0.63	1.9314	0.1033	0.1792	0.0039	0.4027	1062.8	21.1	97%
	91500std-8	18.2	54.2	0.61	1.7690	0.1011	0.1791	0.0041	0.4050	1062.1	22.7	97%

续表

样品号	锆石样品	含量（μg/g）		Th/U	同位素比值				rho	年龄		和谐度
		Th 232	U 238		207Pb/235U Ratio	1sigma	206Pb/238U Ratio	1sigma		206Pb/238U 年龄（Ma）	206Pb/238U 1sigma	
LJ#6	91500std-9	18.3	55.0	0.62	1.8630	0.1040	0.1790	0.0041	0.4106	1061.4	22.4	99%
	91500std-10	18.5	54.6	0.61	1.8374	0.0966	0.1794	0.0040	0.4204	1063.4	21.7	99%
	LJ13-2	147.8	286.5	0.52	0.2795	0.0156	0.0398	0.0006	0.2909	251.9	4.0	99%
	LJ13-4	252.4	502.5	0.50	0.2937	0.0132	0.0399	0.0006	0.3570	252.1	4.0	96%
	LJ13-5	70.9	107.6	0.66	0.2760	0.0320	0.0399	0.0010	0.2251	252.3	6.5	98%
	LJ13-6	72.8	163.0	0.45	0.2811	0.0319	0.0400	0.0016	0.3433	252.9	9.7	99%
	LJ13-8	38.0	94.8	0.40	0.2835	0.0270	0.0397	0.0013	0.3315	250.9	7.8	98%
	LJ13-9	70.8	106.1	0.67	0.2870	0.0269	0.0397	0.0010	0.2567	251.0	5.9	97%
LJ#13	LJ13-11	56.6	82.5	0.69	0.2849	0.0264	0.0396	0.0011	0.3088	250.2	7.0	98%
	LJ13-12	94.1	201.1	0.47	0.2737	0.0215	0.0400	0.0008	0.2706	252.6	5.3	97%
	LJ13-14	535.4	915.6	0.58	0.2751	0.0125	0.0399	0.0005	0.2999	252.4	3.4	97%
	LJ13-15	372.5	642.2	0.58	0.2769	0.0127	0.0395	0.0006	0.3294	250.0	3.7	99%
	LJ13-16	473.1	675.4	0.70	0.2791	0.0166	0.0399	0.0006	0.2718	252.1	4.0	99%
	LJ13-18	162.4	333.2	0.49	0.2850	0.0163	0.0399	0.0007	0.2882	252.4	4.1	99%
	LJ13-19	247.7	433.0	0.57	0.2853	0.0267	0.0401	0.0008	0.2099	253.2	4.9	99%
	LJ13-21	70.9	121.7	0.58	0.2950	0.0271	0.0400	0.0010	0.2647	252.9	6.0	96%
	LJ13-22	234.1	263.8	0.89	0.2797	0.0220	0.0397	0.0010	0.3119	251.0	6.0	99%
	LJ13-23	167.4	500.5	0.33	0.2873	0.0171	0.0398	0.0007	0.2815	251.7	4.1	98%
	LJ13-24	69.3	116.2	0.60	0.2811	0.0239	0.0398	0.0010	0.2969	251.6	6.2	99%

续表

| 样品号 | 锆石样品 | 含量（μg/g） | | Th/U | 同位素比值 | | | | | 年龄 | | 和谐度 |
		Th 232	U 238		$^{207}Pb/^{235}U$ Ratio	1sigma	$^{206}Pb/^{238}U$ Ratio	1sigma	rho	$^{206}Pb/^{238}U$ 年龄（Ma）	$^{206}Pb/^{238}U$ 1sigma	
LJ#13	LJ13-25	376.8	715.2	0.53	0.2844	0.0140	0.0400	0.0007	0.3381	253.0	4.1	99%
	LJ13-10	228.3	285.8	0.80	11.0508	0.3111	0.4767	0.0060	0.4437	2513.1	26.0	99%
	LJ13-20	56.4	100.4	0.56	10.8981	0.3830	0.4763	0.0082	0.4898	2511.1	35.8	99%
	Plesovice-1	67.4	639	0.11	0.3761	0.0208	0.0531	0.0009	0.2956	333.6	5.3	97%
	Plesovice-2	66.3	639	0.10	0.3766	0.0162	0.0517	0.0008	0.3721	325.1	5.1	99%
	Plesovice-3	71.5	666	0.11	0.3960	0.0182	0.0532	0.0008	0.3319	334.1	5.0	98%
	Plesovice-4	72.4	670	0.11	0.3788	0.0172	0.0527	0.0008	0.3389	331.1	5.0	98%
	91500std-1	18.7	55.2	0.34	1.9003	0.1163	0.1794	0.0039	0.3543	1063.5	21.3	98%
	91500std-2	18.0	54.2	0.33	1.8001	0.1275	0.1790	0.0042	0.3328	1061.4	23.1	98%
	91500std-3	19.1	54.3	0.35	1.8017	0.1186	0.1790	0.0046	0.3935	1061.7	25.4	98%
	91500std-4	18.5	54.3	0.34	1.8987	0.1143	0.1793	0.0039	0.3585	1063.2	21.2	98%
	91500std-5	18.3	56.0	0.33	1.7592	0.0997	0.1791	0.0038	0.3716	1062.3	20.6	96%
	91500std-6	18.2	54.7	0.33	1.9412	0.1167	0.1792	0.0037	0.3442	1062.6	20.3	96%
	91500std-7	18.6	56.0	0.33	1.8460	0.1191	0.1798	0.0040	0.3449	1065.7	21.9	99%
	91500std-8	18.4	54.6	0.34	1.8544	0.1149	0.1786	0.0039	0.3500	1059.1	21.2	99%
	91500std-9	19.0	54.9	0.35	1.8312	0.1100	0.1790	0.0040	0.3714	1061.5	21.8	99%
	91500std-10	19.0	55.4	0.34	1.8692	0.1089	0.1794	0.0041	0.3967	1063.4	22.7	99%
LJ#168	LJ168-10	170.5	142.0	1.20	0.3226	0.0427	0.0412	0.0017	0.3124	260.2	4.5	91%
	LJ168-6	971.1	613.6	1.58	0.3017	0.0152	0.0412	0.0006	0.2868	260.4	3.7	97%

续表

样品号	锆石样品	含量（μg/g） Th 232	含量（μg/g） U 238	Th/U	同位素比值 207Pb/235U Ratio	同位素比值 207Pb/235U 1sigma	同位素比值 206Pb/238U Ratio	同位素比值 206Pb/238U 1sigma	rho	年龄 206Pb/238U 年龄（Ma）	年龄 206Pb/238U 1sigma	和谐度
LJ#168	LJ168-28	876.9	854.7	1.03	0.2952	0.0126	0.0414	0.0007	0.3847	261.2	4.2	99%
	LJ168-16	138.2	141.6	0.98	0.2874	0.0200	0.0414	0.0008	0.2919	261.6	5.2	98%
	LJ168-15	438.4	672.6	0.65	0.3289	0.0197	0.0415	0.0009	0.3564	262.1	5.5	90%
	LJ168-13	194.1	288.9	0.67	0.2721	0.0278	0.0415	0.0011	0.2517	262.4	6.6	92%
	LJ168-2	243.6	272.7	0.89	0.3046	0.0271	0.0411	0.0010	0.2678	259.5	6.0	96%
	LJ16820	154.1	189.9	0.81	0.2702	0.0534	0.0411	0.0012	0.1441	259.7	7.2	93%
	LJ168-30	100.5	160.2	0.63	0.2942	0.0191	0.0412	0.0019	0.7223	260.1	5.0	99%
	LJ168-1	150.3	127.0	1.18	0.3006	0.0419	0.0412	0.0014	0.2394	260.2	8.5	97%
	LJ168-21	45.6	90.9	0.50	0.3122	0.0460	0.0413	0.0016	0.2603	261.0	6.8	94%
	LJ168-3	117.5	182.8	0.64	0.2936	0.0369	0.0417	0.0013	0.2524	263.6	8.2	99%
	LJ168-14	175.4	189.7	0.92	0.2861	0.0332	0.0418	0.0012	0.2488	263.9	7.5	96%
	Plesovice-1	83.0	862.5	0.1	0.4413	0.0170	0.0534	0.0006	0.2988	335.3	3.8	95%
	Plesovice-2	80.0	826.6	0.1	0.4212	0.0153	0.0522	0.0006	0.2918	327.7	3.4	91%
	Plesovice-3	62.5	691.9	0.1	0.3891	0.0132	0.0538	0.0006	0.3210	338.1	3.6	98%
	Plesovice-4	70.0	760.0	0.1	1.0447	0.0341	0.0595	0.0006	0.3064	372.6	3.6	95%
	91500std-1	22.4	67.9	0.3	1.8915	0.0759	0.1780	0.0029	0.4056	1056.1	15.9	97%
	91500std-2	23.1	69.2	0.3	1.8402	0.0849	0.1787	0.0025	0.2991	1060.1	13.5	99%
	91500std-3	22.7	68.8	0.3	1.7579	0.0807	0.1791	0.0027	0.3307	1062.1	14.9	96%

续表

样品号	锆石样品	含量（μg/g）		Th/U	同位素比值					年龄		和谐度
		Th	U		$^{207}Pb/^{235}U$		$^{206}Pb/^{238}U$		rho	$^{206}Pb/^{238}U$	$^{206}Pb/^{238}U$	
		232	238		Ratio	1sigma	Ratio	1sigma		年龄（Ma）	1sigma	
LJ#168	91500std-4	23.0	67.7	0.3	1.9425	0.0901	0.1792	0.0027	0.3206	1062.8	14.6	96%
	91500std-5	23.2	68.5	0.3	1.8602	0.0734	0.1796	0.0028	0.3900	1064.8	15.1	99%
	91500std-6	22.5	69.3	0.3	1.8089	0.0702	0.1803	0.0025	0.3634	1068.8	13.9	98%
LJ#235	LJ235-18	187.9	375.1	0.5	0.3323	0.0234	0.0425	0.0009	0.3021	268.3	5.6	91%
	LJ235-10	75.7	136.6	0.6	0.3270	0.0265	0.0425	0.0011	0.3129	268.4	6.7	93%
	LJ235-6	167.3	209.0	0.8	0.2911	0.0180	0.0425	0.0008	0.3116	268.5	5.1	96%
	LJ235-2	50.5	145.7	0.3	0.2959	0.0278	0.0425	0.0011	0.2702	268.6	6.7	97%
	LJ235-7	42.0	123.2	0.3	0.2878	0.0291	0.0425	0.0011	0.2628	268.6	7.0	95%
	LJ235-1	63.6	129.5	0.5	0.2798	0.0386	0.0425	0.0012	0.1983	268.6	7.2	93%
	LJ235-25	72.5	172.0	0.4	0.3161	0.0307	0.0425	0.0015	0.3673	268.6	9.4	96%
	LJ235-19	44.7	115.3	0.4	0.3254	0.0361	0.0426	0.0011	0.2357	268.6	6.9	93%
	LJ235-5	112.7	207.2	0.5	0.3243	0.0219	0.0426	0.0010	0.3421	268.6	6.1	94%
	LJ235-8	60.9	155.4	0.4	0.3021	0.0236	0.0426	0.0012	0.3598	268.7	7.4	99%
	LJ235-22	185.7	315.8	0.6	0.3367	0.0319	0.0426	0.0009	0.2260	268.7	5.6	90%
	LJ235-24	173.5	265.0	0.7	0.3076	0.0225	0.0426	0.0008	0.2447	268.7	4.7	98%
	LJ235-11	85.0	201.0	0.4	0.3347	0.0258	0.0426	0.0010	0.2900	268.8	5.9	91%
	LJ235-12	47.8	103.5	0.5	0.3270	0.0404	0.0426	0.0014	0.2589	268.9	8.4	93%
	LJ235-20	89.9	190.6	0.5	0.3669	0.0429	0.0469	0.0013	0.2291	295.4	7.7	92%

续表

样品号	锆石样品	含量（μg/g）		Th/U	同位素比值					年龄		和谐度
		Th 232	U 238		$^{207}Pb/^{235}U$ Ratio	1sigma	$^{206}Pb/^{238}U$ Ratio	1sigma	rho	$^{206}Pb/^{238}U$ 年龄（Ma）	$^{206}Pb/^{238}U$ 1sigma	
LJ#235	LJ235-27	187.2	216.9	0.9	0.3399	0.0260	0.0472	0.0011	0.3181	297.1	7.1	99%
	LJ235-14	43.4	124.7	0.3	0.3758	0.0356	0.0472	0.0015	0.3268	297.2	9.0	91%
	LJ235-15	74.4	193.9	0.4	0.3191	0.0279	0.0472	0.0010	0.2519	297.3	6.4	94%
	LJ235-4	77.3	203.1	0.4	0.3542	0.0210	0.0472	0.0009	0.3096	297.4	5.3	96%
	LJ235-16	36.2	98.2	0.4	0.3820	0.0379	0.0472	0.0012	0.2466	297.4	7.1	90%
	LJ235-26	51.5	132.7	0.4	0.3679	0.0482	0.0472	0.0019	0.3024	297.5	11.5	93%
	LJ235-21	211.0	175.0	1.2	0.3714	0.0375	0.0472	0.0028	0.5887	297.5	17.3	92%
	LJ235-3	169.0	314.3	0.5	0.3797	0.0484	0.0472	0.0014	0.2406	297.5	8.9	90%
	LJ235-9	61.2	157.7	0.4	0.3437	0.0233	0.0472	0.0011	0.3320	297.5	6.6	99%
	LJ235-13	62.3	155.7	0.4	0.3481	0.0321	0.0472	0.0010	0.2323	297.5	6.2	98%
	LJ235-23	69.3	103.4	0.7	0.3381	0.0355	0.0473	0.0013	0.2700	297.8	8.2	99%
	Plesovice-1	68.9	679.9	0.1	0.3983	0.0192	0.0546	0.0009	0.3304	342.5	5.3	99%
	Plesovice-2	70.6	729.1	0.1	0.4045	0.0204	0.0525	0.0008	0.3088	329.6	5.0	95%
	Plesovice-3	82.8	797.4	0.1	0.4084	0.0184	0.0549	0.0009	0.3503	344.7	5.3	99%
	Plesovice-4	92.5	865.3	0.1	0.4050	0.0194	0.0550	0.0009	0.3352	344.9	5.4	99%
	91500std-1	24.5	72.9	0.3	1.6864	0.1094	0.1794	0.0039	0.3316	1063.8	21.1	94%
	91500std-2	23.9	71.8	0.3	2.0140	0.1398	0.1789	0.0038	0.3086	1061.1	21.0	94%
	91500std-3	23.8	70.8	0.3	1.8358	0.1012	0.1784	0.0035	0.3579	1058.3	19.3	99%

续表

样品号	锆石样品	含量（μg/g）		Th/U	同位素比值				rho	年龄		和谐度
		Th 232	U 238		$^{207}Pb/^{235}U$ Ratio	1sigma	$^{206}Pb/^{238}U$ Ratio	1sigma		$^{206}Pb/^{238}U$ 年龄（Ma）	$^{206}Pb/^{238}U$ 1sigma	
LJ#235	91500std-4	24.8	71.9	0.3	1.8646	0.1103	0.1799	0.0045	0.4206	1066.5	24.5	99%
	91500std-5	25.5	74.2	0.3	1.9072	0.1154	0.1788	0.0039	0.3635	1060.2	21.5	97%
	91500std-6	23.1	69.5	0.3	1.7932	0.1125	0.1796	0.0039	0.3505	1064.7	21.6	97%
	91500std-7	25.8	73.0	0.4	1.7495	0.1367	0.1797	0.0050	0.3552	1065.5	27.3	96%
	91500std-8	25.2	74.0	0.3	1.9509	0.1363	0.1786	0.0041	0.3250	1059.4	22.2	96%
	91500std-9	24.9	73.5	0.3	1.8500	0.1216	0.1786	0.0039	0.3290	1059.1	21.1	99%
	91500std-10	24.2	73.6	0.3	1.8504	0.1084	0.1798	0.0040	0.3765	1065.8	21.7	99%
LJ#B	LJB-1	326.6	300.2	1.09	0.3383	0.0216	0.0451	0.0008	0.2921	284.2	5.2	95%
	LJB-3	175.1	219.6	0.80	0.3079	0.0251	0.0454	0.0010	0.2723	285.9	6.2	95%
	LJB-5	293.2	292.7	1.00	0.3485	0.0220	0.0455	0.0015	0.5051	286.6	8.9	94%
	LJB-6	469.2	406.5	1.15	0.3571	0.0571	0.0450	0.0011	0.3109	283.8	4.1	91%
	LJB-7	295.9	423.2	0.70	10.6183	0.3089	0.4710	0.0058	0.4262	2487.8	25.6	99%
	LJB-8	40.4	82.5	0.49	0.3565	0.0314	0.0520	0.0013	0.2773	326.7	7.8	94%
	LJB-9	83.5	103.2	0.81	0.3740	0.0743	0.0515	0.0024	0.2380	323.7	14.9	99%
	LJB-11	210.3	186.7	1.13	0.3349	0.0204	0.0447	0.0010	0.3803	282.0	6.4	96%
	LJB-12	153.4	216.8	0.71	0.3359	0.0280	0.0448	0.0012	0.3295	282.3	7.6	95%
	LJB-14	285.9	463.9	0.62	0.3608	0.0888	0.0454	0.0012	0.3653	286.0	7.6	91%
	LJB-15	419.9	388.2	1.08	0.3315	0.0262	0.0442	0.0011	0.3093	278.8	6.7	95%
	LJB-16	235.6	369.0	0.64	10.4310	0.2471	0.4716	0.0052	0.4687	2490.5	23.0	99%

续表

样品号	锆石样品	含量（μg/g）		Th/U	同位素比值					年龄		和谐度
		Th 232	U 238		$^{207}Pb/^{235}U$ Ratio	1sigma	$^{206}Pb/^{238}U$ Ratio	1sigma	rho	$^{206}Pb/^{238}U$ 年龄（Ma）	1sigma	
LJ#B	LJB-17	94.4	251.2	0.38	0.3127	0.0204	0.0443	0.0008	0.2740	279.7	4.9	98%
	LJB-18	133.6	161.2	0.83	0.3383	0.0504	0.0444	0.0017	0.2616	280.3	10.7	94%
	LJB-19	452.1	485.6	0.93	0.3175	0.0207	0.0445	0.0008	0.2865	280.4	5.1	99%
	LJB-20	53.5	333.1	0.16	0.3287	0.0351	0.0457	0.0012	0.2412	288.3	7.3	99%
	LJB-21	173.3	210.3	0.82	11.9497	0.3009	0.5042	0.0059	0.4673	2631.9	25.5	98%
	LJB-22	407.4	583.8	0.70	0.4107	0.0343	0.0511	0.0012	0.2711	321.5	7.1	91%
	LJB-23	129.9	133.4	0.97	0.3983	0.0566	0.0514	0.0024	0.3351	322.8	15.0	94%
	Plesovice-1	76.2	739.8	0.10	0.3791	0.0151	0.0519	0.0007	0.3364	326.2	4.3	99%
	Plesovice-2	64.1	698.5	0.09	0.3880	0.0158	0.0520	0.0007	0.3271	327.0	4.3	98%
	Plesovice-3	78.9	703.5	0.11	0.3842	0.0148	0.0524	0.0007	0.3276	328.9	4.1	99%
	Plesovice-4	76.4	708.0	0.11	0.3959	0.0167	0.0524	0.0007	0.3252	329.2	4.4	97%
	91500std-1	26.8	72.5	0.37	1.8423	0.0949	0.1791	0.0035	0.3779	1061.9	19.1	99%
	91500std-2	26.2	71.9	0.36	1.8581	0.0977	0.1793	0.0032	0.3384	1063.0	17.4	99%
	91500std-3	25.4	69.6	0.37	1.8350	0.0984	0.1796	0.0031	0.3231	1064.7	17.0	99%
	91500std-4	28.9	78.3	0.37	1.8654	0.1003	0.1787	0.0032	0.3287	1060.1	17.3	99%
	91500std-5	28.3	76.5	0.37	1.8061	0.0949	0.1792	0.0033	0.3499	1062.5	18.0	98%
	91500std-6	27.9	77.2	0.36	1.8943	0.0893	0.1792	0.0036	0.4238	1062.4	19.6	98%
	91500std-7	27.0	74.1	0.36	1.8738	0.0986	0.1792	0.0032	0.3430	1062.6	17.7	99%

续表

样品号	锆石样品	含量（μg/g）		Th/U	同位素比值				rho	年龄		和谐度
		Th	U		$^{207}Pb/^{235}U$		$^{206}Pb/^{238}U$			$^{206}Pb/^{238}U$	$^{206}Pb/^{238}U$	
		232	238		Ratio	1sigma	Ratio	1sigma		年龄（Ma）	1sigma	
LJ#B	91500std-8	26.2	73.4	0.36	1.8266	0.0929	0.1791	0.0032	0.3538	1062.2	17.6	99%
	91500std-9	26.7	71.6	0.37	1.9536	0.1143	0.1792	0.0033	0.3148	1062.7	18.1	96%
	91500std-10	26.2	71.1	0.37	1.7468	0.0898	0.1791	0.0036	0.3921	1062.2	19.7	96%
	LJC-1	77.0	148.1	0.52	0.3571	0.0265	0.0452	0.0011	0.3346	284.8	6.9	91%
	LJC-2	304.9	432.0	0.71	0.3088	0.0152	0.0466	0.0007	0.2934	293.9	4.2	92%
	LJC-3	114.5	175.9	0.65	0.3645	0.0318	0.0464	0.0014	0.3379	292.2	8.4	92%
	LJC-4	46.7	126.4	0.37	0.4104	0.0631	0.0506	0.0020	0.2513	318.4	12.0	90%
	LJC-5	44.4	108.9	0.41	0.3548	0.0343	0.0463	0.0017	0.3770	292.0	10.4	94%
	LJC-6	45.0	75.6	0.59	0.3357	0.0475	0.0457	0.0023	0.3621	288.1	14.4	97%
	LJC-7	51.1	184.9	0.28	8.6751	0.3308	0.3860	0.0083	0.5625	2104.3	38.5	90%
LJ#C	LJC-8	57.5	116.7	0.49	0.3096	0.0295	0.0461	0.0012	0.2837	290.8	7.7	93%
	LJC-9	112.7	148.3	0.76	0.3723	0.0611	0.0518	0.0030	0.3556	325.7	18.5	98%
	LJC-10	70.2	158.9	0.44	0.3173	0.0204	0.0453	0.0010	0.3286	285.8	5.9	97%
	LJC-11	76.8	210.6	0.36	0.3591	0.0279	0.0462	0.0010	0.2806	291.1	6.2	93%
	LJC-14	112.0	227.0	0.49	0.3315	0.0179	0.0458	0.0009	0.3525	288.6	5.4	99%
	LJC-15	75.5	145.7	0.52	0.3420	0.0279	0.0468	0.0009	0.2479	294.8	5.8	98%
	LJC-16	234.0	361.1	0.65	0.3233	0.0190	0.0460	0.0008	0.3062	289.8	5.1	98%
	LJC-17	124.3	178.3	0.70	0.3568	0.0234	0.0462	0.0009	0.2944	290.9	5.5	93%

续表

样品号	锆石样品	含量（μg/g）		Th/U	同位素比值					年龄		和谐度
		Th 232	U 238		207Pb/235U Ratio	207Pb/235U 1sigma	206Pb/238U Ratio	206Pb/238U 1sigma	rho	206Pb/238U 年龄（Ma）	206Pb/238U 1sigma	
LJ#C	LJC-18	37.8	60.7	0.62	0.3342	0.0312	0.0460	0.0014	0.3306	290.1	8.7	99%
	LJC-19	122.4	329.3	0.37	0.3393	0.0308	0.0457	0.0013	0.3218	287.8	8.2	96%
	LJC-20	73.5	123.0	0.60	0.4187	0.0380	0.0512	0.0011	0.2416	321.6	6.9	90%
	LJC-21	102.8	194.3	0.53	0.3451	0.0261	0.0457	0.0011	0.3069	288.3	6.5	95%
	LJC-22	23.3	44.2	0.53	0.4180	0.0387	0.0515	0.0017	0.3671	323.5	10.7	90%
	LJC-23	95.3	169.0	0.56	0.3551	0.0351	0.0452	0.0012	0.2723	284.8	7.5	91%
	LJC-25	24.7	66.0	0.38	0.3988	0.0712	0.0516	0.0028	0.3073	324.6	17.4	95%
	LJC-26	259.2	352.5	0.74	0.3529	0.0258	0.0458	0.0012	0.3485	288.6	7.2	93%
	LJC-27	41.2	71.6	0.58	0.3537	0.0550	0.0462	0.0021	0.2882	290.8	12.7	94%
	LJC-28	158.1	272.1	0.58	0.4194	0.0449	0.0513	0.0012	0.2251	322.7	7.6	90%
	LJC-29	113.3	113.5	1.00	0.3956	0.0443	0.0509	0.0022	0.3851	320.3	13.5	94%
	LJC-30	74.4	103.9	0.72	0.3456	0.0284	0.0462	0.0011	0.2906	290.8	6.8	96%
	Plesovice-1	98.8	1168.6	0.52	0.3876	0.0150	0.0545	0.0007	0.3511	342.2	4.5	97%
	Plesovice-2	93.0	1099.3	0.08	0.3946	0.0140	0.0552	0.0007	0.3656	346.1	4.4	97%
	Plesovice-3	104.9	1233.1	0.09	0.3850	0.0122	0.0534	0.0007	0.4095	335.5	4.3	98%
	Plesovice-4	102.2	1197.8	0.09	0.4031	0.0128	0.0538	0.0007	0.3972	338.0	4.2	98%
	91500std-1	28.2	74.6	0.38	1.9123	0.0973	0.1798	0.0034	0.3713	1065.7	18.6	98%
	91500std-2	27.4	73.3	0.37	1.7881	0.0927	0.1786	0.0035	0.3747	1059.2	19.0	98%

续表

样品号	锆石样品	含量（μg/g）		Th/U	同位素比值					年龄		和谐度
		Th	U		$^{207}Pb/^{235}U$		$^{206}Pb/^{238}U$		rho	$^{206}Pb/^{238}U$	$^{206}Pb/^{238}U$	
		232	238		Ratio	1sigma	Ratio	1sigma		年龄（Ma）	1sigma	
LJ#C	91500std 3	26.3	72.6	0.36	1.8293	0.0932	0.1795	0.0045	0.4926	1064.5	24.6	99%
	91500std-4	27.2	74.4	0.37	1.8711	0.1090	0.1788	0.0042	0.4049	1060.4	23.1	99%
	91500std-5	26.0	72.2	0.36	1.7860	0.1104	0.1785	0.0035	0.3135	1058.6	18.9	98%
	91500std-6	26.8	72.6	0.37	1.9144	0.1009	0.1799	0.0032	0.3393	1066.3	17.6	98%
	91500std 7	26.0	73.4	0.35	1.7396	0.1140	0.1787	0.0036	0.3075	1059.9	19.7	96%
	91500std-8	26.2	72.2	0.36	1.9608	0.1050	0.1796	0.0032	0.3352	1064.9	17.6	96%
	91500std-9	26.6	71.5	0.37	1.9430	0.0872	0.1794	0.0032	0.3932	1063.8	17.3	97%
	91500std-10	26.2	72.6	0.36	1.7574	0.0833	0.1789	0.0031	0.3694	1061.1	17.1	97%

4.3　本章小结

（1）对河东煤田扒楼沟剖面分层、柳江煤田石门寨剖面和ZK–3809钻孔的目标地层进行了分层和描述。其中对扒楼沟剖面分层31层、石门寨剖面分层36层和ZK–3809钻孔分层73层。

（2）石门寨剖面和ZK–3809钻孔得出的U–Pb年龄将华北东北缘柳江煤田的本溪组对应于巴什基尔期—莫斯科期；太原组对应于卡西莫夫期—萨克马尔期；山西组对应于亚丁斯克期—空谷期；下石盒子组对应于沃德期—罗德期；上石盒子组对应于卡匹敦期—吴家坪期；孙家沟组对应于长兴期。

（3）扒楼沟剖面得出的3个U–Pb年龄，结合Wu等人（2021）在扒楼沟剖面的298.9±0.073Ma高精度测年数据。将扒楼沟剖面的本溪组对应于巴什基尔期晚期—莫斯科期中期，太原组下部对应于莫斯科晚期—阿瑟尔期。

第5章

研究区石炭—二叠纪环境变化特征

本章节以华北板块中北部扒楼沟剖面和华北板块东北缘柳江煤田的石门寨剖面ZK-3809钻孔为研究对象，利用有机碳同位素组成、干酪根显微组分、元素地球化学和黏土矿物等指示环境变化的可替代性指标参数，揭示华北板块晚石炭—二叠纪的陆地环境变化特征。

5.1 晚石炭世环境变化特征

5.1.1 沉积环境演化与海平面变化特征

通过对扒楼沟剖面和石门寨剖面本溪组及太原组露头的观察和总结（表5-1），确定了研究10种岩相，分别为粗砂岩、中粗砂岩、细砂岩、泥质粉砂岩、泥岩、根土岩、碳质泥岩、铁铝泥岩、煤和碳酸盐。岩相的基本特征包括岩性、厚度、垂向粒度变化趋势、物理和生物成因沉积构造等特征如图5-1~图5-4所示。将这10个相划分为2个相组合，每个相组合都是一个独特的、成因相关的沉积环境。这些环境是三角洲（A）和潮坪（B）。

1. 相组合A：三角洲

描述：A相组合主要包括分流河道（相A1）和分流间湾（相A2），主要发育于帕卢沟剖面太原组（P-bed 8~10）。相A1以侵蚀面为特征，厚度3~8m，中粗砂岩—细砂岩（P-bed 8）和粗砂岩—细砂岩（P-bed 10）呈向上逐渐变细，发育侧向迁移层理［图5-1（b）］、槽状交错层理［图5-1（f）］、煤迹和底部冲刷面［图5-1（b）］。相A2为厚层状、水平层理泥岩，中间为透镜状砂岩，有化石茎叶［图5-1（e）］。

解释：相A组合发育有机质丰富的灰色泥岩、具有侧向迁移层理和槽状交错层理的砂岩、植物茎叶化石以及广泛发育的碳质页岩，我们将其解释为三角洲沉积。Facies A1具有侧向迁移层理［图5-1（b）］和槽状交错层理［图5-1（f）］以及底部冲刷面［图5-1（b）］，解释为海平面下降期间分流河道沉积。相A2以碳质页岩为特征，发育叶、植物根化石，根据垂向的相模式演化关系，可解释为分流间湾。

2. 相组合B：潮坪

描述：相组合B主要包括潮上（相B1）、潮间带（相B2、B3）和潮下（相B4、B5），主要发育于扒楼沟和石门寨两个剖面的本溪组及太原组。相B1发育于扒楼沟剖面的P-bed 3、5、7、24 ~ 26和石门寨剖面S-bed 4 ~ 5、9 ~ 13、29 ~ 31，发育大量煤迹和水平层理碳质泥岩沉积，煤层底板根土岩中含有大量化石根和植物茎叶化石。相B2发育于扒楼沟剖面P-bed 6、12、26和石门寨剖面S-bed 6 ~ 7、13 ~ 14、21、32 ~ 33，主要发育双黏土层［图5-2（d）］、雨滴印痕［图5-2（b）］、生物孔洞［图5-2（c）］、砂泥互层［图5-2（e）］。相B3发育于扒楼沟剖面P-bed 5、13 ~ 15和石门寨剖面S-bed 8、20、22 ~ 23，以细砂岩、局部与薄泥岩互层、潮汐层理为特征［图5-2（f）］。

扒楼沟和石门寨剖面宾夕法尼亚地层相组合的描述和解释表　　　　表5-1

相组合	相解释	岩相	沉积构造／化石	扒楼沟剖面层位分布	石门寨剖面层位分布
A	三角洲	—	—	—	—
A1	分流河道	3 ~ 8m 中厚层状、正粒序砾石，含粗—细砂岩	侧向迁移层理［图5-1（b）］；槽状交错层理［图5-1（f）］；煤的痕迹；底部冲刷面［图5-1（b）］	P-bed 8、10	—
A2	分流间湾	厚层碳质泥岩与透镜状细砂岩互层	透镜状砂岩［图5-1（d）］；茎叶化石［图5-1（e）］	P-bed 9	
B	潮坪	—	—	—	—
B1	潮上沼泽和泥坪	厚0.2 ~ 8m 煤层和碳质泥岩，下部为根土岩	根化石［图5-2（a）］；植物茎叶化石；水平层理煤层	P-bed 3、5、7、24 ~ 26	S-bed 4 ~ 5、9 ~ 13、29 ~ 31
B2	潮间混合坪	灰白色细砂岩与灰黑色泥岩互层	双黏土层［图5-2（d）］；雨滴印痕［图5-2（b）］；生物孔洞［图5-2（c）］；砂泥互层［图5-2（e）］	P-bed 6、12、26	S-bed 6 ~ 7、13 ~ 14、21、32 ~ 33
B3	潮间沙坪	细砂岩，局部与薄泥岩互层	潮汐层理［图5-2（f）］；透镜状层理砂岩	P-bed 5、13 ~ 15	S-bed 8、20、22 ~ 23、25 ~ 26
B4	潮下泥坪	灰色、深灰色、灰黑色页岩	水平层理；菱铁矿结核［图5-4（a）、图5-4（b）］	P-bed 11、16 ~ 21、23	S-bed 15 ~ 19、27 ~ 28
		紫红色泥岩	泥岩撕裂屑	P-bed 1、4	S-bed 2 ~ 3

相组合	相解释	岩相	沉积构造/化石	扒楼沟剖面 层位分布	石门寨剖面 层位分布
B5	潮下碳酸 岩台地	0.8～1.5m厚的生物 碎屑碳酸盐岩	海百合［图5-4（d）］； 蜓类化石/非蜓类有孔虫生物扰 动结构［图5-4（f）、图5-4（g）］	P-bed 22	S-bed 24

相B4为潮下灰黑色/黑色页岩，相B5为潮下碳酸盐台地。B4相发育于扒楼沟剖面P-bed 1、4、11、16～21、23和石门寨剖面S-bed 2～3、15～19、27～28，包括含大量菱铁矿结核的水平层状页岩或水平层状页岩和含紫红色泥岩两种岩石类型。相B5发育于扒楼沟剖面P-bed 22和石门寨剖面S-bed 24，由一套生物碎屑灰岩组成，化石丰富，包括腕足类［（图5-4（e）、图5-4（g）］、贝壳类和海百合类化石［（图5-4（d）、图5-4（e）］。

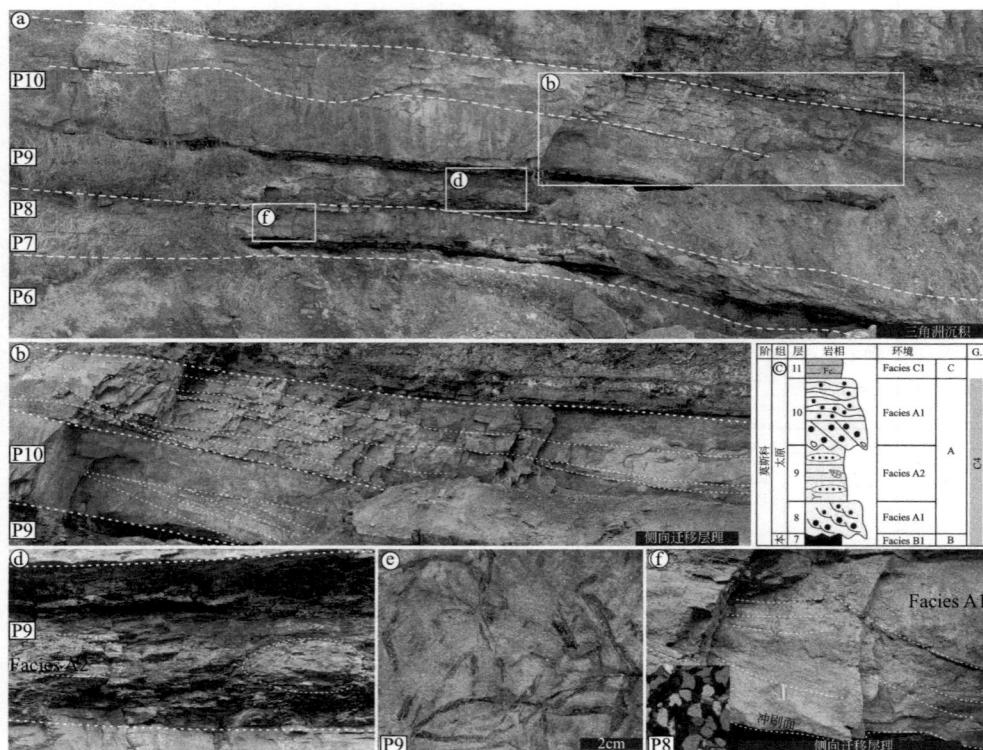

图5-1 分流河道（A1相）和分流间湾（A2相）相解释图

（a）三角洲相沉积全景图；（b）A1相侧向迁移层理，底部冲刷面；（c）Facie A 岩相柱状图；
（d）分流湾透镜状砂岩和黑色页岩；（e）叶和根茎化石；（f）分流河道底部槽状交错层理和冲刷面砂岩

解释：相组合 B 基于潮汐层理［图 5-2（f）］、陆上间歇性暴露标志：根土岩［图 5-2（a）］、雨滴印痕［图 5-2（b）］和煤层、双黏土层［图 5-2（d）］、砂—泥互层［图 5-2（e）］，以及与下伏潮下沉积的关系。根据 Tankard（1977）的潮滩系统沉积特征，我们可以将其解释为潮坪。相 B1 解释为潮上沼泽泥坪。相 B2 根据双黏土层［图 5-2（d）］和砂—泥互层［图 5-2（e）］可解释为潮间带混合坪，反映了弱水动力条件。相 B3 发育潮汐层理［图 5-2（f）］和透镜状层理砂岩，可解释为潮间带砂坪。以丰富的海相化石、碳酸盐沉积和较细的黑灰色泥岩沉积以及大量菱铁矿结核和紫红色泥岩为基础。菱铁质结核主要由菱铁矿组成，紫红色铁铝泥岩主要由赤铁矿和针铁矿组成，相 B4 适合潮下缺氧环境。相 B5 含有大量生物碎屑，可认为为潮下清洁海洋沉积环境。

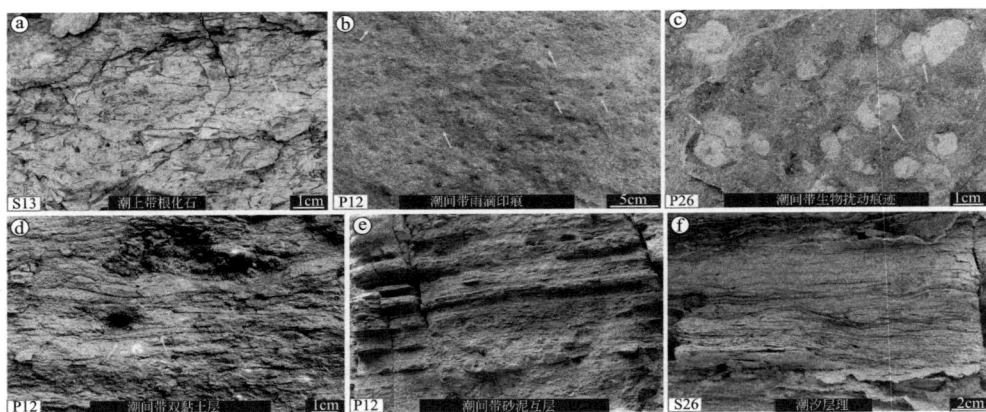

图 5-2　潮坪相沉积特征图
（a）潮上根化石；（b）潮间带雨滴印记；（c）潮间带生物扰动痕迹；（d）潮间带双黏土层；
（e）潮间带砂泥互层；（f）潮汐层理

根据以上野外露头的观察和相分析，绘制了扒楼沟剖面和石门寨剖面的垂向沉积相演化图。扒楼沟剖面晚巴什基尔期至莫斯科期的沉积环境从潮上坪变化到潮间坪和三角洲；卡西莫夫期—格舍尔期主要发育潮下坪；早阿瑟尔期主要发育潮上坪和潮间坪。因此，根据垂向上的沉积环境的演化，扒楼沟剖面在晚巴什基尔期—中莫斯科期和卡西莫夫期—格舍尔期表现出 2 次海平面上升，在莫斯科期中期和早阿瑟尔期表现出 2 次海平面下降。石门寨剖面巴什基尔期沉积环境从潮下坪变化到潮上坪；莫斯科期的早期和晚期发育潮下坪，中莫斯科期发育潮间坪；卡西莫夫期—格舍尔期主要发育潮下坪和潮间坪；阿瑟尔期早期主要发育潮上坪和潮间坪。因此根据垂向上的沉积环境的演化，石门寨剖面在早巴什基尔期、巴什基尔期早期、巴什基尔末期—莫斯科早期、卡西莫夫期—格舍尔期表现

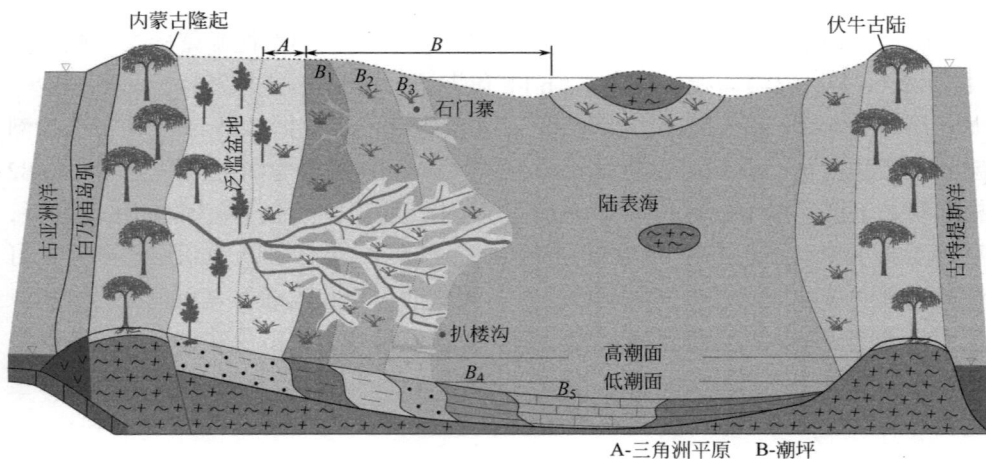

图 5-3 华北地区宾夕法尼亚期沉积模式示意图

图 5-4 潮下泥岩（相 B4）和清水碳酸盐岩（相 B5）的沉积解释图

（a）表层海相页岩（B4 相）层状菱形结核分布；（b）海相页岩；（c）清水碳酸盐岩（B5 相）灰岩露头；（d）石灰岩表面的海百合茎；（e）生物碎屑的显微特征；（f）石灰岩中䗴类化石的显微特征；（g）石灰岩中非䗴类的有孔虫化石的显微特征

出3次海平面上升，在中巴什基尔期、中莫斯科期和阿瑟尔早期表现出3次海平面下降。

扒楼沟和石门寨剖面恢复的垂向上的海平面变化如图5-5所示，华北板块宾夕法尼亚期的海平面变化表现为：巴什基尔早期上升，巴什基尔中期下降，巴什基尔末期—莫斯科早期上升，莫斯科中期下降，卡西莫夫期—格舍尔期上升，阿瑟尔早期下降。

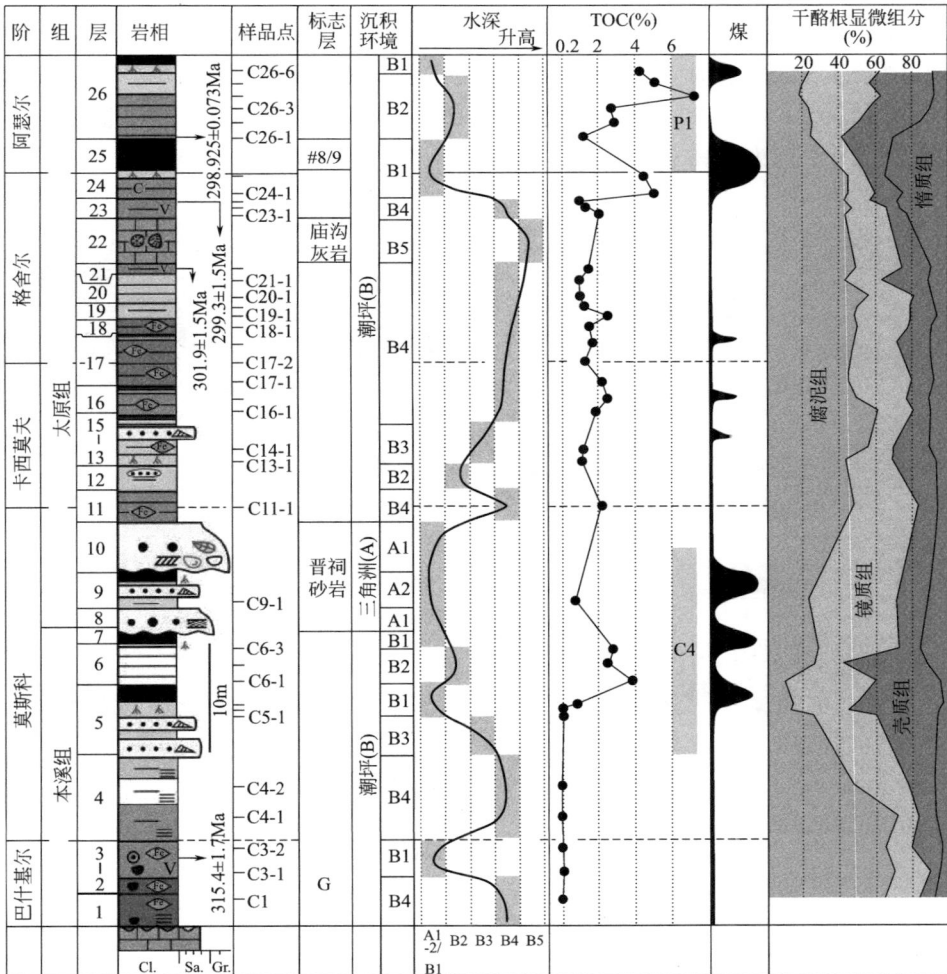

图5-5　扒楼沟剖面 TOC、沉积环境分析和海平面恢复结果图

5.1.2 干酪根显微组分及野火记录

扒楼沟剖面TOC结果见表5-2。扒楼沟剖面TOC值变化范围为0.03%～7.25%（平均为1.93%）（图5-5），垂直方向上，莫斯科中期和格舍尔晚期—阿瑟尔早期TOC值较高。石门寨剖面的TOC值在垂直方向上表现为巴什基尔早期、莫斯科晚期和阿瑟尔早期较高。

扒楼沟剖面的干酪根显微组分见表5-2，腐泥组含量变化为10%～72%（平均为41%）。如图5-5和图5-6所示，垂直上有两个高原和两个低值区。高原出现在巴什基尔晚期—莫斯科早期和卡西莫夫期—格舍尔期，低值区出现在莫斯科中期和阿瑟尔早期。惰质组含量为3%～35%（平均为12%；图5-5、图5-6）。镜质组含量为10%～50%（平均为27%；图5-5和图5-6）。壳质组含量在5%～50%变化（平均为21%；图5-5和图5-6）。

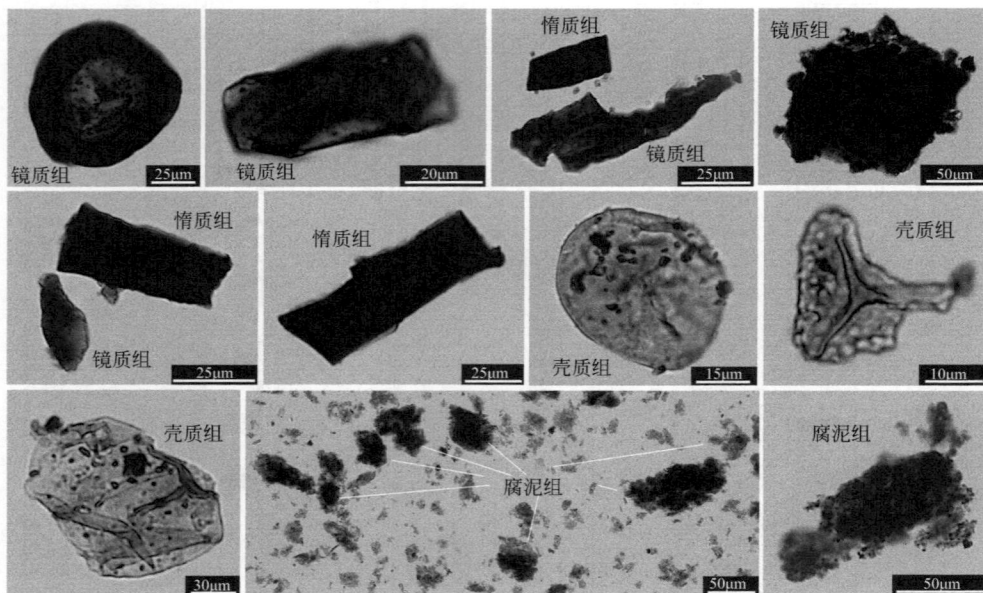

图5-6 研究区干酪根显微组分显微结构特征的显微图像

石门寨剖面的干酪根显微组分见表5-3，腐泥组含量变化在13%～91%（平均为42%；图5-6和图5-7）。如图5-7所示，垂直上有3个高原和3个低值区。高原存在于巴什基尔早期、巴什基尔晚期—莫斯科早期和卡西莫夫期—格舍尔期，低值区出现在巴什基尔中期、莫斯科中期和阿瑟尔早期。惰质组含量变化在3%～35%（平均为18%；图5-5和图5-6）。镜质组含量变化在1%～60%

（平均为23%；图5-5和图5-6）。壳质组含量变化在1%～45%（平均为16%；图5-5和图5-6）。扒楼沟和石门寨剖面腐泥组含量具有相似的垂直趋势。

5.1.3 碳循环波动

石门寨剖面晚石炭 $\delta^{13}C_{org}$ 的结果如表5-3和图5-7所示。$\delta^{13}C_{org}$ 值为 −26.4‰～−22.3‰（平均 −24.3‰）。在本溪组中，存在两个正同位素高原，一个在巴什基尔中早期，另一个在莫斯科中早期，通过负碳同位素漂移（P-CIE-1）与巴什基尔晚期相互分离。P-CIE-1有两个峰值，其中第二个峰值最大值对应于S-bed 14～

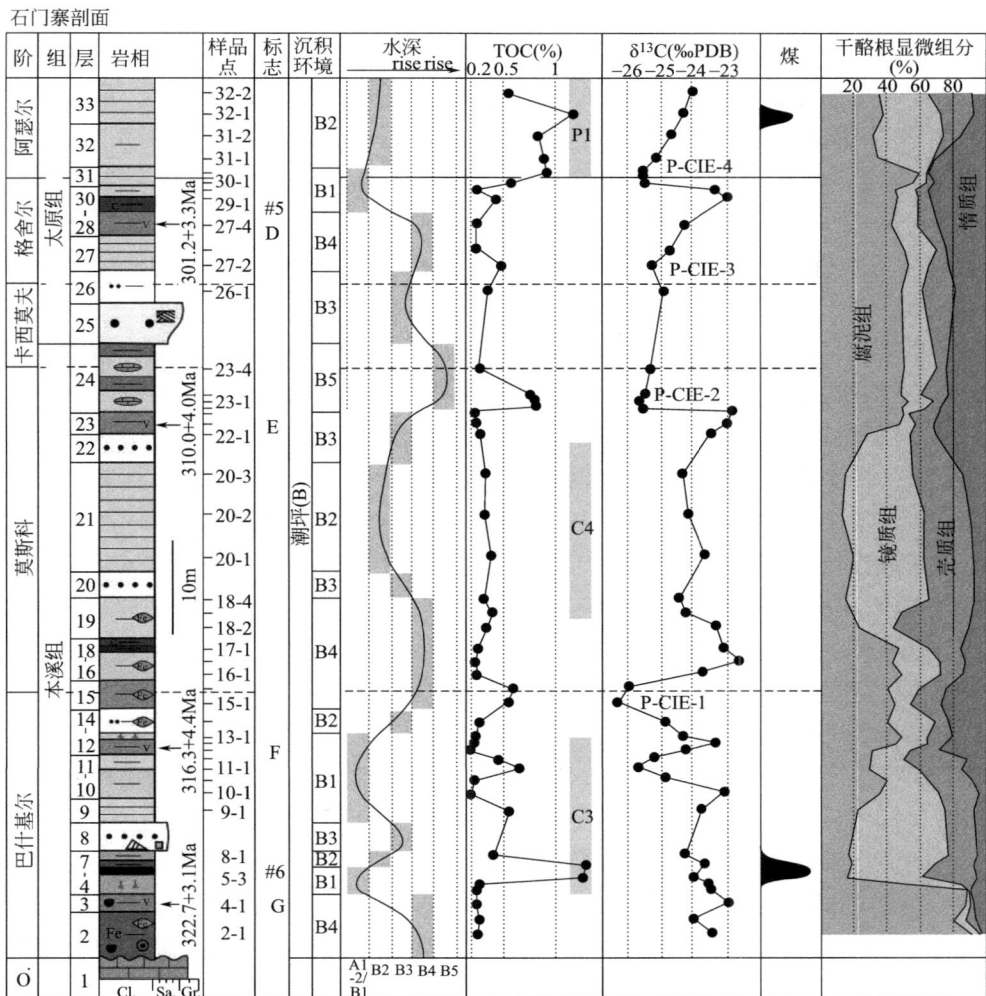

图 5-7　石门寨剖面 TOC、$\delta^{13}C_{org}$、沉积环境分析和海平面恢复结果

15。从最上部的本溪组（层24）到下部的太原组（层32），在莫斯科期到阿瑟尔期（P–CIE–2、P–CIE–3和P–CIE–4）记录了三次负碳同位素漂移。

5.1.4 讨论

1. 气候敏感沉积物对冰期间冰期旋回的响应

气候敏感沉积物可以有效地指示古气候变化。研究区晚石炭世气候敏感沉积物主要有菱铁矿结核泥岩、灰岩、凝灰质黏土、铝土矿和铁质沉积物，均反映湿热暖环境。特别是菱铁质结核的出现，从奥陶世到全新世，类似的含铁构造在世界范围内广泛发育，根据其发育深度大致可分为三种类型：（1）浅水型：靠近陆地发育，通常与鲕粒状铁矿有关，或橙红色层状构造通常与鲕状铁矿或锈状层状构造有关。（2）相对深水类型：需要冷凝或缺乏沉积物的条件。（3）深海型：这主要是由非常低的沉积速率和/或海底侵蚀，加上数千年的逐渐降水，尽管其中一些与热液喷口或冷泉有关。研究区（P–bed 1～3、16～18；S–bed 2、15～19），为层状构造，属于浅水沉积。研究区沿海环境有利于其形成。菱铁矿结核广泛分布在华北板块的巴什基尔期、卡西莫夫期和格舍尔期（图5–5），与高纬度地区间冰期有较好的时间相关性（图5–8）。因此，研究区菱形结核的发生表明该地区属于暖湿古气候。

扒楼沟剖面格舍尔期发育灰岩，石门寨剖面莫斯科晚期发育灰岩，石灰岩中的生物颗粒包括作为完整个体出现的海百合茎，这些生物组合的生长和生活环境属于水循环良好、氧气充足的浅水条件。华北板块发育的灰岩记录了海平面的大幅上升（图5–5和图5–8），灰岩也显示了温暖的环境和温暖的气候。代表火山喷发的凝灰质黏土岩也记录在巴什基尔晚期和格舍尔晚期，是温暖气候的产物。

华北板块G层铁铝质泥岩分布于奥陶系灰岩上部，与强烈的化学风化作用密切相关。一方面，它含有赤铁矿（1.3%～56.3%，平均18.7%），这种矿物使G层呈现紫红色。赤铁矿形成于氧化环境和相对温暖的浅海中。化学风化主要受地表温度、降雨pH值、水文等条件控制。湿热气候更有利于化学风化作用。因此，铁铝质泥岩一直被认为是一种气候敏感沉积物，表明气候条件炎热潮湿。综上所述，研究区发育的菱铁矿层状泥岩、灰岩、凝灰质黏土、铝土矿和铁质矿床都是温暖气候的良好记录，是间冰期气候变暖和海平面上升引起的研究区沉积记录。

研究区聚煤主要发生在巴什基尔中期、莫斯科中期、格舍尔晚期—阿瑟尔早期（图5–5和图5–8），与巴什基尔中期、莫斯科中期、阿瑟尔早期C3、C4、P1冰期海平面下降相对应。这说明研究区陆表克拉通盆地的海平面下降控制着聚煤的发生，即当海平面下降时，成煤植物广泛发育，聚煤作用发生。

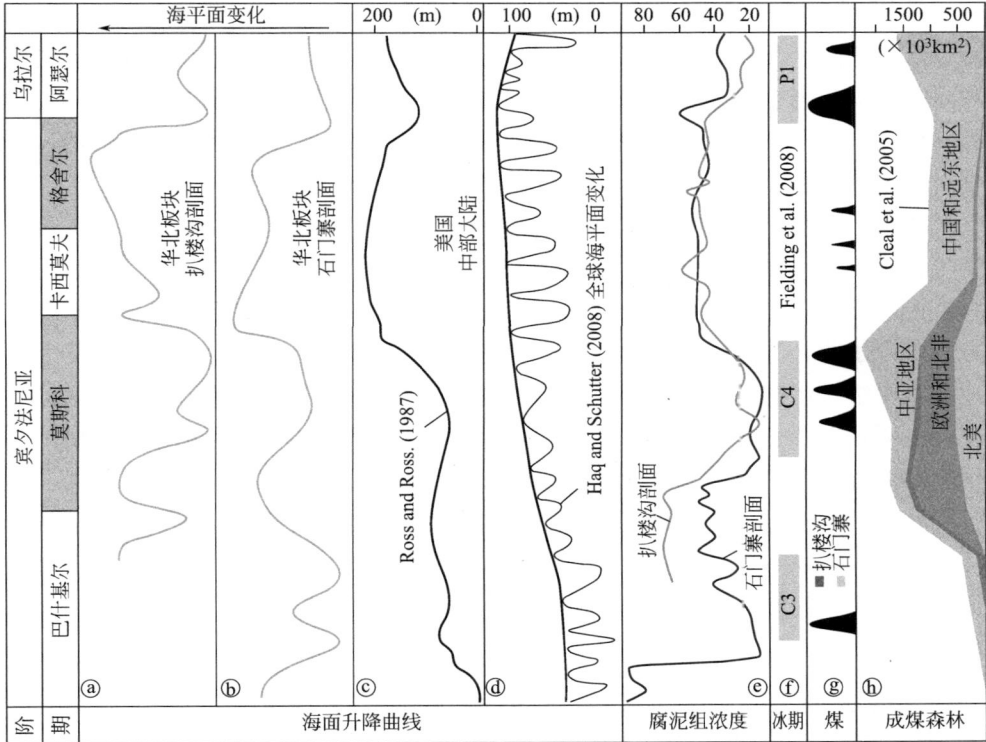

图5-8 宾夕法尼亚—早乌拉尔海平面变化曲线与全球事件对比图

（a）、（b）扒楼沟和石门寨剖面海平面变化曲线；（c）美国中大陆海平面变化；（d）全球海平面变化，来自 Haq 和 Schutter（2008）；（e）扒楼沟剖面和石门寨剖面腐泥岩含量变化；（f）来自 Fielding 等人的冰川间隔；（g）研究区聚煤作用；（h）古热带森林范围

2. 相对海平面变化与冰川旋回的联系

影响沉积盆地内相对海平面变化具有许多因素，它包括全球海平面变化、盆底沉降速率的变化、沉积物供给及物源性质、盆地所处的自然地理位置和构造背景及活动样式等。研究区恢复的海平面是冰川活动所控制的原因有三个：1）华北板块在晚石炭世是孤立的台地，并未与周围板块碰撞发生构造活动。2）晚石炭世华北板块是稳定的陆表海盆地，物源稳定，主要来自于北缘的内蒙古隆起。3）研究区通过沉积环境的垂向演化恢复的海平面变化曲线表现出的3次在巴什基尔中期，莫斯科期中期和阿瑟尔早期的海平面的下降与岗瓦纳冰川C3、C4和P1冰期有着良好的对应关系（图5-8）。

全球各地的其他剖面的海平面变化也与高纬度冰川旋回相吻合。Ross 和 Ross（1987）恢复的全球海平面曲线显示，从巴什基尔期到格舍尔期海平面上升，在巴什基尔中期和莫斯科中期分别出现两次下降，在阿瑟尔早期则突然下降。Haq

和 Schutter（2008）复原的全球海平面曲线显示，在巴什基尔晚期—格舍尔期，海平面呈逐渐上升的趋势，而在阿瑟尔期则呈下降趋势。总体而言，本研究的相对海平面变化与全球海平面变化曲线和以往研究具有良好的对应关系（图5-8）。因此巴什基尔中期、莫斯科中期和阿瑟尔早期的3次海平面下降是全球性的，分别对应了澳大利亚高纬度地区C3、C4和P1的冰川作用（图5-8）。

　　由于镜质组、壳质组和惰质组来源于高等植物，腐泥组通常来源于藻类等水生生物和细菌（SY/T 5125）。华北板块宾夕法尼亚系腐泥质含量表现为3个高原和3个低值区，高原存在于巴什基尔早期、巴什基尔晚期—莫斯科早期和卡西莫夫—格舍尔期。低值区出现在巴什基尔中期、莫斯科中期和阿瑟尔早期。华北盆地在宾夕法尼亚期是一个巨大的克拉通上的聚煤盆地，扒楼沟和石门寨剖面的腐泥组主要由藻类组成（图5-6），通常在海洋中发育。因此，研究区沉积物中记录的藻类很可能反映了海平面波动的变化。它反映了研究区3个相对海平面上升时期和3个相对海平面下降时期，与垂直沉积环境变化中恢复的海平面波动相似（图5-8）。因此，我们认为高纬度冰川的增长和消融导致了全球海平面的下降和上升，说明华北低纬度地区对高纬度冰川旋回具有较好的沉积响应。

扒楼沟剖面 TOC 和干酪根显微组分结果表　　　　　表 5-2

样品编号	TOC（%）	腐泥组（%）	镜质组（%）	壳质组（%）	惰质组（%）
BP-C26-6	4.24	24	17	29	30
BP-C26-5	5.09	45	10	9	35
BP-C26-4	7.25	45	15	15	25
BP-C26-3	2.75	43	14	15	28
BP-C26-2	2.89	47	19	7	27
BP-C26-1	1.22	43	24	10	23
BP-C24-2	4.47	49	26	16	9
BP-C24-1	5.04	43	21	25	11
BP-C23-3	1.03	56	25	11	8
BP-C23-2	1.37	50	29	14	7
BP-C23-1	2.07	48	31	15	6
BP-C21-2	1.52	50	28	13	9
BP-C21-1	1.02	48	24	18	10
BP-C20-1	1.05	46	30	15	9
BP-C19-2	1.28	45	35	12	8
BP-C19-1	2.56	49	28	12	11

续表

样品编号	TOC（%）	腐泥组（%）	镜质组（%）	壳质组（%）	惰质组（%）
BP-C18-1	1.55	61	20	9	10
BP-C17-3	1.74	56	14	20	10
BP-C17-2	1.31	43	26	24	7
BP-C17-1	2.06	48	35	11	6
BP-C16-2	2.17	23	48	18	11
BP-C16-1	1.9	28	45	11	16
BP-C14-1	1.21	26	16	46	12
BP-C13-1	1.12	10	50	35	5
BP-C11-1	2.23	14	35	48	3
BP-C9-1	0.75	13	32	50	5
BP-C6-3	2.67	25	35	31	9
BP-C6-2	2.48	48	30	14	8
BP-C6-1	3.86	72	11	10	7
BP-C5-4	0.85	65	15	17	3
BP-C5-3	0.12	70	20	5	5
BP-C5-2	0.14	65	18	9	8
BP-C4-2	0.04	24	17	29	30
BP-C4-1	0.03	45	10	9	35
BP-C3-2	0.04	45	15	15	25
BP-C3-1	0.09	43	14	15	28
BP-C1	0.05	47	19	7	27

石门寨剖面 TOC 和干酪根显微组分结果表　　　　表 5-3

样品编号	TOC（%）	腐泥组（%）	镜质组（%）	壳质组（%）	惰质组（%）	$\delta^{13}C_{org}$（‰）	Hg（ppb）	Hg/TOC（ppb/wt.%）
Sm32-2	0.52	35	30	26	9	-24.9	20.26	38.96
Sm32-1	1.21	38	34	20	8	-25.1	46.67	38.57
Sm31-2	0.76	40	29	15	16	-24.8	39.06	51.39
Sm31-1	0.89	42	23	4	31	-25.1	177	198.88
Sm30-2	0.92	60	4	1	35	-25.6	104.42	113.5
Sm30-1	0.65	55	9	5	31	-25.5	35.68	54.89

续表

样品编号	TOC（%）	腐泥组（%）	镜质组（%）	壳质组（%）	惰质组（%）	δ¹³C_org（‰）	Hg（ppb）	Hg/TOC（ppb/wt.%）
Sm29-2	0.30	45	12	8	35	−23.3	18.72	62.4
Sm29-1	0.47	46	13	8	33	−23	60.04	127.74
Sm27-4	0.25	43	16	12	29	−24.3	10.04	40.16
Sm27-3	0.23	50	20	6	24	−24.7	9.42	40.96
Sm27-2	0.52	53	12	12	23	−25.3	50.06	96.27
Sm26-1	0.43	49	12	20	19	−24.9	16.25	37.79
Sm23-4	0.30	50	20	5	25	−25.2	25.41	84.7
Sm23-1	0.81	48	12	17	23	−25.7	104.82	129.41
Sm22-3	0.21	53	15	7	25	−22.9	9.3	44.29
Sm22-2	0.21	49	14	9	28	−23	9.61	45.76
Sm22-1	0.26	50	3	18	29	−23.5	6.14	23.62
Sm20-3	0.34	48	9	11	32	−24.6	7.26	21.35
Sm20-2	0.35	28	26	15	31	−24.8	3.83	10.94
Sm20-1	0.40	15	40	30	15	−23.7	5.4	13.5
Sm18-4	0.35	13	49	28	10	−24.5	7.99	22.83
Sm18-3	0.41	20	42	30	8	−24.2	4.09	9.98
Sm18-2	0.30	15	50	27	8	−23.3	4.47	14.9
Sm17-1	0.24	19	30	42	9	−23.1	3.54	14.75
Sm16-2	0.22	23	21	45	11	−22.3	2.24	10.18
Sm16-1	0.22	47	18	19	16	−23.8	2.54	11.55
Sm15-2	0.61	43	29	15	13	−26	106.58	174.72
Sm15-1	0.56	49	23	13	15	−26.4	64.99	116.05
Sm14-1	0.27	40	19	16	25	−24.9	35.44	131.26
Sm13-1	0.20	45	9	18	28	−24.4	7.85	39.25
Sm12-2	0.31	40	29	8	23	−23.4	40.07	129.26
Sm12-1	0.20	49	15	15	21	−24.2	4.11	20.55
Sm11-2	0.46	45	19	11	25	−25.2	44.59	96.93
Sm11-1	0.66	31	23	17	29	−25.7	26.97	40.86
Sm10-2	0.21	30	20	38	12	−24.9	16.48	78.48
Sm10-1	0.20	29	30	26	15	−23.1	9.58	47.9

样品编号	TOC（%）	腐泥组（%）	镜质组（%）	壳质组（%）	惰质组（%）	$\delta^{13}C_{org}$（‰）	Hg（ppb）	Hg/TOC（ppb/wt.%）
Sm9–1	0.56	40	25	26	9	−23.7	8.19	14.63
Sm8–1	0.43	36	35	24	5	−24.4	10.96	25.49
Sm7–1	1.30	22	53	17	8	−23.7	19.92	15.32
Sm5–3	1.26	17	60	17	6	−24	14.26	11.32
Sm5–2	0.25	19	50	23	8	−23.6	3.07	12.28
Sm5–1	0.23	16	45	33	6	−23.5	7.62	33.13
Sm4–1	0.27	56	29	6	9	−23	5.01	18.56
Sm3–2	0.28	88	1	1	10	−24	6.34	22.64
Sm2–1	0.23	87	3	2	8	−23.5	7.32	31.83

5.2　石炭—二叠纪过渡期环境变化特征

5.2.1　碳循环波动

扒楼沟和石门寨剖面总有机碳和$\delta^{13}C_{org}$结果如图5–9所示。扒楼沟剖面TOC值为0.75%～7.25%（平均为2.3%），石门寨剖面TOC值为0.23%～1.21%（平均为0.54%）。两剖面TOC值均表现出卡西莫夫期—石炭二叠纪界线（CPB）呈上升趋势，卡西莫夫期—格舍尔期界线（KGB）呈较小的峰值，C-P界线呈较大的峰值，阿瑟尔期呈下降趋势（图5–9）。

扒楼沟剖面$\delta^{13}C_{org}$值变化范围为−26.3‰～−23.2‰，平均为−24.7‰（图5–9），石门寨剖面$\delta^{13}C_{org}$值变化范围为−25.6‰～−23.0‰，平均为−24.5‰（图5–9）。卡西莫夫期$\delta^{13}C_{org}$值呈下降趋势，在KGB $\delta^{13}C_{org}$值呈轻微负偏移，垂向上至CPB $\delta^{13}C_{org}$值呈正偏移趋势，CPB $\delta^{13}C_{org}$呈负偏移（图5–9）。

5.2.2　大陆风化趋势和气候变化

化学风化指数（CIA）用于指示源区大陆风化变化趋势。Th/U比值和Al_2O_3-CaO* + Na_2O-K_2O（A-CN-K图）有助于评价沉积循环作用和钾交代蚀变对CIA的影响。扒楼沟的Th/U比值为1.26～5.16（平均3.58），石门寨的Th/U比值为2.36～4.32（平均3.57），表明两个研究区母岩均未进行再循环。这与尚冠雄（1997）的解释一致，他认为沉积物主要来自内蒙古隆起。在A-CN-K图（图

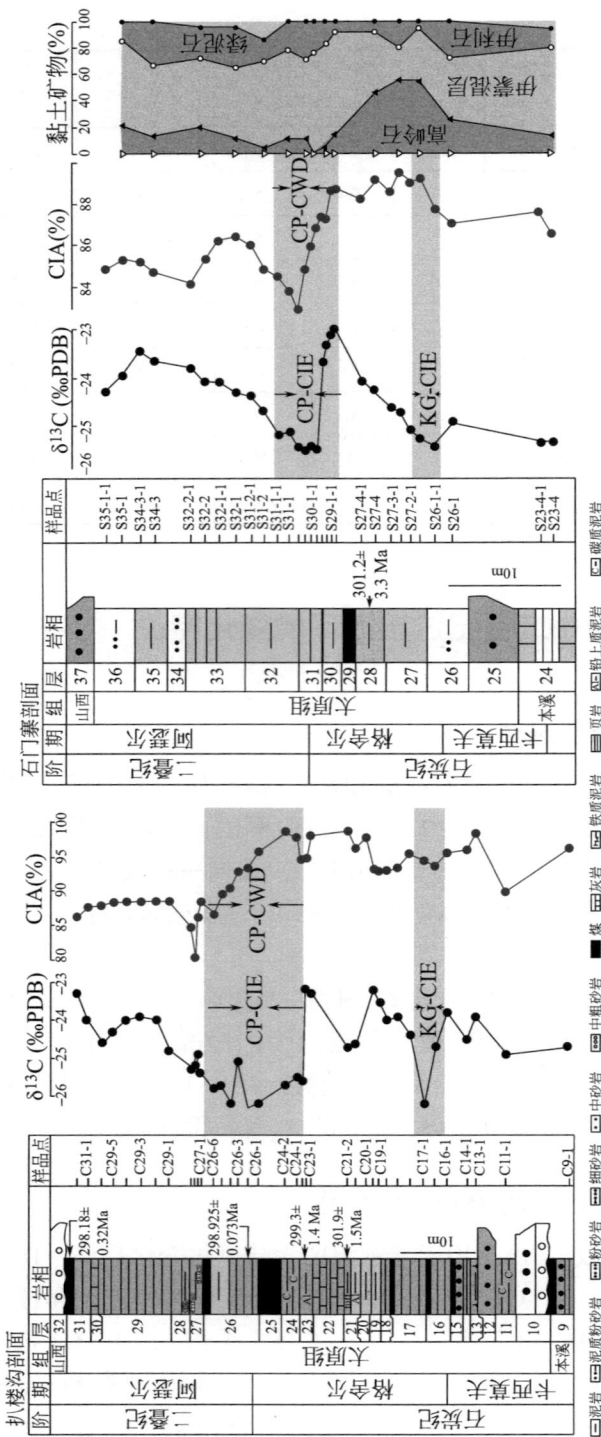

图 5—9　华北板块扒楼沟剖面和石门寨剖面 $\delta^{13}C_{org}$、CIA 和黏土矿物含量

5-10）中，CIA 值 <85 的样品分布趋势近似平行于 A–CN 边界，而 CIA 值高的样品（CIA >85）分布在 A–K 边界以下，但逐渐向 A 顶点靠拢，说明研究区样品在成岩阶段受 K 交代变化的影响较小。因此，本研究中的 CIA 值是反映源区风化趋势的可靠代理。

如图 5-9 所示，扒楼沟剖面 CIA 值变化范围为 80.4% ～ 98.7%（平均 92.1%），石门寨剖面 CIA 值为 82.9% ～ 89.5%（平均 86.6%）。纵向上看，卡西莫夫期至格舍尔期风化条件稳定且表现为强烈的化学风化，但在 C–P 过渡阶段风化条件迅速减弱。两个剖面的 CIA 值在 C–P 边界呈下降趋势，与 CP–ME、CP–VA 和 CP–CIE 相一致。

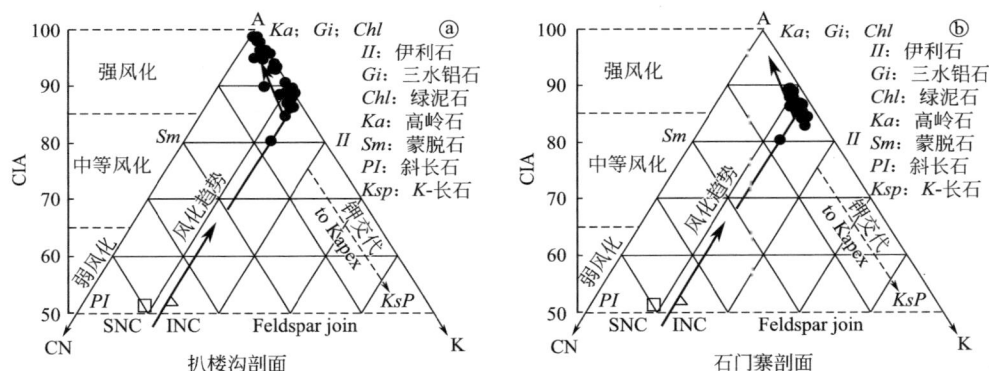

图 5-10　扒楼沟和石门寨剖面石炭二叠系界线大陆风化趋势

注：为了进行比较，显示了华北克拉通南部和内部的平均上地壳 CIA 值（根据 Cao 等人 2019 修改）。

缩写：A=Al_2O_3；CN=CaO^* + Na_2O；K=K_2O；CIA= 蚀变化学指数；INCC= 华北克拉通内部；SNCC= 华北克拉通南部。

石门寨剖面泥岩样品中黏土矿物组成主要为伊蒙混层，其次为高岭石和伊利石。高岭石含量在 0% ～ 55% 之间变化，平均 20.6%，在整个演替纵向上表现为卡西莫夫—格舍尔期增加，阿瑟尔期减少的趋势。伊蒙混层含量变化范围为 25% ～ 79%，平均 57.9%，伊利石含量变化范围为 5% ～ 33%，平均为 19.9%。

5.2.3　讨论

晚古生代冰室期，阿瑟尔期冰川增多，Isbell 等人（2003）推测格舍尔晚期—阿瑟尔期冈瓦纳北缘盆地和泛大洋边缘盆地显示了多冰川沉积证据，总面积为 17.9 ～ 22.6 × 10^6km^2。随后的研究记录了澳大利亚卡西莫夫期—格舍尔晚期石炭世间冰期，该间冰期发生在亚塞利亚 P1 冰期之前（由 Fielding 等人命名）。最新统计研究表明，阿瑟尔期全球冰川体积增加了 35%，而晚古生代冰室期 C–P

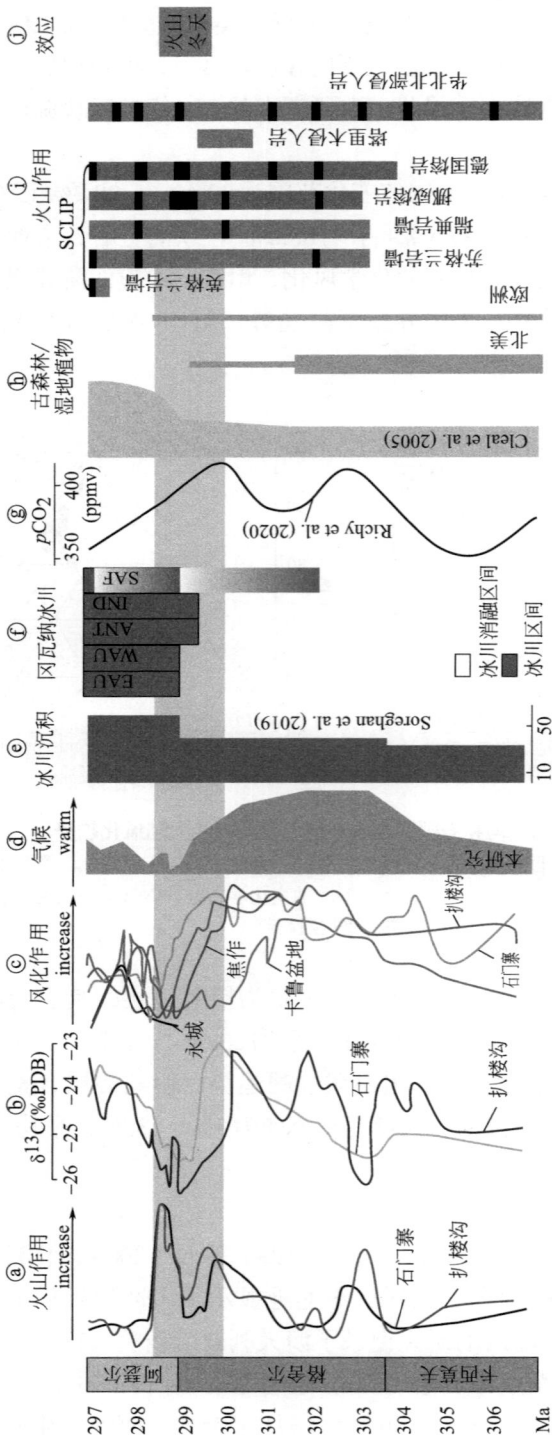

图 5-11 卡西莫夫—阿瑟尔早期全球事件的相关性图

(a) 研究区火山活动曲线；(b) 研究区 δ13C 变化；(c) 卡鲁盆地，永坡盆地和焦作煤作焦面的 CIA 趋势与扒楼沟和石门寨剖面的 CIA 趋势比较；(d) 研究区
高岭石含量反映的气候变化；(e)、(f) 冰川沉积物；(f) 冈瓦纳冰川；(g) 全球二氧化碳分压浓度；(h) 古森林变化，欧洲、北美湿地植物群落演化；(i) 火山活动分布
及其参考文献；(j) 火山—气候效应

过渡区间的冰盖体积最大。在石炭—二叠纪过渡期间，pCO_2 从500mg/L下降到200mg/L。高纬度冰盖增长和全球二氧化碳分压下降的证据表明全球气候在石炭纪到二叠纪的过渡期间变得寒冷。

石炭纪晚期至二叠纪早期（约297～307Ma），南非、华北南部鹤壁煤田和ZK-0901钻孔和华北西部边缘ZK19-5S钻孔记录了大陆风化趋势。在非洲北部，大陆风化速率从卡西莫夫期—格舍尔晚期上升，后迅速下降（约299～300Ma），在阿瑟尔期略有增加［图5-11（c）］。在华北南部地区，格舍尔晚期（约298.5～299.5Ma）出现了微弱的大陆风化作用，阿瑟尔早期（约297.5～298.5Ma）由于气候变暖，大陆风化作用增强［图5-11（c）］。在华北南部焦作煤田，C-P界线也表现出弱大陆风化速率的证据［图5-11（c）］。在研究区，晚石炭世（约300～306Ma）大陆风化速率强烈，在C-P边界处迅速下降，但在阿瑟尔早期经历了小幅上升，之后稳定在中等速率［图5-11（c）］。根据已发表的晚石炭世—早二叠世大陆风化趋势，大陆风化趋势之间可以相互关联，且具有一致性，在C-P边界处，大陆风化趋势都表现出降低的趋势［图5-11（c）］，是全球变冷的信号。锂和锶同位素数据也证实了通过C-P边界的低化学风化作用。这表明在C-P边界（约299～300Ma）发生了短期的全球气候变冷事件。

碎屑沉积物中高岭石和伊利石含量的变化可以反映一个地区古气候的演变。高岭石是在温暖潮湿的气候条件下通过化学风化形成的，而高伊利石和绿泥石可以反映干燥和寒冷的气候。研究区在C-P边界区高岭石含量的减少和伊利石含量的增加是支持该时间段古气候降温的另一条证据。

另外一些证据支持冈瓦纳和泛大洋周围冰盖的增长，大陆风化作用的减少和黏土矿物组成，进一步支持了C-P边界的全球变冷。其中包括全球海平面的显著下降，理论模型预测的大气浓度增加到25%并且二氧化碳水平低至250mg/L，以及温水底栖有孔虫分布的减少，表明阿瑟尔期气候变得更冷。此外，石炭—二叠纪过渡时期（约300Ma）是SCLIP火山喷发的高峰期，喷发频率估计是现在的3～8倍，向平流层注入大量硫酸盐气溶胶，以阻挡太阳辐射，迫使气候变冷（表5-4、表5-5）。

扒楼沟和石门寨剖面 $\delta^{13}C_{org}$、TOC、常微量元素和大陆风化趋势结果表 表5-4

样品编号	$\delta^{13}C_{org}$ （‰）	TOC （%）	微量元素（mg/L）			主量元素（%）					CIA
			Th	U	Th/U	Al_2O_3	CaO	Na_2O	Ka_2O	P_2O_5	
BP-C31-2	-23.3	1.57	14.5	3.1	4.68	20.4	3.17	0.12	2.64	0.11	86.23
BP-C31-1	-24	1.75	15.3	3.1	4.94	22.04	2.52	0.09	2.6	0.11	87.55
BP-C29-6	-24.4	1.85	16.8	3.4	4.94	22.49	2.83	0.11	2.54	0.13	87.84

续表

样品编号	δ¹³Corg（‰）	TOC（%）	微量元素（mg/L）			主量元素（%）					CIA
			Th	U	Th/U	Al₂O₃	CaO	Na₂O	Ka₂O	P₂O₅	
BP-C29-5	-24.6	1.46	16.5	3.2	5.16	21.05	2.39	0.09	2.29	0.12	88.28
BP-C29-4	-24.4	1.47	14.9	3.3	4.52	23.5	2.31	0.11	2.51	0.1	88.38
BP-C29-3	-24	2.57	15.3	3.1	4.94	22.95	2.71	0.11	2.45	0.15	88.36
BP-C29-2	-23.9	1.23	13.7	3	4.57	20.71	6.29	0.11	2.17	0.13	88.46
BP-C29-1	-24	1.17	13.2	5.7	2.32	13.69	16.17	0.11	1.31	0.07	88.48
BP-C27-4	-24.8	2.03	12.4	2.7	4.59	10.48	3.74	0.13	1.35	0.13	84.62
BP-C27-3	-25.3	3.75	9.2	2.2	4.18	10.19	2.93	0.29	1.4	0.12	80.37
BP-C27-2	-25.2	2.81	12.1	2.5	4.84	11.77	1.84	0.09	1.49	0.19	86.14
BP-C27-1	-24.9	1.18	11.9	3	3.97	14.73	0.22	0.1	1.72	0.21	88.46
BP-C26-6	-25.4	4.24	7	5.2	1.35	11.14	0.97	0.08	1.32	0.07	86.69
BP-C26-5	-25.7	5.09	9	4.3	2.09	16.96	0.13	0.09	1.8	0.16	89.59
BP-C26-4	-25.6	7.25	7.7	6.1	1.26	15.96	0.1	0.07	1.44	0.07	90.45
BP-C26-3	-26.2	2.75	14.5	3.4	4.26	17.53	0.11	0.07	1.06	0.05	92.84
BP-C26-2	-25.1	2.89	12.7	3.3	3.85	21.36	0.09	0.08	1.25	0.05	93.36
BP-C26-1	-26.3	1.22	17.9	4.9	3.65	25.56	0.08	0.07	0.97	0.06	95.64
BP-C24-2	-26.2	4.47	15.5	4.6	3.37	17.12	0.13	0.04	0.08	0.02	98.64
BP-C24-1	-25.6	5.04	18.5	10.3	1.8	29.02	0.21	0.06	0.44	0.05	97.72
BP-C23-3	-25.5	1.03	11.9	2.6	4.58	22.56	0.09	0.13	0.88	0.02	94.65
BP-C23-2	-25.6	1.37	15.7	8.1	1.94	25.11	0.59	0.21	0.64	0.04	94.8
BP-C23-1	-23.2	2.07	19.1	9.9	1.93	28.54	0.5	0.07	0.3	0.15	98.12
BP-C21-2	-23.3	1.52	12.4	7.1	1.75	34.47	0.12	0.09	0.17	0.03	98.66
BP-C21-1	-24.7	1.02	16.2	4.6	3.52	36.28	0.17	0.1	0.98	0.03	96.27
BP-C20-1	-24.5	1.05	14.1	2.8	5.04	32.84	0.12	0.07	0.46	0.03	97.85
BP-C19-2	-23.2	1.28	12.3	2.4	5.13	25.42	0.1	0.07	1.52	0.04	93.22
BP-C19-1	-23.5	2.56	8.7	2.5	3.48	24.15	0.13	0.07	1.52	0.06	92.86
BP-C18-1	-24	1.55	8.9	2.4	3.71	20.73	0.22	0.08	1.32	0.17	93.03
BP-C17-3	-23.9	1.74	11.4	3	3.8	21.98	0.2	0.07	1.31	0.15	93.43
BP-C17-2	-24.4	1.31	9.5	2.5	3.8	21.05	0.25	0.05	0.88	0.21	95.53
BP-C17-1	-26.2	4.06	7.1	2	3.55	15.67	0.17	0.06	0.7	0.1	94.47
BP-C16-2	-24.6	3.77	7.3	2.3	3.17	26.76	0.09	0.07	1.52	0.05	93.69

续表

样品编号	$\delta^{13}C_{org}$（‰）	TOC（%）	微量元素（mg/L）			主量元素（%）					CIA
			Th	U	Th/U	Al_2O_3	CaO	Na_2O	Ka_2O	P_2O_5	
BP–C16–1	−23.8	1.9	9.8	3	3.27	29.81	0.09	0.07	1.12	0.05	95.64
BP–C14–1	−24.5	1.21	8	3.6	2.22	32.33	0.11	0.07	1.01	0.05	96.11
BP–C13–1	−23.9	1.12	5.7	1.6	3.56	26.28	0.07	0.04	0.28	0.02	98.29
BP–C11–1	−24.9	2.23	7.1	2.8	2.54	22.31	0.37	0.28	1.49	0.05	89.78
BP–C9–1	−24.8	0.75	13.9	3.7	3.76	29.66	0.07	0.07	1.02	0.06	96.15
Sm35–1–1	−24.3	0.34	16.8	3.98	4.22	20.82	0.21	0.2	2.82	0.02	84.88
Sm35–1	−23.9	0.35	17.5	4.05	4.32	23.64	0.19	0.19	3.22	0.03	85.31
Sm34–2–1	−23.5	0.34	10.2	3.56	2.87	23.34	0.21	0.19	3.25	0.07	85.22
Sm34–2	−23.7	0.34	8.5	2.69	3.16	22.31	0.23	0.19	3.28	0.11	84.72
Sm32–2–1	−23.9	0.49	9.75	2.45	3.98	21.35	1.14	0.19	3.13	0.12	84.14
Sm32–2	−24.1	0.52	11.3	3.78	2.99	22.62	2.04	0.2	2.98	0.14	85.35
Sm32–1–1	−24.1	1.12	11.35	3.01	3.77	26.28	1.19	0.2	3.25	0.17	86.24
Sm32–1	−24.3	1.21	12.1	3.32	3.64	27.39	0.33	0.21	3.52	0.2	86.44
Sm31–2–1	−24.3	0.8	11.2	3	3.73	26.78	1.93	0.22	3.35	0.19	86.02
Sm31–2	−24.8	0.76	10.8	3.13	3.45	23.49	3.52	0.23	3.17	0.17	84.83
Sm31–1–1	−25.2	0.8	11.89	3.45	3.45	23.27	2.4	0.22	3.27	0.18	84.49
Sm31–1	−25.1	0.89	12.4	3.67	3.38	22.49	1.29	0.21	3.36	0.19	83.82
Sm30–2–1	−25.5	0.82	13.1	3.84	3.41	21.84	1.28	0.23	3.46	0.18	82.92
Sm30–2	−25.6	0.92	13.7	3.93	3.49	26.13	1.28	0.24	3.56	0.17	84.87
Sm30–1–1	−25.5	0.7	13.47	4.01	3.36	26.34	0.89	0.19	3.39	0.15	86
Sm30–1	−25.5	0.65	13.6	4.25	3.2	25.85	0.49	0.13	3.22	0.13	86.83
Sm29–2–1	−23.7	0.32	14.51	5.14	2.82	28.68	0.47	0.19	3.24	0.14	87.37
Sm29–2	−23.3	0.3	15.1	6.4	2.36	30.03	0.45	0.25	3.26	0.16	87.3
Sm29–1–1	−23.1	0.42	18.1	6.14	2.95	34.17	0.5	0.22	3.36	0.13	88.63
Sm29–1	−23	0.47	20.6	6.06	3.4	34.56	0.54	0.2	3.46	0.1	88.72
Sm27–4–1	−24	0.35	19.72	5.78	3.41	34.89	0.37	0.28	3.42	0.07	88.26
Sm27–4	−24.3	0.25	20.4	5.33	3.83	37.43	0.19	0.37	3.37	0.03	89.18
Sm27–3–1	−24.6	0.23	19.41	4.61	4.21	30.5	0.16	0.3	2.97	0.03	88.57
Sm27–3	−24.7	0.23	18	4.32	4.17	28.37	0.13	0.22	2.57	0.03	89.5
Sm27–2–1	−25.1	0.45	17.58	4.12	4.27	26.99	0.14	0.21	2.6	0.04	89.03

续表

样品编号	$\delta^{13}C_{org}$（‰）	TOC（%）	微量元素（mg/L）			主量元素（%）					CIA
			Th	U	Th/U	Al_2O_3	CaO	Na_2O	Ka_2O	P_2O_5	
Sm27-2	-25.3	0.52	16.9	4.56	3.71	27.62	0.14	0.2	2.63	0.05	89.25
Sm26-1-1	-25.5	0.48	17.14	4.26	4.02	27.18	0.2	0.23	2.91	0.04	87.76
Sm26-1	-24.9	0.43	17.5	4.05	4.32	28.67	0.26	0.26	3.19	0.04	87.06
Sm23-4-1	-25.4	0.32	8.56	2.3	3.72	23.37	0.2	0.29	2.43	0.07	87.62
Sm23-4	-25.3	0.3	6.21	1.79	3.47	15.12	0.13	0.32	1.67	0.1	86.57

石门寨剖面黏土矿物含量表　　　　　　　　表 5-5

样品号	高岭石（%）	伊蒙混层（%）	伊利石（%）	绿泥石（%）
Sm36-1	21	64	15	0
Sm34-3	13	54	33	0
Sm32-2	20	52	24	4
Sm32-1	11	54	31	4
Sm31-2	4	66	16	14
Sm31-1	11	67	22	0
Sm30-2	11	60	29	0
Sm30-1	0	76	24	0
Sm29-2	4	79	17	0
Sm29-1	14	79	7	0
Sm27-4	46	47	7	0
Sm27-3	55	25	20	0
Sm27-2	54	41	5	0
Sm26-1	25	47	28	0
Sm23-3	13	67	14	6

5.3　早二叠世环境变化特征

5.3.1　碳循环波动

$\delta^{13}C_{org}$ 的结果如图 5-12 和表 5-6 所示，$\delta^{13}C_{org}$ 值变化范围为 -27.0‰～ -23.1‰，平均值为 -24.7‰。结果表明，从阿瑟尔晚期—中萨克马尔开始，碳同位素呈负偏移，从−26.6‰变化到−24.2‰，偏移程度为2.4‰（C-CIE-0）；从萨克马尔晚期—亚丁斯克早期开始，碳同位素呈正偏移（平均−23.5‰）；早期亚丁斯克碳同位素呈负偏移，偏移程度为3.9‰（C-CIE-1），亚丁斯克晚期碳同位素负偏移，偏移程度为1.9‰（C-CIE-2）。

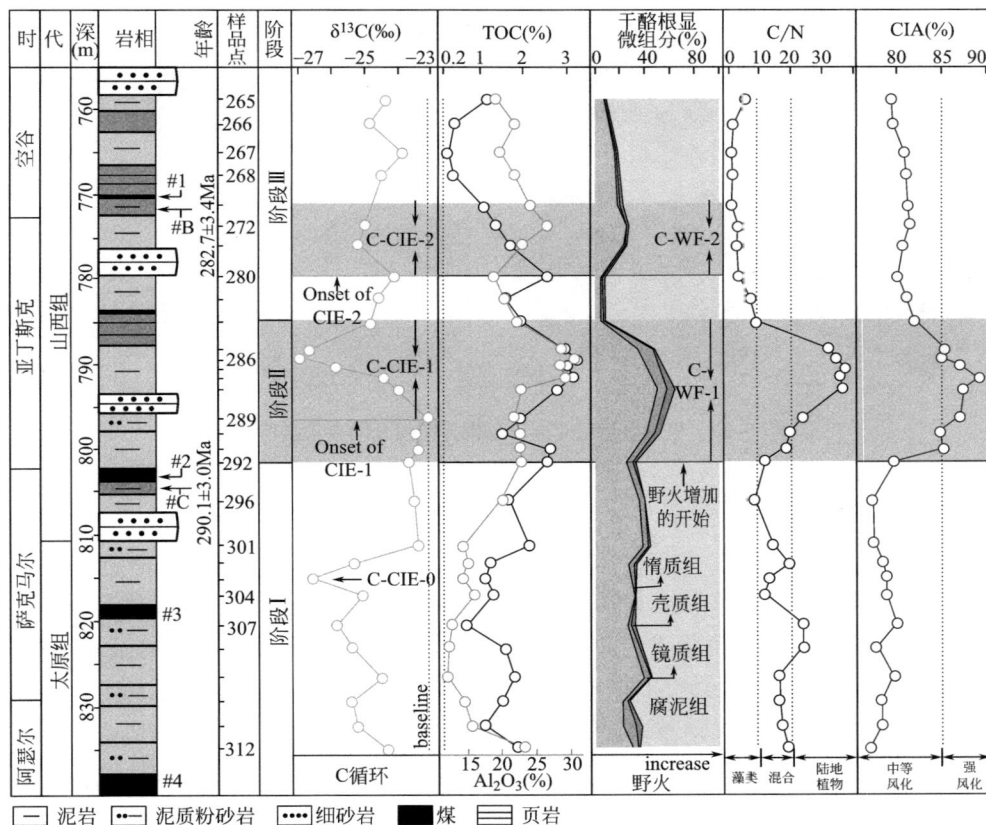

图5-12 早二叠世 ZK-3809 钻孔 $\delta^{13}C_{org}$、TOC、干酪根显微组分浓度、C/N、大陆风化趋势和干酪根显微组分结果

5.3.2 干酪根显微组分和野火记录

从图5-12、图5-13和表5-7可以看出，早二叠干酪根显微组分主要包括腐泥组和惰质组，其次是镜质组。腐泥质含量在显微组分含量的36.4% ～ 95.6%之间变化（平均65.5%）。惰质组含量为2.4% ～ 48.2%（平均27.1%），在亚丁斯克期浓度明显达到峰值，在亚丁斯克中期保持较高浓度。镜质组含量在0.5% ～ 11.2%之间（平均4.6%）。壳质组含量在0% ～ 7.4%之间（平均2.8%），主要包括孢子体和木栓质体。惰质组（木炭）被认为是不完全燃烧的产物，在野火后的泥炭中很常见。本研究中惰质组含量的峰值分别记录了亚丁斯克早期和晚期两个增强野火时期（C-WF-1和C-WF-2）。

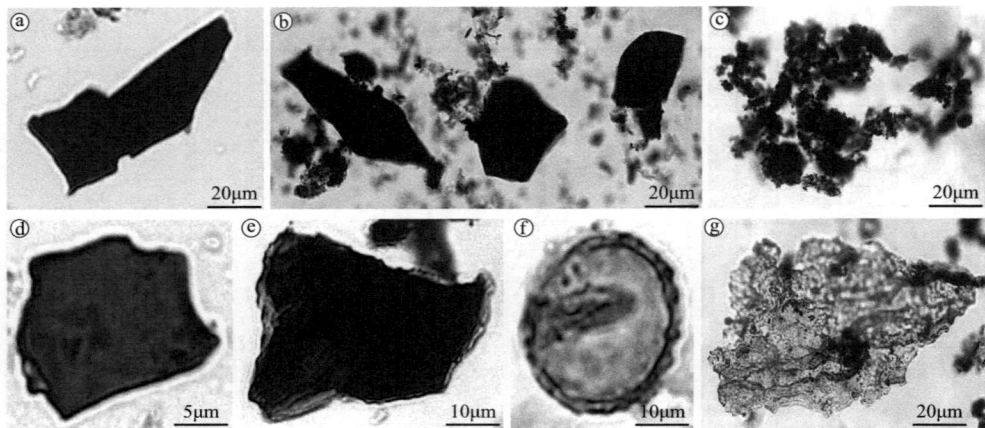

图5-13 早二叠世研究区干酪根显微组分的微观结构特征

（a）、（b）惰质组（透射光，样品LJ286和LJ288）；（c）腐泥组（透射光，样品LJ265）；（d）、（e）镜质组（透射光，样品LJ265和LJ282）；（f）孢子体（透射光，样品LJ301）；（g）壳质组（透射光，样品LJ290）

研究区惰质组全部由丝质体（炭质）组成，丝质体不透明，纯黑色，不反射荧光。其形状多为长而薄或碎片状，边缘规则，表明其未经历明显的搬运作用。U/Th比值在0.18～0.29之间变化（表5-6），且比值<0.75被认为在垂向上存在相同程度的氧化。研究区物源为内蒙古北部隆起，由前寒武纪侵蚀岩组成。考虑到当时地球上还没有植物存在，因此不可能从物源岩性中运输到研究区。因此，我们认为研究区惰质组没有经过改造。丝质体被认为是不完全燃烧的产物，有人认为野火后的泥炭残骸中常见的是丝质体碎片。我们认为在沉积时期，丝质体是研究区野火的可靠代用物。

5.3.3 有机质类型变化

ZK-3809钻孔早二叠世主、微量元素测定结果以及计算出的碳氮比（C/N）如图5-12和表5-6、表5-7所示。总有机碳（TOC）值变化范围为0.26%～3.20%（平均1.74%），在阿瑟尔晚期至亚丁斯克早期，TOC值从1.03%上升至3.20%，在亚丁斯克晚期至空谷早期，TOC值从3.20%下降至0.5%。

C/N比值变化范围为1.51～37.50（平均15.86），在纵向上，在阿瑟尔晚期—萨克马尔期（I阶段），C/N比值在10～20（平均17.26）之间逐渐下降，在亚丁斯克早期（II阶段），C/N比值处于峰值阶段（平均27.40），在亚丁斯克晚期—空谷早期（III阶段），C/N比值处于稳定的低值阶段（平均3.92）。利用C/N比值评价沉积物有机质来源。高碳氮值（C/N>20）表明有机质OM来自陆生植物，低碳氮值（C/N<10）表明OM来自湖中藻类，中等值表明沉积OM为混合来源。因此，第I阶段代表陆源和湖泊源OM混合的时期，第II阶段OM来自陆源植物，第III阶段OM来自湖泊藻类。

5.3.4　大陆风化趋势

用蚀变化学指数（CIA）表征源区风化变化趋势。CIA的概念、应用和计算公式遵循文献。由主要元素数据计算的化学蚀变指数（CIA）值如图5-12所示。利用Th/U比值和Al_2O_3-CaO* + Na_2O-K_2O（A-CN-K）图评价了沉积循环作用和钾交代作用改变对CIA的影响。Th/U比值在3.47～5.43之间变化，说明研究区沉积物母岩未被循环。这与尚冠雄（1997）认为研究区沉积物主要来源于内蒙古隆起的观点一致。在A-CN-K图（图5-14）中，CIA值<85的样品分布趋势与A-CN边界近似平行，而CIA值高的样品（CIA>85）分布与A-K边界亚平行，但逐渐向A顶点靠拢，说明研究区样品在成岩阶段受钾交代蚀变的影响较小。因此，在本研究中CIA值是反映源区风化趋势的可靠代理。

如图5-12所示，CIA值变化范围为77.5%～89.5%（平均81.5%），表明源区风化条件为中—强风化。纵向上，阿瑟尔晚期至萨克马尔期和亚丁斯克晚期至空谷期分别为稳定和中等风化条件，但在亚丁斯克早期出现了一段强烈的风化期，CIA值为82.1%～89.5%（平均86.2%）。

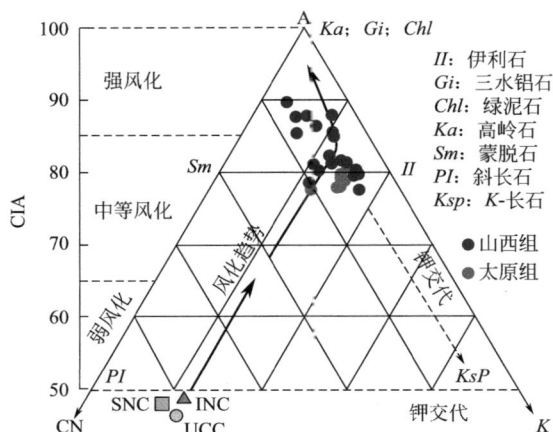

图5-14　早二叠世 ZK-3809 钻孔 A-CN-K 图

注：为了进行比较，显示了华北克拉通南部和内部的平均上地壳CIA值（根据Cao等人2019修改）。缩写：A=Al_2O_3；CN=CaO* + Na_2O；K=K_2O；CIA= 蚀变化学指数；INCC= 华北克拉通内部；SNCC= 华北克拉通南部。

5.3.5　讨论

研究区亚丁斯克期冰川消蚀（AD）主要表现为C同位素负偏移、Hg旋回异常、大陆风化增强和海平面上升（图5-15）。$\delta^{13}C_{org}$ 曲线在研究区间内表现为3次负偏移，阿瑟尔晚期—萨克马尔中期，偏移程度为2.4‰（C–CIE–0），亚丁斯克早期偏移最大，为3.9‰（C–CIE–1）；亚丁斯克晚期偏移最小，为1.9‰（C–CIE–2）。此外，在阿瑟尔—萨克马尔边界周围观察到$\delta^{13}C_{carb}$的双峰负偏移，并被认为是阿瑟尔—萨克马尔期界线的潜在化学地层标志。研究区$\delta^{13}C_{org}$值在阿瑟尔—萨克马尔界线呈负偏移，在萨克马尔中期呈负偏移（C–CIE–0，偏移2.4‰）。

在亚丁斯克早期（C–CIE–1），研究区$\delta^{13}C_{org}$值先增大后减小，负偏移约为3.9‰。类似的化学地层模式出现在乌拉尔的Midland盆地、东澳大利亚、禹州和淮南煤田（华北板块）、溪口剖面（中国中部）、Rockland剖面和Orogrande盆地（美国）。$\delta^{13}C_{org}$与$\delta^{13}C_{carb}$记录之间存在较好的相关性，因亚丁斯克的$\delta^{13}C_{org}$模式可能代表了与AD同步的全球趋势。在研究区，$\delta^{13}C_{org}$在亚丁斯克晚期呈现负偏移（C–CIE–2，–1.9‰），出现在乌拉尔Midland盆地、东澳大利亚剖面。然而，到目前为止其他地方还没有注意到这一特性。

在AD期间，大陆风化增强与C–CIE–1同步，研究区的CIA值也表现出增加的趋势。在冈瓦纳，亚丁斯克早期在澳大利亚东部的冰川消退事件具有精确的约束。CIA值表明，在亚丁斯克早期发生了强烈的风化作用。根据锆石定年，永城盆地（华北）、Satpura盆地（印度）、Karoo盆地（南非）和Paraná盆地（南美）的亚丁斯克早期沉积层序也出现了同样的风化增强。最新的研究发现，来自亚丁斯克早期的CIA曲线也显示出增强的趋势，尽管缺少一些数据（东澳大利亚），但锶和锂同位素的结果也证实了亚丁斯克早期全球大陆风化增强。因此，亚丁斯克早期大陆风化作用的增加似乎是一个全球性信号。

除了全球$\delta^{13}C_{org}$偏移和全球大陆风化趋势外，研究区AD还伴随着环境变化，包括OM类型从混合来源转变为陆生植物为主，共同表明海平面上升。此前华北板块层序地层研究发现海平面在这一时期上升。悉尼盆地的海相序列证明海平面上升了30m，表明这是一次全球性海侵，是AD的标志。

早二叠世 ZK–3809 钻孔 $\delta^{13}C_{org}$、TOC、C/N、常微量元素和大陆风化趋势结果表　表 5–6

样品编号	$\delta^{13}C_{org}$（‰）	TOC（%）	C/N	微量元素（mg/L）			主量元素（%）					CIA
				Th	U	Th/U	Al_2O_3	CaO	Na_2O	Ka_2O	P_2O_5	
265	−24.4	1.16	5.8	14.1	3.1	4.56	19.32	0.19	0.56	3.62	0.08	79.5
266	−24.9	0.33	1.85	4.4	1.1	3.91	22.11	0.32	0.65	4.25	0.26	79.7
267	−23.9	0.26	1.51	3.3	0.9	3.86	19.75	0.26	0.6	3.63	0.22	80.2
268	−24.5	0.37	1.87	14	3.2	4.38	21.96	0.22	0.58	3.57	0.07	81.3
271	−24.9	1.02	1.6	23.4	4.6	5.13	24.21	0.29	0.65	3.83	0.08	81.4

续表

样品编号	$\delta^{13}C_{org}$ （‰）	TOC （%）	C/N	微量元素（mg/L）			主量元素（%）					CIA
				Th	U	Th/U	Al_2O_3	CaO	Na_2O	Ka_2O	P_2O_5	
272	−25	1.45	3.62	27.6	5.1	5.43	26.66	0.35	0.72	4.09	0.1	81.5
273	−25.2	1.65	3.17	24.6	4.7	5.28	23	0.47	0.8	3.34	0.17	81.1
280	−24.1	2.54	3.97	18.2	4.1	4.42	18.87	0.58	0.88	2.58	0.25	80
281	−24.6	1.57	7.48	21.3	4.6	4.65	20.42	0.64	1.02	2.5	0.31	80.9
282	−24.9	2	8.33	22.1	4.3	5.09	22.12	0.88	1.15	1.82	0.27	82.1
285	−26.8	2.8	32.56	22.5	5.1	4.39	28.9	0.12	1.2	2.61	0.17	86.2
286	−27	3.2	33.33	23.1	6.1	3.77	30.72	0.13	1.72	2.24	0.06	85.2
286−1	−25.9	3	37.5	25	6.4	3.89	28.65	0.14	1.35	1.62	0.05	87.5
288	−24.4	3.07	34.11	26.8	6.7	4	29.35	0.14	1.33	1	0.04	89.5
288−1	−24	2.84	35.5	23.9	5.5	4.38	22.86	0.11	0.87	1.58	0.05	87.6
289	−23.1	1.89	23.63	21	4.2	4.99	21.79	0.08	0.4	2.16	0.05	87.8
290	−23.5	1.48	19.73	25.1	5.3	4.7	22.74	0.18	0.64	2.75	0.12	84.8
291	−23.4	2.59	18.5	23.9	5.5	4.32	22.73	0.2	0.61	2.62	0.14	85.4
292	−23.7	2.53	11.81	27.2	6	4.51	22.91	0.29	0.88	4.1	0.14	78.9
296	−23.6	1.61	8.47	15.1	3.7	4.05	19.9	0.18	0.59	4.19	0.03	77.6
301	−23.3	2.12	14.13	12.4	3.2	3.84	14.28	4.05	0.38	2.64	0.14	77.7
302	−25.2	1.17	19.5	11.9	2.8	4.19	15.08	3.63	0.36	2.64	0.16	78.9
303	−26.6	1.05	13.13	11.6	2.8	4.2	14.18	4.85	0.31	2.56	0.18	78.9
304	−25.1	1.26	11.45	14.2	3.3	4.34	15.98	3.28	0.35	2.92	0.15	78.7
307	−25.9	1.66	23.67	10.3	2.5	4.06	12.63	4.31	0.22	2.16	0.19	80.5
308	−25.3	1.54	30.8	10	2.6	3.83	12.1	6.65	0.35	2.14	0.17	77.7
309	−24.5	1.79	16.27	9.9	2.9	3.47	11.94	4.63	0.27	2	0.18	79.6
310	−25.3	1.47	16.33	12.3	2.8	4.35	14.38	4.96	0.36	2.65	0.19	78.1
311	−25.1	1.03	17.17	12.1	2.9	4.17	15.62	4.86	0.35	2.86	0.17	78.6
312	−24.2	1.86	18.98	22.4	5.9	3.82	23.29	0.9	1.08	3.39	0.14	77.5

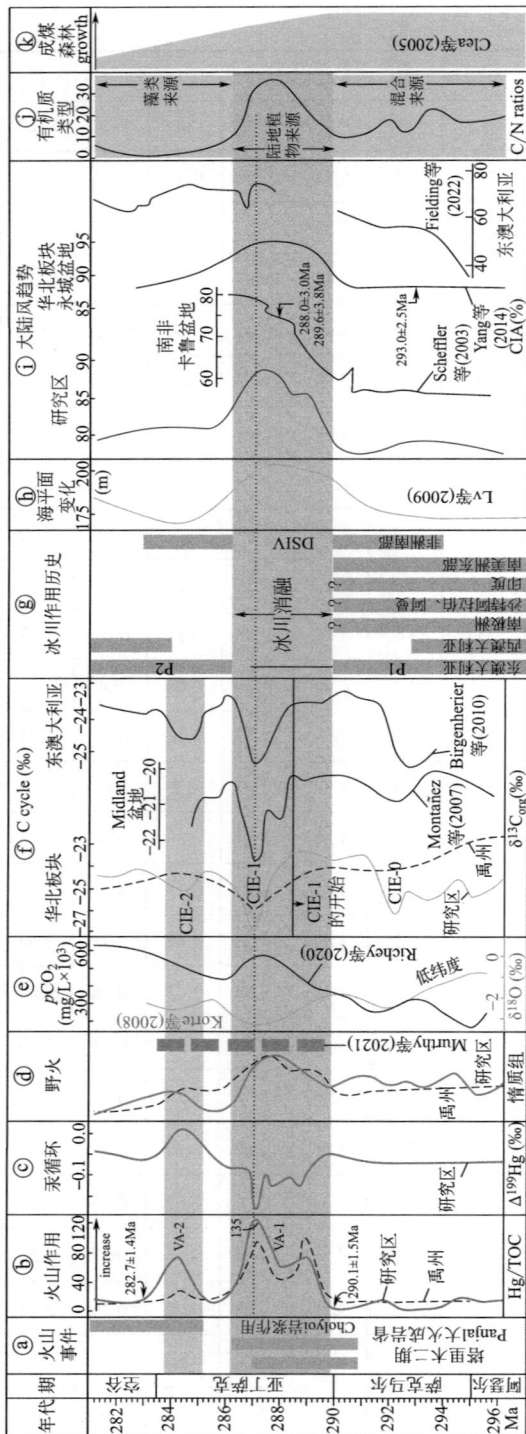

图 5-15　萨克马尔—亚丁斯克期全球事件的相关性图

(a) 研究区火山活动、Panjal 火山活动与 Tarim-Ⅱ 火山活动曲线与 Tarim-Ⅱ 火山活动、Panjal 火山活动、羌塘侵入体和曲约岩浆活动; (b)、(c) 研究区火山活动记录、Hg 循环和研究区野火;
(d) 全球二氧化碳分压和 δ18O; (e) 大气二氧化碳分压; (f) δ13C 对比与柳江煤田 (ZK-3809) 对比; (g) 冰川沉积; (h) 海平面变化;
(i) CIA 趋势与柳江煤田进行对比; (j) 研究区 OM 类型; (k) 成煤森林面积

早二叠世 ZK-3809 钻孔干酪根显微组分结果 表 5-7

样品编号	腐泥组（%）	镜质组（%）	壳质组（%）	惰质组（%）
265	91.8	0	0.5	7.7
266	87.2	1	1.2	10.6
267	79.1	3.1	2.3	15.6
268	76.2	3	2.6	18.2
271	75.8	2.5	2.7	19
272	70.9	1.5	2.3	25.3
273	73.2	1.6	1.8	23.4
280	95.2	1.2	1.2	2.4
281	95.6	1.2	0.6	2.6
282	94.3	1.8	1.4	2.4
285	49.4	5.1	11.2	34.2
286	46.4	4.7	10.8	38
286-1	40.7	5.6	11.2	42.5
288	42.4	7.4	6	44.2
288-1	36.4	6.4	9	48.2
289	43.7	5	6.2	45.1
290	47.1	4.1	7.6	41.2
291	56	4.9	5.6	33.6
292	65	3.9	5.6	25.5
296	61	0.3	4.5	34.2
301	56.3	1.3	5.4	37
302	66.4	2.2	4.3	27.2
303	66.1	1.6	3.2	29.2
304	66.3	0.3	0.6	32.8
307	67.9	3	2.8	26.3
308	61.1	2.3	4.6	32
309	54.7	0.5	5.9	38.9
310	72.8	1.5	3.7	22.1
311	62.4	5.7	9.7	22.2
312	63.5	1.9	3.5	31.1

5.4 中二叠世环境变化特征

5.4.1 碳循环波动和野火记录

中二叠世 ZK-3809 的 TOC 和干酪根显微组分的结果见表 5–8 和图 5–16。TOC 数值变化在 0.44% ~ 1.56%（平均为 0.91%），除了在沃德期晚期表现出一个峰值，在沃德期—罗德期表现出整体低的稳定的趋势。之后在卡匹敦期呈现波动式上升的趋势，在吴家坪期呈波动式下降的趋势。

中二叠 ZK-3809 钻孔 $\delta^{13}C_{org}$、TOC 和干酪根显微组分结果表　　表 5–8

样品编号	$\delta^{13}C_{org}$（‰）	TOC（%）	腐泥组（%）	镜质组（%）	壳质组（%）	惰质组（%）
115	−24.4	0.72	19.0	22.4	34.0	24.6
124	−24.3	1.25	52.4	8.3	12.6	26.7
132	−24.0	1.06	59.9	2.5	19.5	18.1
144	−23.7	0.97	53.7	12.2	7.5	26.6
153	−23.7	1.12	55.0	7.0	23.1	14.9
168	−27.0	1.56	19.1	11.6	4.8	64.5
169	−26.0	1.50	14.8	9.7	18.6	56.9
170	−25.2	1.23	19.1	7.3	4.4	69.2
171	−23.5	0.98	19.6	3.5	6.0	70.9
176	−24.9	0.93	20.9	4.6	15.3	59.2
185	−25.0	1.19	70.4	7.8	4.5	17.3
186	−25.1	1.13	68.5	8.4	6.8	16.3
198	−25.5	0.72	64.6	6.5	4.1	24.8
199	−26.0	0.48	43.1	11.6	11.1	34.2
208	−26.5	1.41	5.5	43.8	8.2	42.4
209	−26.4	1.26	5.1	25.5	9.4	60.0
210	−26.0	0.89	15.9	12.4	7.7	64.0
211	−25.9	0.60	18.0	12.7	9.9	59.5
219	−25.3	0.57	59.5	5.5	12.2	22.9
220	−25.8	0.68	45.1	10.6	28.7	15.7
221	−25.5	0.57	32.8	11.6	33.2	22.4
222	−25.1	0.54	45.5	15.4	20.9	18.2
230	−24.0	0.98	75.4	6.7	7.5	10.4
231	−23.7	0.79	82.2	4.2	6.0	7.6

续表

样品编号	$\delta^{13}C_{org}$（‰）	TOC（%）	腐泥组（%）	镜质组（%）	壳质组（%）	惰质组（%）
232	−24.3	0.93	85.9	1.0	12.6	0.5
233	−24.0	0.72	68.9	11.1	13.4	6.6
234	−25.2	0.83	65.2	9.8	8.9	16.1
235	−25.2	0.46	71.2	6.3	9.8	12.7
236	−25.5	0.44	77.7	2.6	11.2	8.6
237	−24.0	0.87	75.2	6.3	6.5	12.0
238	−23.5	0.96	76.1	3.9	1.6	18.4
252	−22.8	0.67	78.3	3.5	6.3	11.9
253	−22.6	0.94	77.7	4.9	6.3	11.1

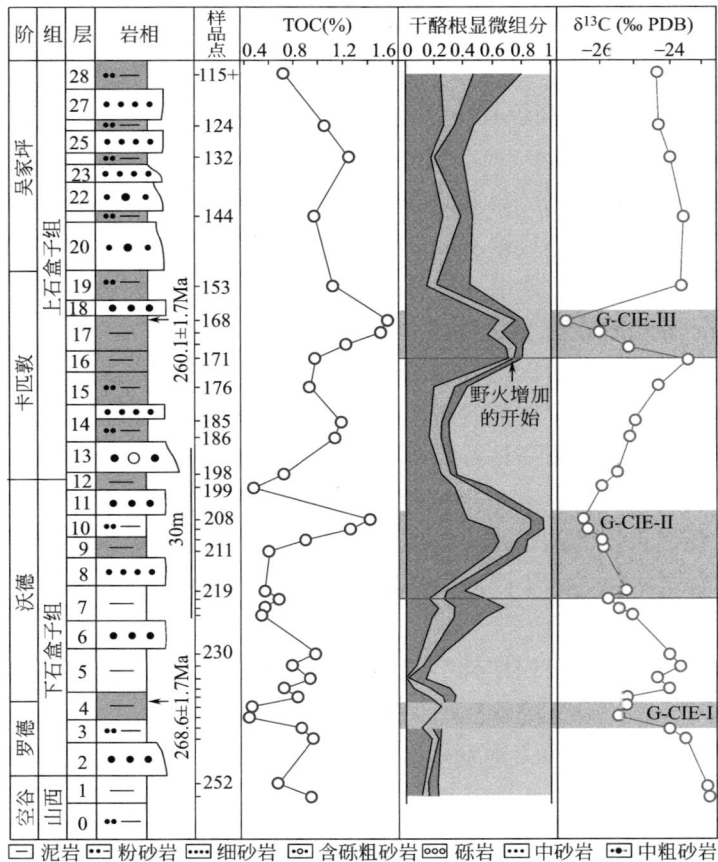

图5-16　中二叠世 ZK-3809 钻孔 TOC（TOC 所有数值 >0.2%，临界值来源于 Grasby 等人 2017）、干酪根显微组分和 $\delta^{13}C_{org}$ 结果

$\delta^{13}C_{org}$ 数值从 –27.0‰ 变化到 –22.6‰，平均值为 –24.6‰；如图 5–16 所示，垂向上表现出缓慢的负偏移至罗德期晚期的 –25.5‰（G–CIE–1），沃德期早期快速正偏移。沃德期中晚期波动式负偏移至 –26.5‰，并且在沃德期晚期表现出 2.8‰ 的负偏移（G–CIE–2）。卡匹敦早期—中晚期表现出持续的正偏移，在卡匹敦晚期表现出 3.5‰ 的负偏移（G–CIE–3），并在吴家坪期表现出稳定的正偏移。

干酪根显微组分中的惰质组含量从 0.5% 变化到 70.9%，平均值为 26.8%，惰质组含量在罗德期表现出小幅度的升高，沃德期和卡匹敦中晚期表现出巨大的上升，3 次惰质组升高的峰值分别对应于 $\delta^{13}C_{org}$ 的 3 次负偏移。镜质组的含量从 1.0% 变化到 43.8%，平均值为 9.7%；壳质组的含量从 1.6% 变化到 34.0%，平均值为 11.9%；腐泥组的含量从 5.1% 变化到 85.9%，平均为 49.7%。

5.4.2　讨论

研究区根据生物地层将下石盒子组对应于罗德期和沃德期，上石盒子组对应于卡匹敦期和吴家坪期。结合本书在下石盒子中部和上石盒子中部获得的锆石 U–Pb 年龄 268.6 ± 1.7Ma 和 261.2 ± 1.7Ma 分别为罗德期—沃德期、卡匹敦期—吴家坪期的界线。所以本次定年较好的在生物地层研究的基础上限定了国际阶的位置。这将便于我们将研究区与瓜德鲁普灭绝研究较好的华北山西剖面、华南等剖面建立时间上的联系。并且地质历史时期的重大事件伴随着全球碳循环的剧烈波动并以有机和无机碳同位素组成的形式记录在沉积地层中，这为全球地球化学地层对比提供了有效的方法（图 5–17）。

研究区在罗德晚期、沃德晚期和卡匹敦晚期分别表现出 2.9‰、2.8‰ 和 3.5‰ 的负偏移，并且卡匹敦早中期表现出碳同位素的正偏移。研究区表现出的 3 次负偏移和卡匹敦早中期正偏移与特提斯周围的海相和陆相剖面表现出的有机和无机碳同位素波动模式类似，并且卡匹敦早中期碳同位素的高原与 Kumura 变冷事件较好对应。我们得出的结论是，研究区的 $\delta^{13}C_{org}$ 波动模式支持研究区基于生物地层，结合锆石定年建立的年代地层格架，并显示了在特提斯周围海相和陆相地层有着相同的同位素信号的记录，并可以确信将它们进行对比。

华北山西省的陆相沉积序列中记录了 2 次中二叠世的植物更替。第一次出现在下石盒子组，以约 45% 的物种消失为标志，它是区别于卡匹敦期灭绝的罗德期阶内的一次灭绝。第二次灭绝发生在上石盒子组中部（瓜德鲁普末期灭绝），植物种类消失了 56%，并将此次灭绝与峨眉山火山活动联系在一起。早—中二叠世 *dinocephalians* 是全球占优势的四足动物，Lucas（2009）在南非卡鲁盆地的研究发现这个群体在晚罗德期—沃德晚期遭到了彻底的灭绝。这次灭绝事件的开始与华北第一次罗德期内的植物灭绝有密切的联系，这可能反映了由于植物的灭绝导

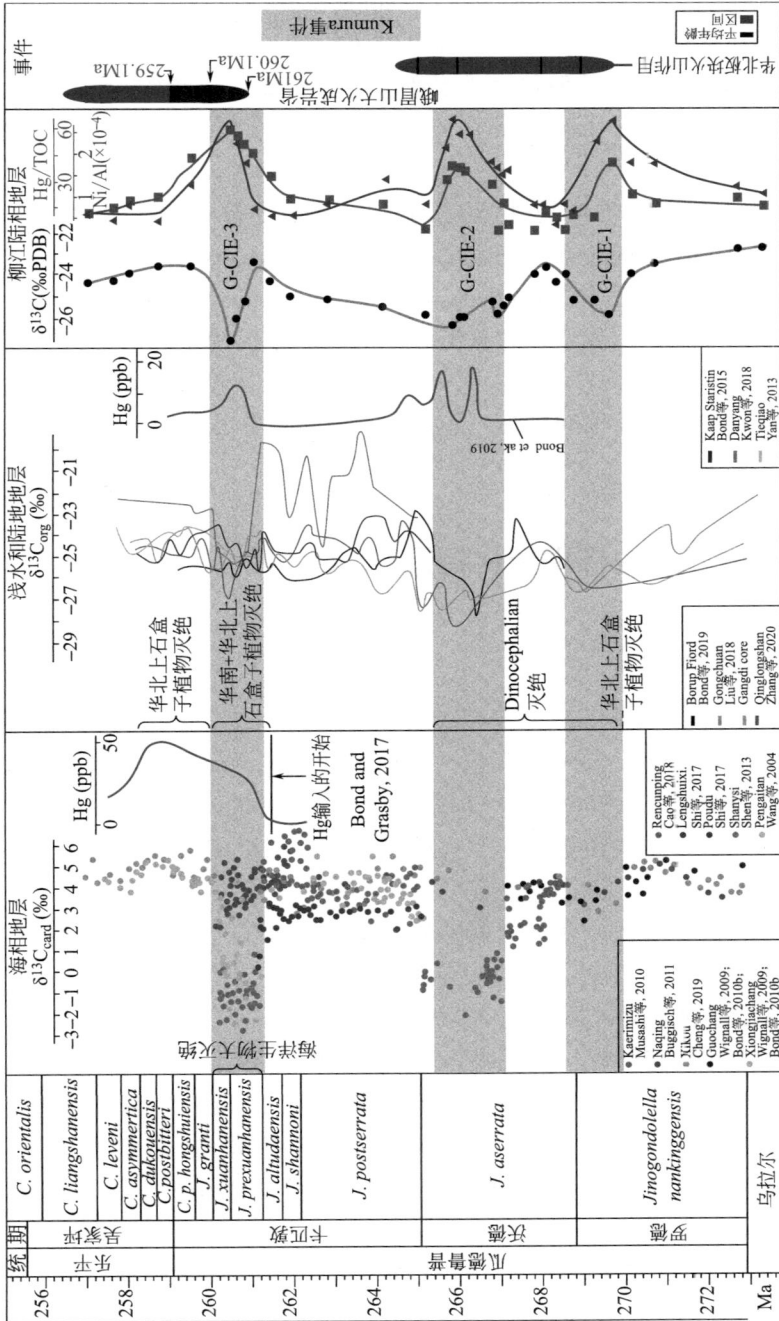

图5-17 瓜德鲁普—乐平早期全球事件的相关性图

致四足动物的食物短缺。罗德期—沃德期界线和沃德晚期，特提斯洋周围的剖面表现出不同程度的负偏移：Guochang、Naqing 和 Xikou 剖面罗德期—沃德期界线的无机碳同位素表现出约 2.5‰ 的负偏移，Gongchuan、Qinglongshan 和 Gangdi 剖面表现出约 2‰～3‰ 的负偏移。沃德晚期，日本 Kaerimizu 海相剖面无机碳同位素表现出 6‰ 的负偏移，Gongdi 和 Qinglongshan 陆相剖面有机碳同位素表现出 4‰ 的负偏移。

华南有孔虫，钙质藻类和腕足动物等微体化石在 GLB 前的卡匹敦晚期 Jinogondolella prexuanhanensis‐Jinogondolella xuanhanensis 牙形石带就已经灭绝。伊朗的动物群和日本的 Panthalassan seamount faunas 同样也表示危机发生在卡匹敦晚期而不是 GLB 界线，并且海相剖面表示在灭绝区间内无机碳同位素发生了 6‰ 的负偏移。与海洋大规模灭绝的同时，华北卡匹敦晚期（上石盒子组中部）植物也发生了 56% 种的灭绝，并且在陆相剖面中也观察到了 3‰～6‰ 的负偏移。

5.5　晚二叠世环境变化特征

5.5.1　沉积特征

图 5-18 展示了二叠—三叠纪界线层段（层 1～22）的地层层序，详细的沉积特征如图 5-18 所示。层序下部包括红色和绿色泥岩与砂岩互层。在上部，靠近二叠—三叠纪界线（PTB），层 12 和层 13 为水平层状灰色和灰绿色泥岩。层 14 为灰绿色硅质岩，主要由蛋白石和火山晶屑和玻屑组成，其中含有少量石英和长石。

其上分别覆盖着浅灰色泥岩和灰色凝灰质黏土岩（第 15 层和第 16 层），而第 17 层为层状灰白色砂岩。18 层灰色砂岩与下伏地层呈角度接触，含有大量次圆状至棱角状紫色泥岩碎屑（直径范围为 0.5～5.5cm）。第 19 层为约 10m 厚的紫红色泥岩，含有棱角状紫红色泥岩碎屑（直径 0.5～4cm）和灰白色碎屑（直径 0.5～1.5cm）。第 20 层为约 9m 厚的灰绿色凝灰岩，由凝灰岩基质内的火山碎屑（50%）、陆源碎屑（20%）和凝灰质基质（30%）组成。火山碎屑包括晶屑（主要是火山石英加少量长石和角闪石）和玻屑，以及少量的玻璃质碎片。碎屑主要为圆形碎屑，表明在运输过程中存在磨损。玻璃质碎片大多呈棱角状，在显微镜透射光下透明，在正交偏光下呈不透明黑色。陆源组分主要为圆形泥岩碎屑，凝灰质基质主要为硅质。

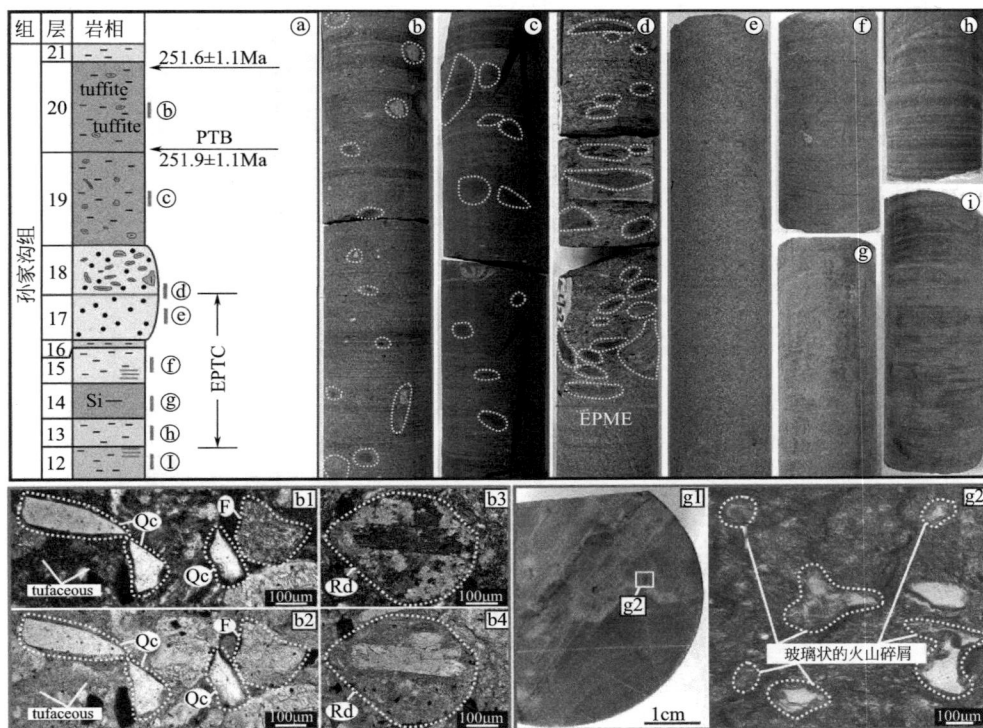

图 5-18 二叠—三叠纪过渡时期的岩性、地层层序与大灭绝事件图

（a）显示孙家沟组 12～20 层段的岩心，包括泥岩碎屑的位置；（b）b1～b4，20 层石英、长石晶体碎片及刚性碎屑；（c）～（f）岩心展示 g1～g2，14 层起源于火山的玻璃状火山碎屑切片显微照片

5.5.2 碳循环波动

图 5-19 和表 5-8 显示了晚二叠世 28 个泥岩样品的 $\delta^{13}C_{org}$、TOC 和干酪根显微组分分析结果。$\delta^{13}C_{org}$ 值从 -28.6‰ 变化到 -23.1‰，平均 -26.2‰，我们的记录包括两次显著的负偏移和一次逐渐的正偏移。第一次负偏移为 2.2‰（L-CIE-Ⅰ），发生在孙家沟组下部（层 3～5）。随后，孙家沟组中部（层 7～15）逐渐出现正偏移。孙家沟组顶部附近出现了 5.5‰ 的较大负偏移（第 16～19 层，L-CIE-Ⅱ），数值变化在 -28‰～-27‰ 之间（19～20 层）。

总有机碳值从 0.04% 变化到 0.19%（平均为 0.12%），在第 2 层和第 13 层之间呈现从 0.08%～0.19% 的上升趋势，然后在第 13～21 层之间呈现从 0.19% 到 0.04% 的下降趋势。

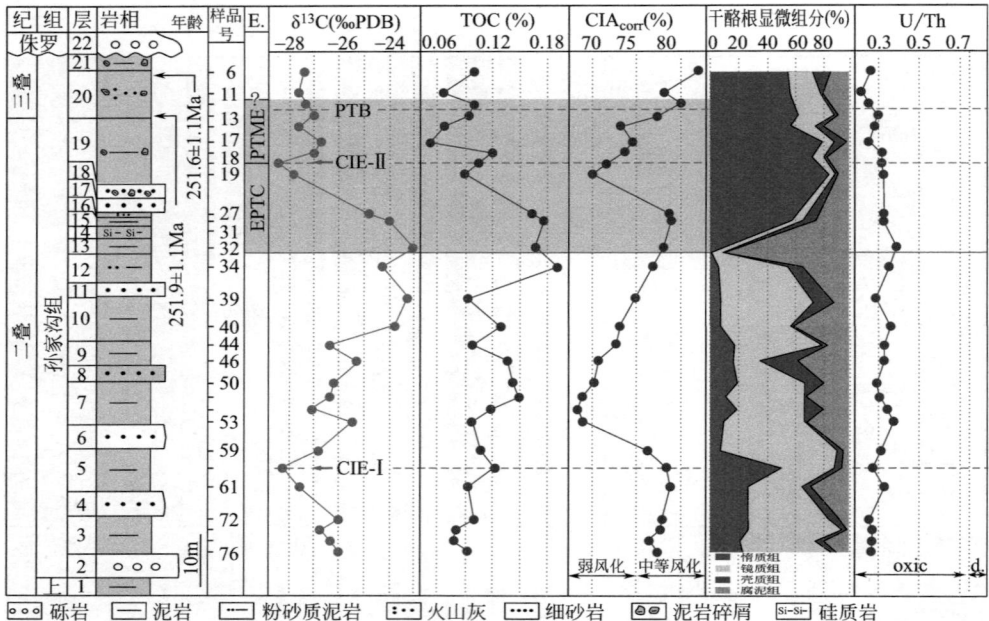

图5-19 晚二叠世ZK-3809钻孔 $\delta^{13}C_{org}$、TOC、大陆风化趋势和干酪根显微组分结果

注：二叠纪—三叠纪大灭绝（PTME）；二叠纪末期陆地生态系统塌陷。

5.5.3 干酪根显微组分和野火记录

惰质组含量从1.0%变化至83.9%（平均为34.7%）。丝质体在孙家沟组下部至中部以稳定的浓度出现，然后在13～19层之间突然增加（从1.0%增加到83.9%）。孙家沟组上部的丝质体的浓度仍然很高（第18层和第19层）。腐泥组含量在1.5%～90.0%（平均20.8%）变化，最高值出现在13层。壳质组含量在0%～27.8%（平均6.6%）变化，其中木栓质体是主要成分。镜质体组的含量在6.3%～84.0%（平均37.9%）变化，在孙家沟组下部和中部之间的浓度在16.7%～84.0%（平均53.5%）变化，然后在上部减少。

研究区域内的惰质组完全由丝质体（木炭）组成，丝质体不透明，纯黑色，在荧光照明下不会发出荧光。丝质体大部分为细长或碎片状，边缘锋利（图5-20），表明其未经历明显的迁移。尚冠雄（1997）认为研究区的物源为北部的内蒙古隆起，由前寒武纪侵蚀岩石组成。鉴于前寒武纪时期地球上没有植物，丝质体不可能从物源区运输到研究区。U/Th值在0.21～0.37之间变化，比值全部<0.75，根据Jones和Manning（1994）和Pattan（2005）的观点，表明垂向的演替存在相同程度的氧化。因此，我们认为研究区域内的惰质组未被改造。Guo和Bastin

（1999）认为丝质体是不完全燃烧的产物，并且Goodarzi（1985）、Glasspool和Scott（2010）和Scott（2010）认为，野火后泥炭中的惰性碎屑很常见。因此我们认为研究区在沉积期间，丝质体是研究区域野火的可靠替代物（表5–9）。

晚二叠ZK–3809钻孔干酪根显微组分结果表　　　　表5–9

样品编号	腐泥组（%）	镜质组（%）	壳质组（%）	惰质组（%）
LJ6	14.1	18.0	12.2	55.7
LJ11	19.3	21.6	2.3	56.8
LJ12	14.3	18.5	2.4	64.8
LJ13	9.3	15.4	2.5	72.8
LJ16	19.4	16.0	7.5	57.1
LJ17	3.8	7.6	7.6	81.0
LJ18	17.7	8.0	1.6	72.7
LJ18–1	13.5	7.2	1.1	78.3
LJ19	9.2	6.3	0.6	83.9
LJ27	21.5	8.0	9.5	61.0
LJ30	24.1	9.8	10.3	55.7
LJ32	90.0	8.0	1.0	1.0
LJ34	34.9	50.6	9.6	4.8
LJ39	10.9	63.4	16.8	8.9
LJ40	40.4	50.6	1.3	7.7
LJ44	16.6	61.6	3.8	18.0
LJ46	38.9	16.7	27.8	16.7
LJ50	19.6	48.2	12.5	19.6
J51	31.6	57.9	0.0	10.5
LJ52	19.6	48.2	12.5	19.6
LJ53	31.6	57.9	0.0	10.5
LJ59	4.9	84.0	4.6	6.6
LJ60	5.0	38.2	6.0	50.7
LJ61	28.0	36.0	8.0	28.0
LJ72	7.2	57.2	9.5	26.1
LJ73	1.5	69.2	1.5	27.7
LJ75	19.5	52.4	6.1	22.0
LJ76	10.4	63.6	2.6	23.4

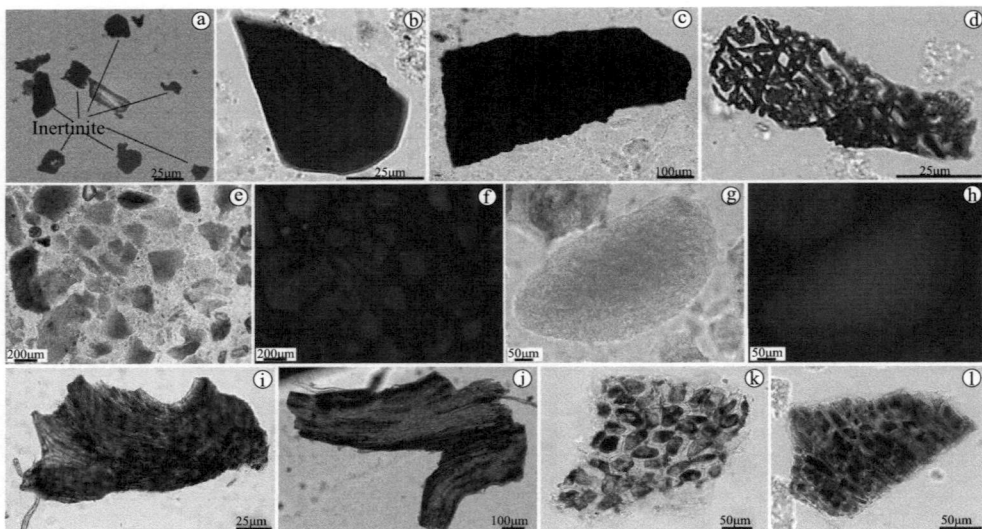

图 5-20　晚二叠世干酪根显微组分的微观结构特征

（a）~（d），惰质组显微特征（透射光，样品 LJ18 和 LJ19）；（e）、（f）腐泥组（透射光和荧光，
LJ32）；（g）、（h）腐泥组宏观特征（分别为透射光和荧光样品 LJ32）；（i）、（j）镜质组
（透射光，样品 LJ16 和 LJ39）；（k）、（l）木栓质体（透射光，样品 LJ11 和 LJ17）

5.5.4　大陆风化趋势

利用 Th/U 比值和 Al_2O_3–CaO*+Na_2O–K_2O（A–CN–K）图，评估了沉积再循环
和钾交代蚀变对化学蚀变指数（CIA）的影响程度。Th/U 比值在 2.65 ~ 4.79 之间
变化，表明研究区内的沉积物并未经过沉积再旋回的改造，因为经过沉积再旋
回的样品会由于 U^{4+} 氧化为 U^{6+} 并将其作为可溶组分去除，泥岩的 Th/U 比率较高，
约为 6。

这与尚冠雄（1997）的观点一致，他认为研究区的沉积物主要来自内蒙古
隆起。锆石测年的峰值分布进一步证明了这一点：两个样品（LJ13 和 LJ6 采自 20
层）的年龄具有双峰分布，峰值分别为约 251ma（36 个锆石）和约 2500ma（7 颗
锆石）。较老的年龄代表华北基底的年龄，这些锆石来自内蒙古北部隆起。我们
确信，研究区的物源是北部的内蒙古隆起，研究区的沉积物没有受到再循环的
影响。使用 A–CN–K 图对研究区域的 CIA 值进行可靠性测试，该图显示 CIA 值偏
离理想风化趋势线（图 5-21），并受钾交代作用的影响。随后，采用 Fedo 等人
（1995）的方法对这些 CIA 值进行校准。校正值（CIA_{corr}）在 65.71 ~ 82.04 之间变
化（平均值为 74.65），垂向上表现出三个增强风化期，长兴晚期的 2 次大陆风化
增强分别对应于 EPTC 和海洋 PTME（表 5-10）。

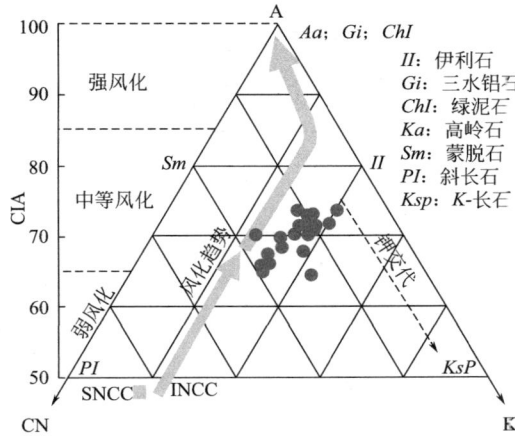

图5-21　长兴期—印度早期泥岩样品 A-CN-K 图

注：为了进行比较，显示了华北克拉通南部和内部的平均上地壳 CIA 值（根据 Cao 等人 2019 修改）。
缩写：A=Al$_2$O$_3$；CN=CaO* + Na$_2$O；K=K$_2$O；CIA= 蚀变化学指数；INCC= 华北克拉通内部；
SNCC= 华北克拉通南部。

晚二叠 ZK-3809 钻孔 δ^{13}C$_{org}$、TOC、常微量元素和大陆风化趋势结果表　表 5-10

样品编号	δ^{13}C$_{org}$（‰）	TOC（%）	微量元素（mg/L）			主量元素（%）					CIA
			Th	U	Th/U	Al$_2$O$_3$	CaO	Na$_2$C	Ka$_2$O	P$_2$O$_5$	
LJ6	−27.3	0.11	10.40	2.46	4.23	19.73	1.89	0.51	5.01	0.41	82.04
LJ11	−27.6	0.08	10.40	2.17	4.79	16.58	2.83	0.70	3.67	0.27	78.14
LJ12	−27.2	0.11	10.00	2.30	4.35	14.13	1.72	0.48	3.67	0.15	80.05
LJ13	−27.0	0.13	11.90	3.79	3.14	15.28	0.61	0.77	3.67	0.04	77.39
LJ16	−27.6	0.08	15.70	3.93	3.99	14.13	0.58	1.39	3.27	0.03	73.25
LJ17	−26.8	0.04	20.30	4.65	4.37	19.68	1.08	1.17	5.11	0.05	74.65
LJ18	−27.0	0.12	12.90	3.64	3.54	14.16	1.24	1.65	2.99	0.03	72.74
LJ18-1	−28.6	0.10	13.10	3.70	3.54	14.08	1.27	1.61	3.05	0.05	71.03
LJ19	−27.9	0.09	13.30	3.87	3.44	14.00	1.29	1.15	3.11	0.07	70.06
LJ27	−24.9	0.16	13.20	3.88	3.40	16.30	0.63	0.75	3.60	0.05	78.15
LJ30	−24.0	0.17	13.20	3.86	3.42	17.30	0.73	0.73	4.09	0.05	78.15
LJ32	−23.1	0.13	17.50	6.61	2.65	21.32	0.74	1.21	4.13	0.08	77.54

续表

样品编号	$\delta^{13}C_{org}$（‰）	TOC（%）	微量元素（mg/L）			主量元素（%）					CIA
			Th	U	Th/U	Al_2O_3	CaO	Na_2O	Ka_2O	P_2O_5	
LJ34	−24.3	0.19	24.40	7.93	3.08	20.13	0.61	1.25	4.53	0.04	77.55
LJ39	−23.3	0.08	23.40	5.99	3.91	20.10	0.41	1.85	4.47	0.03	75.12
LJ40	−23.8	0.14	18.70	6.26	2.99	19.43	1.20	1.72	3.94	0.04	73.53
LJ44	−26.5	0.11	16.90	4.98	3.39	18.00	1.14	1.32	3.96	0.10	72.75
LJ46	−25.3	0.15	14.70	4.31	3.41	17.59	1.60	1.38	3.58	0.16	70.74
LJ50	−26.1	0.15	13.70	3.56	3.85	16.67	1.80	1.35	3.54	0.02	70.27
LJ51	−26.3	0.18	12.50	3.38	3.70	14.47	1.88	1.28	3.06	0.03	68.94
LJ52	−27.1	0.13	12.50	3.90	3.21	23.03	1.47	2.62	5.15	0.03	68.42
LJ53	−25.5	0.11	12.30	4.41	2.79	17.15	1.44	1.62	3.62	0.13	68.97
LJ59	−26.8	0.12	15.20	4.22	3.60	14.81	1.36	0.75	3.17	0.04	76.32
LJ60	−28.1	0.17	19.50	4.75	4.11	16.30	1.09	0.67	3.53	0.04	78.47
LJ61	−27.5	0.10	25.00	7.30	3.42	18.26	1.16	0.71	4.05	0.07	78.94
LJ72	−26.0	0.13	15.60	3.60	4.33	17.82	1.79	0.77	4.31	0.11	77.97
LJ73	−26.8	0.09	19.70	4.78	4.12	20.34	1.21	0.89	4.87	0.03	77.79
LJ75	−26.4	0.08	17.30	4.16	4.16	16.39	1.25	0.82	3.97	0.02	76.47
LJ76	−26.0	0.10	20.10	4.81	4.18	22.47	2.98	1.02	5.16	0.03	77.43

5.5.5　讨论

1. PTB、陆地和海洋灭绝危机在华北板块的位置

华北板块的PTB在生物地层学上表现为从孙家沟组的 *Lueckisporites virkkiae-Jugasporites schaubergeroides* 孢粉组合过渡到刘家沟组的 *Aratrisporites-Lundbladispora-Triadispora* 孢粉组合。在最近的研究中，在山西柳林发现了 *Lundbladispora*、*Aratrisporites* 和 *Taeniaesporites* 以及三叠纪孢粉标记，据此将PTB置于中国北方孙家沟组顶部下方20m处。虽然我们的钻孔序列是完整的，但不可能从这些材料中可靠地记录植物化石组合。因此，我们首次在华北板块中使用锆石U−Pb测年来限制二叠—三叠纪边界。我们的锆石数据表明，研究区ZK−3809钻孔孙家沟组顶部凝灰岩层底部的锆石年龄为251.9 ± 1.1Ma，这非常接近国际地层年代表中

PTB的年龄（251.902±0.024Ma；Cohen等于2013更新），但误差较大。尽管研究区孙家沟组顶部已被侵蚀，但长兴晚期幅度较大的碳同位素负偏移（L-CIE-2）的存在，以及20层底部的锆石年代（251.9Ma）可靠地限制了研究区的PTB界线。

在年代制约良好的华南煤山剖面，海洋PTME开始于251.941Ma，此时碳同位素记录显示出一个主要的负偏移（幅度约为5.5‰）。煤山吴家坪期—长兴期边界上也有更早、更适度的负碳同位素漂移，这有助于与我们的地面记录进行对比（图5-22）。先前的研究表明，华北板块石炭—二叠纪岩石地层（包括孙家沟组）具有广泛的穿时性。大多数研究认为孙家沟组为长兴期。Shen等人（2013）注意到了一次主要的海相吴家坪期—长兴期碳同位素漂移，与我们研究中的L-CIE-Ⅱ可能是同一时间发生，因此我们认为L-CIE-Ⅱ记录的是吴家坪期—长兴期边界（根据平均沉积速率计算）。

从华南陆相Chinahe和小河边剖面可知，长兴晚期有一次较大的负有机碳同位素偏移（分别为3.5‰、5.5‰）。长兴晚期海洋和陆地碳同位素漂移代表了与PTME相关的全球碳循环异常，它们为确定研究区的这一时间提供了一种手段。我们将海洋PTME的开始与研究区19层底部附近的水平相关联，即在L-CIE-Ⅱ的最低点。这一解释得到了20层底部柳江煤田序列中镍异常存在的支持。Ni异常早于或处于海洋PTME时间，并跨越PTB的海相层序中。海洋PTME时附近沉积Ni浓度的普遍增强表明，西伯利亚圈闭火山作用（Ni的可能来源）是二叠纪末期生态系统垮塌的主要驱动力。

2. 晚二叠末期陆地生态系统的崩溃与全球对比

二叠纪末中国南方低纬度地区和澳大利亚高纬度地区陆生植物灭绝的位置在沉积记录中表现为大羽羊齿（*Gigantopteris*）和舌羊齿（*Glossopteris*）的消失。然而，研究区的陆地红层中的植物保存较差，无法对植物区系进行系统研究。因此我们采用了化学地层学、土壤侵蚀记录、藻类爆发的证据和化学风化来综合限制研究区域内的EPTC时间。根据上述各项，我们认为：

（1）EPTC开始于与L-CIE-2（12层/13层）相关的δ¹³C值下降，并持续到碳同位素负偏移的最低点（19层）。因此，δ¹³C负偏移（L-CIE-2）的开始是陆地生态系统崩溃的征兆。

（2）长兴晚期土壤侵蚀被认为是陆地生态系统崩溃的间接标志。大量次棱角状至棱角状紫红色泥岩碎屑出现在目标地层18层中，我们认为这是土壤侵蚀加剧的结果。这表明陆地生态系统的崩溃正在进行中，甚至在该层位已经结束。因此，根据上述植物化石分布，华北地区的EPTC明显早于全球海洋PTME和PTB本身。土壤侵蚀可能在海洋PTME的相关水平上促进了细菌的增殖，例如，中国南方的小河边非海洋剖面。土壤侵蚀可能既是陆地生物灭绝的原因，也是海洋生物灭绝的结果。

（3）在目标地层孙家沟组第13层中发现的大量腐泥组可能来自生活在湖泊中的藻类。在中国南方小河边的非海洋剖面中也发现了藻类爆发，可能是西伯利亚圈闭大火成岩省初始喷发阶段的产物为藻类爆发提供营养物质在发现大量的腐泥组的岩层上方，一层硅质岩石（14层，SiO_2含量为80%），记录了大量细菌及藻类的繁殖和死亡导致的有机酸和CO_2的释放。这可能会造成局部酸性环境，有利于含SiO_2沉积物的沉积。与小河边演替一样，我们研究中的藻华发生在第二次负碳同位素漂移开始时（L-CIE-Ⅱ），进一步表明13层标志着EPTC的开始。

（4）海洋PTME发生在大陆风化增强阶段，Algeo和Twitchett（2010）认为大陆风化作用可能在危机中起到了因果作用。在澳大利亚悉尼盆地的陆相层序中，以及在中国北方的义马和石川河陆相灭绝中，也记录到了增强风化作用。在我们的研究区域，长兴晚期的两次大陆风化作用增强发生在我们定义的EPTC的间隔内和海洋PTME的之后。

利用碳同位素化学地层学和孢粉数据，可以将研究区域的EPTC与华北南部的大榆林剖面进行对比。在大雨淋剖面，孢粉和有机C同位素化学地层学显示，主要植物物种包括石松（*Densosporites*）、真蕨（*Puncatisporites*、*Leiotrileles*、*Apiculatisportes*）、种子蕨（*Cyclogranisporiea*、*Falcisporites*、*Alisparites*），松柏类（*Lueckisporites*、*Limitisporites*、*Klausipolinites*、*Lunatisporites*、*Floriniite*）和苏铁/银杏（*Cycadopites*）在碳同位素记录的最大负的峰值以下约12m处消失（即灭绝）。在我们的研究区域，根据多个证据推断的EPTC区间比C同位素负偏移最低值低15m。如果我们假设两个地点之间的沉积速率一致，则EPTC几乎同步发生在大雨淋和我们的研究区柳江煤田。

通过运用碳同位素化学地层学，研究区与大雨淋剖面良好约束的孢粉化石证据支持我们对研究区域EPTC开始的定位。

将低纬度华北和华南地区的记录与较高南纬地区（如澳大利亚悉尼盆地）的记录进行比较，表明EPTC的开始是穿时的。如图5-22所示，华北和华南地区的陆地危机几乎是同步发生的，但根据华南和澳大利亚的高精度锆石年龄，这一危机的开始时间比澳大利亚的崩塌时间晚约310千年。因此我们认为高纬度地区的陆地生态系统垮塌要早于低纬度地区约310千年。

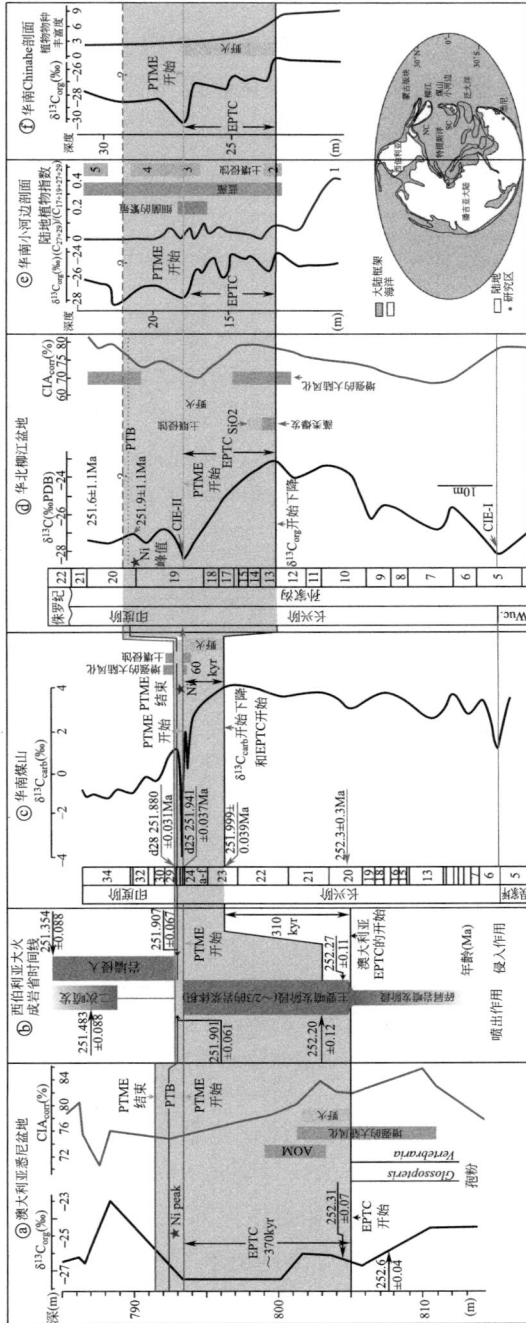

图 5-22 全球 PTB 层序碳同位素记录、Ni 和 Ni/Al 浓度的总结与对比图

5.6　本章小结

（1）研究区晚石炭世的10个岩相划分为2个相组合，分别代表三角洲沉积体系和潮坪沉积体系。根据垂直沉积环境演化恢复的海平面在巴什基尔早期和晚期、莫斯科—格舍尔晚期上升了3次（图5-23）；在巴什基尔期中期、莫斯科中期和阿瑟尔期海平面下降3次。

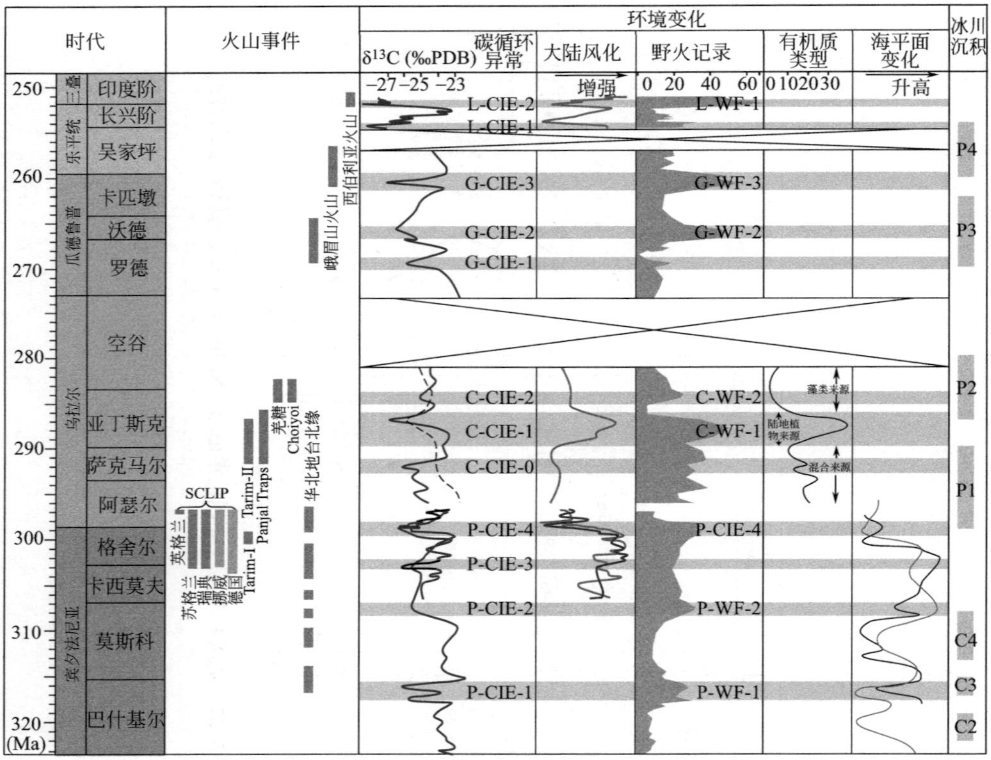

图5-23　研究区石炭—二叠纪环境变化汇总图

注：冰期间隔来自 Fielding 等 2023 和其中参考文献。

（2）$\delta^{13}C_{org}$、干酪根显微组分和化学风化指数等指标参数，揭示了研究区12次 $\delta^{13}C_{org}$ 负偏移；由稳定变化的丝质体含量推断出8次古野火记录；由化学蚀变指数（CIA）记录了2次大陆风化作用相对增强和1次减弱。

（3）由C/N比值记录了在亚丁斯克早期记录了一次大陆风化的增强和有机质类型的转变。阿瑟尔—萨克马尔期有机质类型为陆源和湖泊源OM混合的时期，早亚丁斯克期OM来自陆源植物，亚丁斯克晚期—空谷期OM来自湖泊藻。

第6章

研究区石炭—二叠纪Hg富集异常与火山沉积记录

本章利用华北板块河东煤田扒楼沟剖面、柳江煤田的石门寨剖面和ZK-3809钻孔的目标地层中元素Hg及Ni浓度作为火山活动记录的替代性指标，探讨了华北板块石炭—二叠纪的火山活动记录。并以Hg同位素作为沉积地层中Hg来源的判断依据，探讨了华北板块石炭二叠纪过渡期和早二叠世的目标地层沉积Hg的来源。

6.1 晚石炭世火山活动记录

6.1.1 研究结果与分析

石门寨剖面晚石炭世铝（Al_2O_3）和总硫（TS）的结果如图6-1所示。Al_2O_3浓度值的变化范围为5.08% ～ 33.30%（平均19.73%），TS浓度的变化范围为0.003% ～ 0.115%（平均0.020%）。

石门寨剖面晚石炭世Hg浓度变化范围为2.24 ～ 177.00ppb（平均27.19ppb）。在陆相地层中，Hg通常附着在有机质、硫化物和黏土矿物上。在研究区，Hg浓度与TOC（相关系数r=+0.56，99%的置信水平，样品数量n=47）和TS（r=+0.37，99%置信水平，n=47）呈正相关，与Al（r=-0.18，n=47）负相关（图6-2）。这可能表明Hg同时存在于硫化物和有机物中。然而，研究区域内的所有TS含量值均小于1.0%，TS/TOC比率小于0.35，根据TOC-TS关系图，有机质是汞的主要宿主。因此，将Hg浓度标准化为总有机碳（TOC）含量，以区分富集程度而不受TOC变化的影响。Hg/TOC比值从9.98ppb/wt.%变化到198.88ppb/wt.%（平均53.77ppb/wt.%），此处显示四个峰值，分别为P-VA-1、P-VA-2、P-VA-3和P-VA-4，Hg/TOC比值依次为174.72ppb/wt.%、129.41ppb/wt.%、96.27ppb/wt.%和198.88ppb/wt.%。

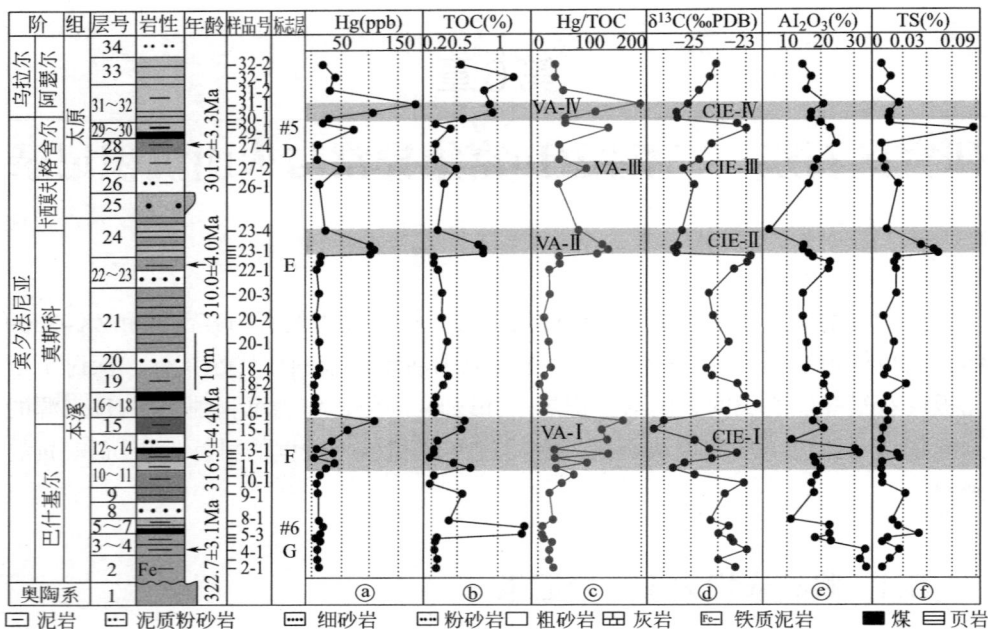

图6-1 石门寨剖面 Hg、Hg/TOC、Al₂O₃ 及 TS 测试结果图

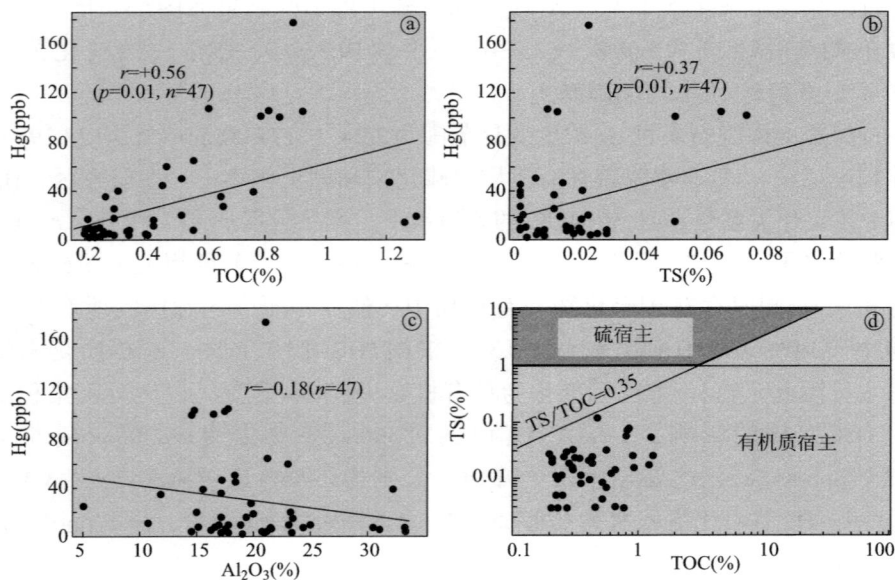

图6-2 汞（Hg）与总有机碳（TOC）和总硫（TS）、铝（Al）的相关性分析图

注：TS=1.0% 和 TS/TOC=0.35 的阈值将大多数以有机 Hg 宿主（淡黄色区域）为主导的样本与以硫化物 Hg 宿主（紫色区域）为主导的样本分开（阈值和底图来自 Shen 等，2020）。

6.1.2　讨论

1. 华北板块沉积相与火山事件的地层对比

本次研究区提供的本溪组和太原组新的放射性年龄是为华北板块晚石炭宾夕法尼亚期地层建立精确年代地层框架的重要一步，在已建立的生物和岩石地层以及之前有限的放射性年代上建立地层格架。这一点很重要，因为本溪组、太原组和山西组在华北板块中具有穿时性，因此很难进行精确对比。在华北板块的北部内蒙古隆起（IMU），晚石炭宾夕法尼亚纪期间有20多个火山事件记录，其年龄从约298Ma到约315Ma不等。主要为侵入岩，岩性包括花岗闪长岩和石英闪长岩、辉长岩、英云闪长岩和花岗岩。侵入作用包括岩基（例如，建平花岗闪长岩岩基，表面积约500km^2，大广定石英闪长岩岩基，表面积约200km^2）、岩群（例如，石英闪长岩岩群，表面积约80km^2）、岩墙和矿脉。钟蓉等在华北北部的本溪组和太原组中确定了6个阶段的12个火山事件，但这些火山事件随着弧岛向北距离的增加而向南减少。这些事件为华北板块未来的高精度地层对比以及确定单个事件的范围和时间提供了巨大潜力。

在内蒙古乌达煤田（图6-3），太原组下部的6号和7号煤层之间出现了66cm厚的空气降落凝灰岩，并保留了原位形成泥炭的森林群落。凝灰岩沉积后，植物在沼泽条件下重新开始生长，以积累生物量，形成上覆的6号煤。乌达凝灰岩具有自形、带状岩浆锆石晶体，其最早二叠纪的年龄为298.34 ± 0.09Ma，因此提供了总年龄范围，包括$298.25 \sim 298.43$Ma的分析误差。在乌达，7号和6号煤层中出现了"毫米~厘米"规模的凝灰岩层，表明通过泥炭形成发生了幕式喷发。

石门寨剖面第28层（图6-3）为$20 \sim 25$cm厚的黏土岩，代表空气降落凝灰岩中的蚀变长石，具有$50 \sim 200 \mu m$长的小型自形岩浆锆石晶体。虽然它不包含乌达凝灰岩等化石植物，但它出现在沼泽条件下发育的5号煤层（29层）底部。上覆的30层为灰黑色泥岩，含有丰富的植物化石，代表了泥炭沼泽条件的终结。此处28层的年代为301.2 ± 3.3Ma，因此提供了$297.9 \sim 304.5$Ma的总年龄范围，包括分析误差，因此与乌达凝灰岩的年龄重叠。这两个测年层位可能代表来自同一火山喷发的灰烬，但乌达凝灰岩主层上方和下方的煤中存在的其他薄层火山灰表明此时频繁的火山事件，石门寨剖面的第28层可能与其中一个凝灰岩相关。需要对柳江煤田的样品进行更精确的年代测定，以提供更准确的地层格架，注意其误差范围比乌达凝灰岩更广。测定乌达煤田中较小的火山灰层的年代也可能提供有关喷发频率的额外信息。

华北板块北缘的内蒙古隆起在宾夕法尼亚晚期和乌拉尔早期被抬升，但根据

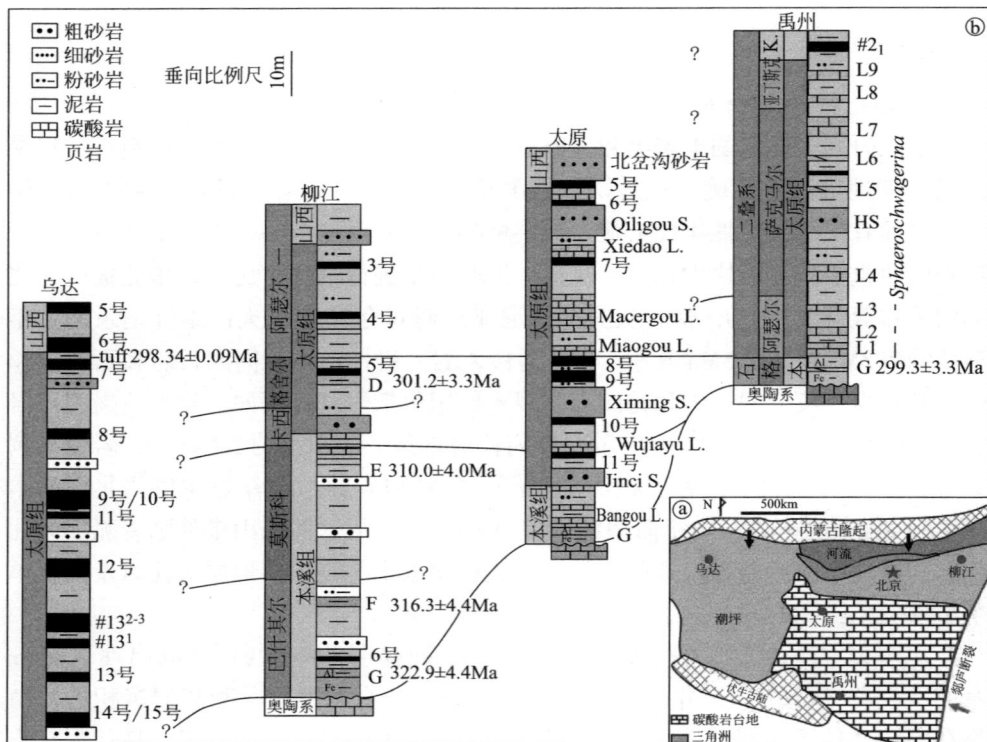

图 6-3　华北板块宾夕法尼亚—乌拉尔期典型剖面年代地层对比图

（a）禹州、西山、太原、柳江和乌达的位置图，黑色箭头表示源向；（b）华北板块本溪组和太原组穿时沉积地层对比，黑线为国际阶的边界

尚冠雄（1997）的说法，华北板块的地形北部较低，南部较高，沉积地层北部较厚，南部较薄。该地层间隔期间沉积的本溪组和太原组具有穿时性，沉积相随时间从西北向东南跨越华北板块迁移。宾夕法尼亚晚期，海水从北冰洋西部边缘的祁连海侵入台地。在石炭—二叠纪过渡期，由于构造活动，华北板块的地形发生了逆转，导致北部地形升高，南部地形降低。在早石炭世，海侵方向发生了转变[图 6-3（a）中的灰色箭头]，海水从盆地中抽出，海洋沉积物暴露。此时，整个盆地普遍存在沼泽条件，在西山煤田（太原）形成了 8 号 /9 号煤层，相当于乌达煤田的 6 号 /7 号煤层。早二叠世，发生了以太原煤田庙沟灰岩和禹州煤田 L1 灰岩为代表的轻微海侵，海水从东南部侵入，陆表海覆盖了盆地。

　　利用柳江煤田和乌达煤田的放射性数据修订了地层格架，根据位置不同，本溪组和太原组的 C-P 边界位于不同位置。在盆地西北部，C-P 边界出现在太原组顶部[图 6-3（b）中的乌达]，因此太原组的大部分沉积于石炭纪世。在 NCP 的东北部［图6-3（b）中的柳江］和中部［图6-3（b）中的太原］，C-P边界出现在太原组的下部到中部，因此它是通过C-P过渡沉积的。相反，在盆地西南部，如禹州煤田，C-P边界出现在太原组底部，太原组完全沉积于二叠纪。辐射测量日期增加了先前地层对比的可信度，从而推断出类似的模式。

2. Hg/TOC作为火山作用指标的可靠性

图6-4（a）显示了根据Hg/TOC比值推断出的火山强度曲线，其中包括火山活动的四个显著峰值（编号为P-VA-1 ～ P-VA-4）、巴什基尔中早期和莫斯科中早期的弱火山活动区间，以及从卡西莫夫中期到格舍尔期的波动，但总体长期增加的强度区间。

通过$\delta^{13}C_{org}$和Hg/TOC比值之间的关系，可以证实由Hg/TOC比值推断的火山曲线的可靠性。在有机质和植物组合的稳定条件下，陆地有机碳同位素记录了古代大气中CO_2组成的变化，因此是一种有效的替代物。火山活动包括喷发和侵入，并释放出大量同位素相对较重的CO_2（$-8‰$～ $-5‰$）和Hg，导致Hg富集并增加大气pCO_2。岩浆侵入富含有机质的沉积物，包括泥岩、泥炭、煤和石油储层，释放出大量贫^{13}C的CO_2（$-22‰$）、CH_4（$-60‰$）和大量汞；这将导致汞富集，

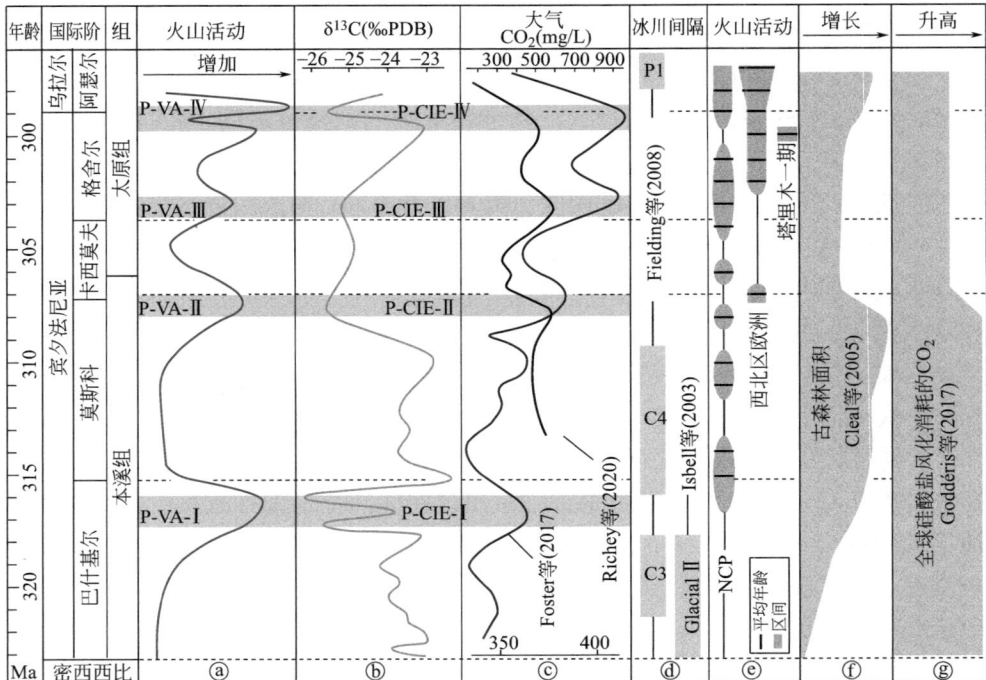

图6-4 宾夕法尼亚—乌拉尔初期全球事件对比图

增加大气pCO$_2$，降低同期大气中的δ^{13}C值。

在研究区，火山活动的四个峰值（P-VA-1、P-VA-2、P-VA-3和P-VA-4）对应于δ^{13}C$_{org}$的四个负偏移（P-CIE-1、P-CIE-2、P-CIE-3和P-CIE-4），表明岩浆侵入导致富含有机质沉积物受热的共同来源。巴什基尔期至格舍尔早期Hg/TOC和δ^{13}C$_{org}$曲线的负相关关系支持上述结论。然而，这种关系与格舍尔中晚期分离，其原因可能与较强的火山喷发释放大量相对较重的CO$_2$（-6‰）进入大气有关。该推断与同期大气CO$_2$浓度增加和喷出火成岩的广泛记录一致。同时，卡西莫夫晚期至格舍尔期间大气CO$_2$浓度的增加也可能与热带森林面积的同时减少和大气CO$_2$消耗量因风化而减弱有关。

文献中记录的宾夕法尼亚期火山作用为研究区推断的火山活动曲线提供了一些支持。宾夕法尼亚纪期间，火山作用在全球范围内广泛存在，中心位于华北板块北缘、欧洲西北部、塔里木板块西北部和冈瓦纳大陆北缘，强度向石炭纪—二叠纪边界增加。迄今为止，尚未发现与P-VA-1地层位置相对应的大型火山事件，除了NCP北缘从宾夕法尼亚期到最早的西苏拉期（297～315Ma）的侵入岩套。岩浆侵位可能从地层上较古老的石炭纪地层侵入富含有机质的地层。岩浆侵入的开始大致对应于巴什基尔晚期P-VA-I的位置。

在欧洲西北部，德国火山作用的锆石年龄确定了约300Ma和约307ma的活动峰值。莫斯科期约307Ma的火山作用与约306～308Ma的NCP北部岩浆侵入相一致。这些火山活动可能加热了上覆富含有机质的沉积物，导致研究区火山峰值P-VA-2中记录的同位素轻碳释放。从卡西莫夫期到格舍尔期，根据Hg/TOC比值推断火山活动强度有波动，但总体上呈向二叠纪边界增加的趋势。这包括格舍尔早期和石炭—二叠纪边界的两次负碳同位素漂移，与火山强度峰值重合（P-VA-3和P-VA-4）。这种火山活动增加的趋势与随着盘古板块集结高峰的到来，全球板块碰撞和俯冲引发了火山作用的广泛发展。P-VA-3最有可能与NCP北部和欧洲西北部的火山活动有关，P-VA-4最有可能与华北板块北部侵入体的火山活动、斯卡格拉克中心（SCLIP）边缘的喷出熔岩以及塔里木板块西北部的侵入和喷出火山活动的组合有关（298～300Ma）。

在柳江煤田，所有凝灰质黏土岩层位的Hg值均较低，通常为0～25ppb。只有来自巴什基尔晚期第12层的样品LJ#F出现在碳同位素偏移或火山活动峰值的地层范围内，在这种情况下，发生在P-CIE-I/P-VA-I范围内。这表明，个别凝灰质黏土岩对这些特定地层的地面环境中的汞输入没有显著贡献，汞峰与其他火山活动有关。我们认为凝灰质黏土可能来源于NCP北部的喷出火山作用，研究剖面中的汞沉积可能代表一种全球而非局部现象（表6-1）。

晚石炭世石门寨剖面 **Hg** 及 **Hg/TOC** 结果表　　　　　　表 **6−1**

样品编号	Hg（ppb）	Hg/TOC（ppb/wt.%）	样品编号	Hg（ppb）	Hg/TOC（ppb/wt.%）
Sm32−2	20.26	38.96	Sm17−1	3.54	14.75
Sm32−1	46.67	38.57	Sm16−2	2.24	10.18
Sm31−2	39.06	51.39	Sm16−1	2.54	11.55
Sm31−1	177	198.88	Sm15−2	106.58	174.72
Sm30−2	104.42	113.5	Sm15−1	64.99	116.05
Sm30−1	35.68	54.89	Sm14−1	35.44	131.26
Sm29−2	18.72	62.4	Sm13−1	7.85	39.25
Sm29−1	60.04	127.74	Sm12−2	40.07	129.26
Sm27−4	10.04	40.16	Sm12−1	4.11	20.55
Sm27−3	9.42	40.96	Sm11−2	44.59	96.93
Sm27−2	50.06	96.27	Sm11−1	26.97	40.86
Sm26−1	16.25	37.79	Sm10−2	16.48	78.48
Sm23−4	25.41	84.7	Sm10−1	9.58	47.9
Sm23−1	104.82	129.41	Sm9−1	8.19	14.63
Sm22−3	9.3	44.29	Sm8−1	10.96	25.49
Sm22−2	9.61	45.76	Sm7−1	19.92	15.32
Sm22−1	6.14	23.62	Sm5−3	14.26	11.32
Sm20−3	7.26	21.35	Sm5−2	3.07	12.28
Sm20−2	3.83	10.94	Sm5−1	7.62	33.13
Sm20−1	5.4	13.5	Sm4−1	5.01	18.56
Sm18−4	7.99	22.83	Sm3−2	6.34	22.64
Sm18−3	4.09	9.98	Sm2−1	7.32	31.83
Sm18−2	4.47	14.9	—	—	—

6.2　石炭—二叠纪过渡期火山活动记录

6.2.1　研究结果与分析

扒楼沟和石门寨剖面C-P过渡期的Hg含量和同位素比值结果见图6-5和表6-2。扒楼沟剖面的汞含量为4 ～ 330ppb（平均64.1ppb），石门寨剖面的汞含量为9 ～ 177ppb（平均42.1ppb）。在卡西莫夫—格舍尔界线（KG-ME）出现Hg富集

（ME）峰值，在石炭—二叠纪界线（CP-ME）出现Hg富集（ME）峰值。汞含量与TOC呈较强的相关性（扒楼沟剖面r=+0.93，n=38；石门寨剖面r=+0.62，n=30）比Al（扒楼沟剖面r=-0.36，n=38；石门寨剖面r=-0.15，n=30）和总硫化物（扒楼沟剖面r=+0.02，n=38；石门寨剖面r=+0.27，n=30）强（图6-6），表明Hg主要赋存于有机质中。据此，我们用Hg/TOC值来评估Hg的富集程度。

扒楼沟剖面的Hg/TOC比值为3.41～59.36ppb/wt.%（平均为22.1ppb/wt.%）；

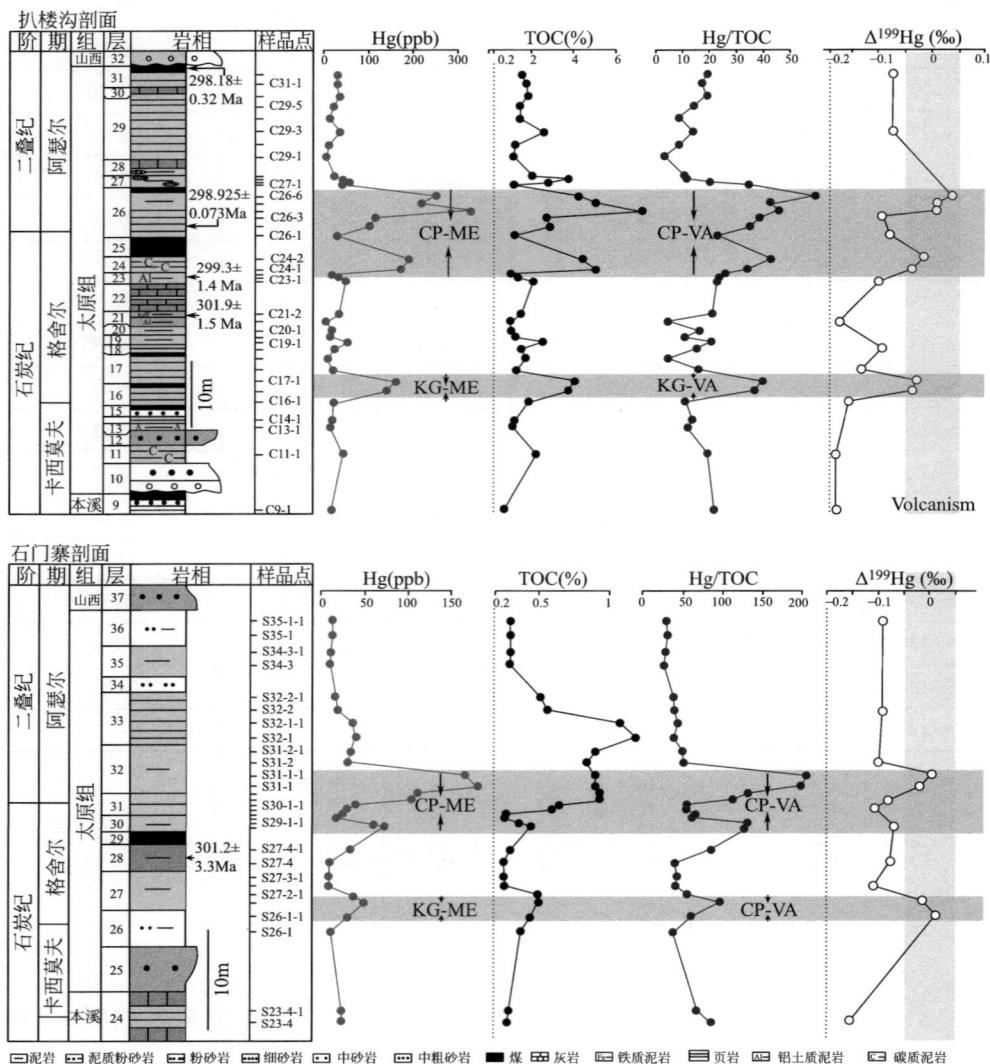

图6-5　石门寨和扒楼沟剖面 C-P 过渡期 Hg 及 Hg 同位素测试结果

石门寨剖面的Hg/TOC比值为26.5 ~ 206.25ppb/wt.%（平均为71.3ppb/wt.%）。两个剖面Hg/TOC值与Hg含量的变化规律相似，Hg/TOC的两个峰值（KG–VA和CP–VA）分别与KG–CIE和KG–CIE碳同位素偏移的位置一致。我们推测KG–VA和CP–VA分别代表KGB和CPB时期火山活动的沉积记录。

如图6-5所示，扒楼沟剖面的Hg的奇数同位素分馏MIF值（Δ^{199}Hg）变化范围为–0.18‰～ 0.04‰（平均为 –0.08‰；$n=18$）；石门寨的Δ^{199}Hg为–0.16‰～ 0.03‰（平均为–0.06‰；$n=13$）。KG–VA和CP–VA期间，Δ^{199}Hg值均接近零（±0.05‰）。除了两个剖面中的两个近零区间（KG–VA和CP–VA）外，Δ^{199}Hg值呈现稳定趋势，对应于观测到的低Hg含量区间，代表陆地背景信号。

Hg和Hg/TOC曲线显示，研究区卡西莫夫期—格舍尔期界线（KG–VA）火山活动较弱，石炭—二叠纪界线（CP–VA）火山活动较强。在两个边界上，Δ^{199}Hg值均接近于零，说明两次火山事件中Hg源均为火山喷发的直接释放。接近零Δ^{199}Hg值的另一种解释是大气（正MIF）和陆地（负MIF）汞源的混合。虽然大陆风化作用增强和山火火灾会导致陆相Hg的输入，其输入值分别为正、负Δ^{199}Hg值，但研究区KGB和CPB的Δ^{199}Hg值几乎为零，表明火山Hg信号掩盖了陆相Hg信号。

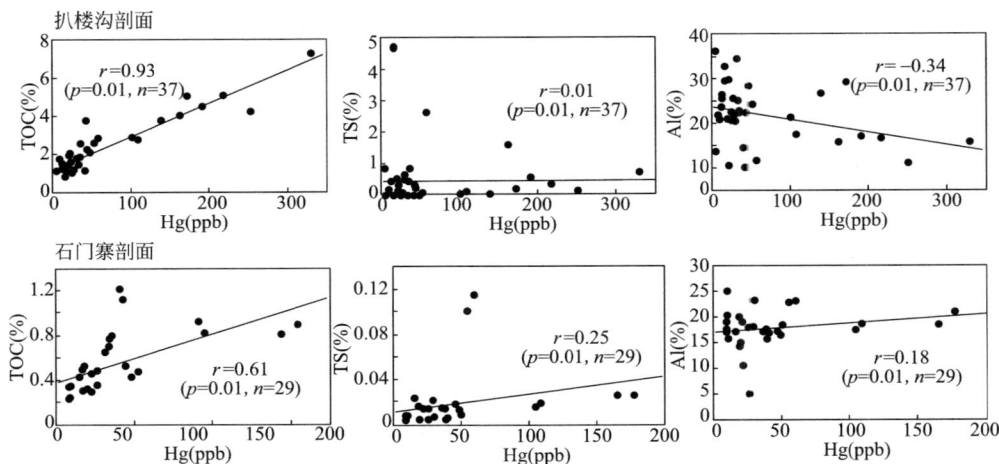

图6–6 石炭—二叠纪过渡期Hg与TOC、TS和Al的相关性分析图

6.2.2 讨论

石炭纪晚期—早二叠世，华北北缘火山活动和塔里木大火成岩省处于活跃状态。其中，SCLIP是最大的，它通过盘古大陆的演化和C–P边界的构造裂谷，以

及来自核—幔—边界的深层地幔柱活动的结合而发展起来。据估计，SCLIP至少形成了 $0.5 \times 10^6 km^2$ 的以铁镁质火成岩为主的岩浆岩，是目前已报道的火山岩（$228000km^2$）、岩墙（$14000km^2$）和岩脉（3353km长），熔岩喷发和岩脉、岩墙、岩堤的侵入几乎同时发生。这些岩浆侵入了志留纪、泥盆纪和石炭纪的煤和其他有机质。Tarim LIP的火山岩厚度在 $200 \sim 800m$ 之间，估计体积约为 $1.5 \times 10^5 km^3$。Tarim LIP的第一阶段约300Ma，由Xu等人（2014）命名为Tarim-I，由金伯利岩和煌斑岩构成的岩脉组成。华北北缘火山活动以侵入性火山活动为主，侵位期为卡西莫夫期—阿瑟尔早期。来自SCLIP、塔里木盆地和华北北缘的侵入可向大气释放大量Hg和C，导致环境Hg负荷增加。

　　研究区卡西莫夫期—格舍尔期边界（KG-ME、KG-CIE）和C-P边界（CP-ME、CP-CIE）Hg富集异常与负碳同位素偏移同步，火山活动是对所有这些观测结果最有可能的解释。火山活动的爆发不会导致显著的负 $\delta^{13}C_{org}$ 偏移，因为它们来自地幔碳的C同位素组成相对较重，但岩浆侵入（包括SCLIP、Tarim-I和华北板块火山活动）富含有机的沉积岩，包括煤和石灰岩，导致富 ^{12}C 同位素释放到大气中。因此，我们将KG-CIE和CP-CIE的成因解释为SCLIP、Tarim-I和华北北缘火山活动的侵入。石炭纪热带雨林在C-P边界的崩溃也可能为大气提供了同位素轻碳，是CP-CIE的潜在来源。

　　晚石炭世Tarim-I火山活动和华北北缘火山活动以侵入性火山活动为主，而断裂带爆发较多。火山喷发的Hg特征有 $\Delta^{199}Hg$ 值接近零。因此，研究区卡西莫夫期—格舍尔期界线和石炭—二叠纪界线上Hg的异常富集可能是由SCLIP造成的，而不是由更多的局地来源造成的。然而，在华北板块南缘的禹州煤田，C-P边界的惰质组（木炭）含量增加记录了野火。野火发生后的土壤侵蚀也可能导致华北板块C-P边界Hg的富集。由于研究区C-P边界的 $\Delta^{199}Hg$ 值接近于零，火山活动在C-P边界直接释放Hg的信号掩盖了火山活动引起的环境变化中输入Hg的同位素信号。因此，我们认为研究区卡西莫夫期—格舍尔期界线和石炭—二叠纪界线的主要贡献者是SCLIP。

石门寨和扒楼沟剖面 C-P 过渡期 Hg 及 Hg 同位素测试结果表　　表 6-2

样品编号	Hg（ppb）	Hg/TOC	$\delta^{199}Hg$（‰）	$\delta^{200}Hg$（‰）	$\delta^{201}Hg$（‰）	$\delta^{202}Hg$（‰）	$\Delta^{199}Hg$（‰）	$\Delta^{200}Hg$（‰）	$\Delta^{201}Hg$（‰）
BP-C31-2	1.57	30	-0.35	-0.43	-0.85	-1.08	-0.07	0.11	-0.03
BP-C31-1	1.75	30	—	—	—	—	—	—	—
BP-C29-6	1.85	35	—	—	—	—	—	—	—
BP-C29-5	1.46	21	—	—	—	—	—	—	—

续表

样品编号	Hg (ppb)	Hg/TOC	$\delta^{199}Hg$ (‰)	$\delta^{200}Hg$ (‰)	$\delta^{201}Hg$ (‰)	$\delta^{202}Hg$ (‰)	$\Delta^{199}Hg$ (‰)	$\Delta^{200}Hg$ (‰)	$\Delta^{201}Hg$ (‰)
BP–C29–4	1.47	13	—	—	—	—	—	—	—
BP–C29–3	2.57	36	−0.35	−0.55	−0.90	−1.11	−0.07	0.01	−0.06
BP–C29–2	1.23	11	—	—	—	—	—	—	—
BP–C29–1	1.17	4	—	—	—	—	—	—	—
BP–C27–4	2.03	22	—	—	—	—	—	—	—
BP–C27–3	3.75	42	—	—	—	—	—	—	—
BP–C27–2	2.81	57	—	—	—	—	—	—	—
BP–C27–1	1.18	41	—	—	—	—	—	—	—
BP–C26–6	4.24	252	−0.23	−0.49	−0.78	−1.08	0.04	0.06	0.03
BP–C26–5	5.09	218	−0.34	−0.54	−0.89	−1.16	0.01	0.03	−0.03
BP–C26–4	7.25	330	−0.33	−0.42	−0.72	−1.27	0.01	0.04	−0.02
BP–C26–3	2.75	109	−0.35	−0.47	−0.81	−1.02	−0.09	0.04	−0.04
BP–C26–2	2.89	101	—	—	—	—	—	—	—
BP–C26–1	1.22	28	−0.18	−0.17	−0.34	−0.44	−0.07	0.05	−0.01
BP–C24–2	4.47	191	−0.40	−0.70	−1.19	−1.51	−0.01	0.06	−0.05
BP–C24–1	5.04	172	−0.15	−0.18	−0.35	−0.44	−0.04	0.05	−0.02
BP–C23–3	1.03	25	—	—	—	—	—	—	—
BP–C23–2	1.37	32	—	—	—	—	—	—	—
BP–C23–1	2.07	48	−0.21	−0.16	−0.32	−0.43	−0.1	0.05	0.00
BP–C21–2	1.52	32	—	—	—	—	—	—	—
BP–C21–1	1.02	5	−0.55	−0.71	−1.23	−1.49	−0.17	0.04	−0.11
BP–C20–1	1.05	17	—	—	—	—	—	—	—
BP–C19–2	1.28	14	—	—	—	—	—	—	—
BP–C19–1	2.56	53	—	—	—	—	—	—	—
BP–C18–1	1.55	24	—	—	—	—	—	—	—
BP–C17–3	1.74	8	−0.33	−0.42	−0.72	−0.93	−0.09	0.04	−0.02
BP–C17–2	1.31	21	−0.28	−0.27	−0.59	−0.61	−0.13	0.03	−0.13
BP–C17–1	4.06	163	−0.34	−0.56	−1.00	−1.25	−0.03	0.06	−0.06
BP–C16–2	3.77	139	−0.33	−0.54	−0.88	−1.16	−0.04	0.05	−0.01
BP–C16–1	1.9	21	−0.42	−0.48	−0.92	−1.04	−0.15	0.04	−0.13

续表

样品编号	Hg（ppb）	Hg/TOC	$\delta^{199}Hg$（‰）	$\delta^{200}Hg$（‰）	$\delta^{201}Hg$（‰）	$\delta^{202}Hg$（‰）	$\Delta^{199}Hg$（‰）	$\Delta^{200}Hg$（‰）	$\Delta^{201}Hg$（‰）
BP–C14–1	1.21	17	—	—	—	—	—	—	—
BP–C13–1	1.12	14	—	—	—	—	—	—	—
BP–C11–1	2.23	44	−0.38	−0.35	−0.70	−0.78	−0.18	0.04	−0.12
BP–C9–1	0.75	16	−0.54	−0.69	−1.21	−1.42	−0.18	0.02	−0.14
Sm35–1–1	0.34	10	—	—	—	—	—	—	—
Sm35–1	0.35	11	−0.35	−0.47	−0.81	−1.02	−0.09	0.04	−0.04
Sm34–2–1	0.34	10	—	—	—	—	—	—	—
Sm34–2	0.34	9	—	—	—	—	—	—	—
Sm32–2–1	0.49	19	—	—	—	—	—	—	—
Sm32–2	0.52	20	−0.46	−0.72	−1.19	−1.46	−0.09	0.02	−0.09
Sm32–1–1	1.12	49	—	—	—	—	—	—	—
Sm32–1	1.21	47	—	—	—	—	—	—	—
Sm31–2–1	0.8	40	—	—	—	—	—	—	—
Sm31–2	0.76	39	−0.40	−0.54	−0.95	−1.18	−0.1	0.05	−0.06
Sm31–1–1	0.8	165	−0.31	−0.58	−0.95	−1.27	0.01	0.06	0.01
Sm31–1	0.89	177	−0.37	−0.65	−1.04	−1.39	−0.03	0.05	0.01
Sm30–2–1	0.82	108	—	—	—	—	—	—	—
Sm30–2	0.92	104	−0.39	−0.59	−1.03	−1.23	−0.08	0.03	−0.11
Sm30–1–1	0.7	38	—	—	—	—	—	—	—
Sm30–1	0.65	36	−0.37	−0.65	−1.04	−1.39	−0.11	0.05	0.01
Sm29–2–1	0.32	21	—	—	—	—	—	—	—
Sm29–2	0.3	19	—	—	—	—	—	—	—
Sm29–1–1	0.42	55	—	—	—	—	—	—	—
Sm29–1	0.47	60	−0.26	−0.53	−0.82	−1.15	0.03	0.05	0.04
Sm27–4–1	0.35	30	—	—	—	—	—	—	—
Sm27–4	0.25	10	−0.49	−0.76	−1.27	−1.64	−0.08	0.07	−0.04
Sm27–3–1	0.23	10	—	—	—	—	—	—	—
Sm27–3	0.23	9	−0.24	−0.23	−0.48	−0.52	−0.11	0.04	−0.09
Sm27–2–1	0.45	25	—	—	—	—	—	—	—
Sm27–2	0.52	50	−0.43	−0.77	−1.29	−1.67	−0.01	0.06	−0.03

续表

样品编号	Hg（ppb）	Hg/TOC	δ^{199}Hg（‰）	δ^{200}Hg（‰）	δ^{201}Hg（‰）	δ^{202}Hg（‰）	Δ^{199}Hg（‰）	Δ^{200}Hg（‰）	Δ^{201}Hg（‰）
Sm26–1–1	0.48	29	—	—	—	—	—	—	—
Sm26–1	0.43	16	–0.30	–0.56	–0.91	–1.25	0.01	0.07	0.03
Sm23–4–1	0.32	22	—	—	—	—	—	—	—
Sm23–4	0.3	25	–0.22	–0.10	–0.27	–0.25	–0.16	0.03	–0.08

6.3 早二叠世火山活动记录

6.3.1 研究结果与分析

早二叠世Hg含量和汞同位素比值结果及分析如图6-7、图6-8和表6-3、表6-4所示。汞含量变化范围为3 ~ 435ppb（平均74.1ppb），在亚丁斯克早期出现了一个主要的汞富集（ME）峰值（C-ME-1），随后在亚丁斯克晚期出现了一个小峰值（C-ME-2）。汞含量与TOC呈较强的相关性（相关系数r=+0.67，置信水平为99%；n=30）和Al（r=+0.71，99%置信水平，n=30）比总硫化物（TS；r=−0.04；n=30）强，表明Hg主要存在于有机质和黏土矿物中。

因此，我们提出Hg/TOC和Hg/Al值来评价Hg浓度富集。Hg/TOC值为2.05 ~ 135.94ppb/wt.%，平均35.00ppb/wt.%。Hg/Al变化范围为0.14 ~ 14.16ppb/wt.%（平均3.06ppb/wt.%），两者均表现出与Hg浓度相似的模式。Hg/TOC和Hg/Al的两个峰值（C-VA-1和C-VA-2）分别与C-CIE-1和C-CIE-2的位置重合，C-VA-1的出现略早于C-CIE-2的出现。我们推测C-VA-1和C-VA-2分别代表亚丁斯克早期和晚期火山活动及其效应（野火、陆地径流）的沉积记录。

早二叠世Hg的奇同位素分馏MIF值（Δ^{199}Hg）变化范围为−0.15‰~ 0.04‰（平均−0.08‰；n=17）。在C-VA-1期间，Δ^{199}Hg出现了一个小而系统的负偏移（−0.15‰~ 0），但在C-VA-2期间接近零（0.03‰，0.04‰）。Δ^{199}Hg值分别在阿瑟尔晚期—亚丁斯克早期和亚丁斯克晚期—空谷早期呈现稳定趋势，对应于观测到的低Hg含量区间。

Hg的多端元混合模型可以评价早二叠C-ME-1、C-ME-2及其余区间的汞富集来源。在C-VA-1之前，Δ^{199}Hg为负值，较低的Hg/TOC和Hg/Al值表明来自陆地源的背景水平，从其他地点和地层层段的沉积物中可以看出，陆源汞源占主导地位。C-VA-1期间，Δ^{199}Hg、Hg/TOC和Hg/Al共变表明陆源Hg（图6-9）的

Hg/TOC、Hg/Al较高，Δ^{199}Hg为负值，值与背景区间相似。

在C–VA–2期间，Δ^{199}Hg、Hg/TOC和Hg/Al的共变表明大气中运移的火山Hg

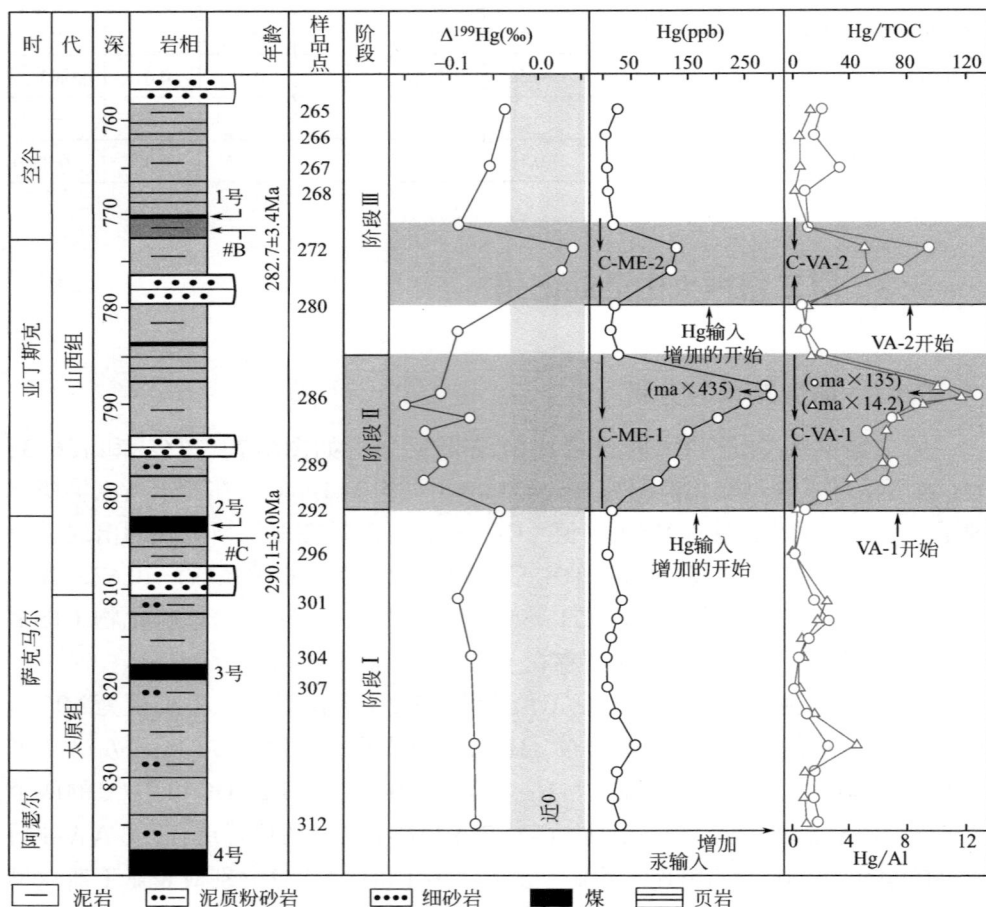

图6-7　早二叠世ZK–3809钻孔 Δ^{199}Hg、Hg 浓度、Hg/TOC 比值、Hg/Al 比值结果

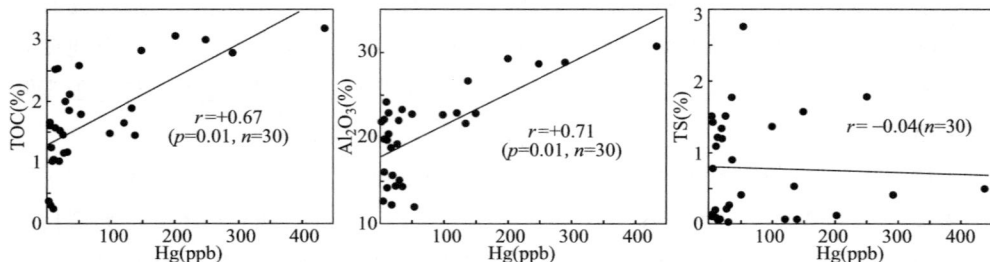

图6-8　早二叠世 Hg 与 TOC、TS 和 Al 的相关性分析图

（图6-9），其特征为较高的Hg/TOC、Hg/Al和接近零或略正的Δ^{199}Hg值；这可能直接来自大气或水柱。除C-VA-1和C-VA-2区间外，共变均表现出以背景Hg为端元的混合趋势（图6-9）。

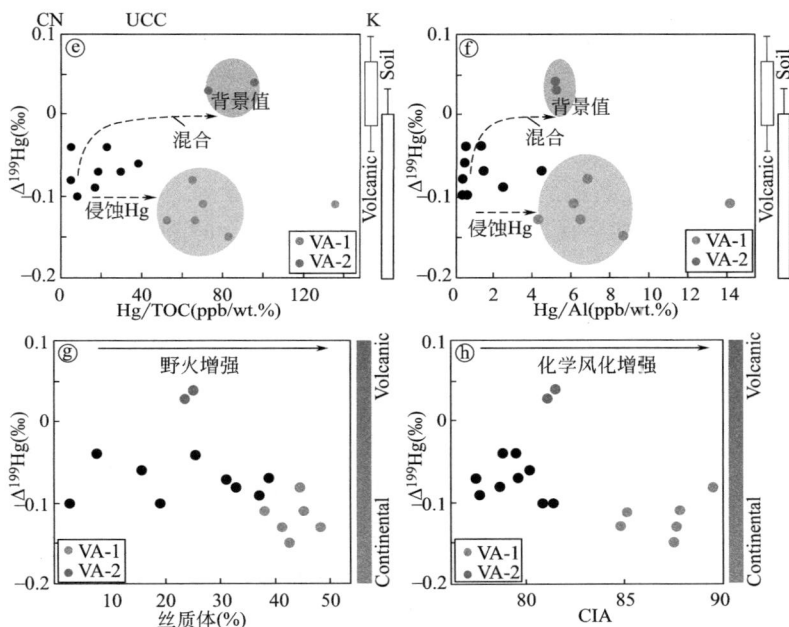

图6-9 早二叠世Hg来源分析图

注：底图来自于Shen等人（2022）。

Hg、TOC和Al之间较强的相关性表明，除大气直接沉积外，陆地输入是研究区汞的另一个主要来源，Hg-Al关系较高是TOC-Al共变的副产物（r=+0.93），这可能是由于地层的浅水和近海沉积环境造成的。在C-VA-1期间，系统的Δ^{199}Hg负位移表明大量富含Hg的OM（MIF值为负）被输送到盆地中，覆盖了直接火山气体沉积产生的近零MIF信号。同时，干酪根中C/N比值（>20）和陆源显微组分（包括惰质组、镜质组和壳质组）含量（超过50%）的共同增加也支持了这一结论。而在C-VA-2期间，C/N比值降低至小于10，表明有机质主要来源于浮游水藻，这与干酪根显微组分腐泥组含量较高（80%）相一致。加上MIF值接近于零，这些都表明主要的Hg来源要么是直接的火山气体沉积，要么是大气（正MIF）和陆地（负MIF）Hg源均等混合。

6.3.2　讨论

Hg可以以有机汞络合物的形式存在于有机物中，也可以由于黏土矿物的表面积和表面电荷高被吸附，硫化物也对Hg有着较强的吸附力。在研究区，汞主要与有机物（Hg–TOC，$r=+0.71$，99%置信区间，$n=28$）和黏土矿物（Hg–Al，$r=+0.63$，99%置信区间，$n=28$）相关，与硫化物相关性最差（$r=+0.16$，99%置信区间，$n=28$）。因此将Hg浓度归一化为TOC和Al含量，以Hg/TOC和Hg/Al比值来区分不受TOC和黏土矿物变化的影响。

由Hg/TOC比值推断出的火山强度曲线如图6-8所示，在萨克马尔—亚丁斯克界线上出现一个峰值。通过研究Hg/TOC比值和^{13}C之间的固化关系，可以验证由Hg/TOC比值推算出的火山曲线的可靠性。喷发的火山活动可以释放大量相对重的CO_2（$-8‰ \sim -5‰$），岩浆侵入富含有机物沉积物包括泥岩、泥炭、煤和石油水库释放大量贫$^{13}CO_2$（$-22‰$）、CH_4（$-60‰$），这会导致古大气二氧化碳的变化。火山成因汞通过氧化主要气态形式（Hg^0）形成反应性的Hg^{2+}沉积，Hg^{2+}溶于水，可通过降水沉积到陆地/水上。随着植物组织中汞浓度随空气中汞浓度的增加而增加，汞可以沉积到土壤中或直接被植物叶片吸收。因为汞与有机质有很强的亲和力，所以用总有机碳（TOC）的正常化来评估异常。这将导致在同时期大气中火山活动期间汞的富集，反映为升高的Hg/TOC、降低^{13}C和增加大气二氧化碳分压值。

研究区火山活动性高峰对应的是碳同位素的负偏移，观测到的变化与华北、俄罗斯乌拉尔南部和美国Orogrande等地的等时地层的变化相似，这表明岩浆侵入富含有机质沉积物加热的一个共同来源。Hg/TOC比值推断出的火山活动与碳同位素趋势有着较好的相关性。在萨克马尔—亚丁斯克边界，Hg/TOC与气相带$^{13}C_{org}$曲线的负耦合关系也支持上述结论，Panjal火山和塔里木大火成岩省Ⅱ期中记录的火山在萨克马尔—亚丁斯克边界上覆沉积物富含有机物加热，导致轻CO_2的释放。

研究区亚丁斯克期沉积汞富集峰值记录（C–VA–1和C–VA–2）分别与C–CIE–1和C–CIE–2同步，表明富有机质沉积物的岩浆加热是汞和碳的共同来源。亚丁斯克期的火山活动候选者包括Tarim–Ⅱ LIP火山、Panjal火山和Choiyoi火山。现有资料表明，Tarim–Ⅱ LIP火山、Panjal火山和Choiyoi火山活动主要以流纹岩、英安岩、安山岩和火山碎屑岩等中酸性岩石为特征。根据研究区域的记录，这种类型的火山活动可向大气中释放大量汞和碳，并可能导致环境汞负荷增加。Tarim–Ⅱ LIP和Panjal火山与碳同位素负偏移C–CIE–1和Hg的峰值C–VA–1具有良好的地层对应关系，Choiyoi火山活动与碳同位素负偏移C–CIE–2和Hg通量峰C–VA–2具有良好的地层对应关系，无火山活动与C–CIE–0对应。因此，本书解释了C–CIE–1和C–CIE–2的发生分别标志着Tarim–Ⅱ LIP火山、Panjal火山和Choiyoi火山的火山活动。C–CIE–0并非火山作用所致，其深层原因有待进一步研究。

早二叠世 Hg 同位素结果表　　　　表 6–3

样品号	$\delta^{199}Hg$ (‰)	$\delta^{200}Hg$ (‰)	$\delta^{201}Hg$ (‰)	$\delta^{202}Hg$ (‰)	$\Delta^{199}Hg$ (‰)	$\Delta^{200}Hg$ (‰)	$\Delta^{201}Hg$ (‰)
265	−0.36	−0.61	−1.00	−1.30	−0.04	0.04	−0.02
266	—	—	—	—	—	—	—
267	−0.15	−0.22	−0.35	−0.45	−0.06	−0.01	0.04
268	—	—	—	—	—	—	—
271	−0.40	−0.52	−0.90	−1.09	−0.10	0.03	−0.07
272	−0.39	−0.82	−1.22	−1.71	0.04	0.04	0.07
273	−0.25	−0.51	−0.80	−1.11	0.03	0.05	0.03
280	—	—	—	—	—	—	—
281	−0.41	−0.59	−1.01	−1.25	−0.10	0.04	−0.07
282	—	—	—	—	—	—	—
285	—	—	—	—	—	—	—
286	−0.45	−0.69	−1.17	−1.48	−0.11	0.05	−0.06
286–1	−0.62	−0.91	−1.51	−1.87	−0.15	0.03	−0.10
288	−0.48	−0.76	−1.25	−1.59	−0.08	0.04	−0.06
288–1	−0.40	−0.49	−0.89	−1.06	−0.13	0.04	−0.09
289	−0.38	−0.52	−0.91	−1.10	−0.11	0.03	−0.08
290	−0.51	−0.71	−1.17	−1.50	−0.13	0.04	−0.04
291	—	—	—	—	—	—	—
292	−0.39	−0.67	−1.04	−1.41	−0.04	0.04	0.02
296	—	—	—	—	—	—	—
301	−0.53	−0.86	−1.34	−1.74	−0.09	0.01	−0.04
302	—	—	—	—	—	—	—
303	—	—	—	—	—	—	—
304	−0.49	−0.76	−1.27	−1.64	−0.08	0.07	−0.04
307	—	—	—	—	—	—	—
308	—	—	—	—	—	—	—

续表

样品号	δ^{199}Hg (‰)	δ^{200}Hg (‰)	δ^{201}Hg (‰)	δ^{202}Hg (‰)	Δ^{199}Hg (‰)	Δ^{200}Hg (‰)	Δ^{201}Hg (‰)
309	−0.45	−0.71	−1.18	−1.50	−0.07	0.05	−0.05
310	—	—	—	—	—	—	—
311	—	—	—	—	—	—	—
312	−0.41	−0.63	−1.06	−1.36	−0.07	0.05	−0.04

早二叠世 Hg、Hg/TOC、Hg/Al 和 TS 分析结果表   表 6-4

样品号	Hg (ppb)	Hg/TOC	Hg/Al	TS(%)	样品号	Hg (ppb)	Hg/TOC	Hg/Al	TS(%)
265	26	22.70	1.36	0.21	289	133	70.53	6.12	0.53
266	5	16.46	0.25	0.11	290	98	66.51	4.33	1.37
267	10	38.32	0.50	0.09	291	50	19.30	2.20	0.40
268	3	8.04	0.14	0.13	292	13	5.13	0.57	1.21
271	8	8.00	0.34	0.19	296	3	2.05	0.17	0.78
272	138	95.64	5.19	0.06	301	36	16.85	2.50	0.90
273	120	72.91	5.23	0.06	302	31	26.21	2.03	0.26
280	17	6.57	0.89	0.06	303	11	10.19	0.75	1.10
281	13	8.46	0.65	0.05	304	6	4.76	0.38	1.42
282	29	14.31	1.29	0.02	307	4	2.41	0.32	1.50
285	290	103.57	10.03	0.40	308	19	12.11	1.54	1.35
286	435	135.94	14.16	0.49	309	53	29.66	4.45	2.76
286-1	249	82.97	8.69	1.78	310	24	16.62	1.70	1.51
288	201	65.37	6.84	0.13	311	18	17.79	1.17	1.20
288-1	149	52.29	6.50	1.57	312	34	18.34	1.47	1.77

6.4 中二叠世火山活动记录

6.4.1 研究结果与分析

中二叠世 Hg 和 Ni 浓度的结果展示在表 6-5 和图 6-10 中。Hg 浓度从 0.54ppb 变化到 90.04ppb，平均值为 22.87ppb，并且在罗德晚期、沃德晚期和卡匹敦晚期

中二叠世 ZK-3809 钻孔 Hg、Ni、Hg/TOC 和 Ni/TOC 比值结果表　表 6-5

样品编号	Hg（ppb）	Ni（mg/g）	TOC（%）	Al$_2$O$_3$（%）	TS（%）	Hg/TOC	Ni/TOC
115	9.2	0.72	0.72	28.35	0.006	12.71	23.3
124	19.1	1.25	1.25	37.78	0.15	15.30	13.6
132	19.7	1.06	1.06	25.13	0.1	18.61	19.0
144	22.4	0.97	0.97	26.57	0.15	23.10	12.3
153	50.2	1.12	1.12	26.08	0.102	44.80	35.8
168	90.0	1.56	1.56	28.94	0.307	57.72	587.8
169	82.3	1.50	1.50	27.04	0.12	54.85	53.3
170	61.8	1.23	1.23	28.36	0.21	50.23	45.1
171	45.3	0.98	0.98	31.28	0.402	46.21	22.0
176	31.9	0.93	0.93	25.07	0.1	34.26	15.1
185	22.5	1.19	1.19	32.79	0.05	18.92	16.0
186	19.0	1.13	1.13	29.76	0.085	16.80	22.3
198	9.9	0.72	0.72	31.17	0.106	13.72	60.7
199	0.7	0.48	0.48	29.77	0.76	1.46	50.8
208	45.1	1.41	1.41	33.11	0.925	32.00	49.6
209	48.5	1.26	1.26	32.48	0.652	38.50	105.9
210	32.4	0.89	0.89	26.61	0.584	36.40	73.0
211	21.3	0.60	0.60	21.81	0.504	35.50	88.4
219	16.3	0.57	0.57	23.80	0.78	28.51	74.2
220	1.2	0.68	0.68	23.49	0.357	1.74	57.4
221	9.5	0.57	0.57	21.22	0.138	16.58	56.3
222	2.9	0.54	0.54	23.56	0.13	5.44	70.4
230	0.5	0.98	0.98	32.28	0.104	0.55	26.4
231	10.6	0.79	0.79	34.25	0.031	13.39	35.4
232	9.7	0.93	0.93	37.09	0.125	10.39	13.3
233	1.4	0.72	0.72	29.99	0.121	2.01	34.0
234	10.4	0.83	0.83	33.40	0.204	12.53	26.5
235	5.3	0.46	0.46	33.44	0.301	11.57	81.5
236	22.5	0.44	0.44	28.29	0.352	51.11	104.1
237	20.2	0.87	0.87	19.50	0.425	23.23	43.9

续表

样品编号	Hg(ppb)	Ni(mg/g)	TOC(%)	Al₂O₃(%)	TS(%)	Hg/TOC	Ni/TOC
238	15.5	0.96	0.96	17.63	0.246	16.18	32.3
252	12.5	0.67	0.67	20.04	0.021	18.63	36.6
253	14.8	0.94	0.94	16.80	0.013	15.74	21.2

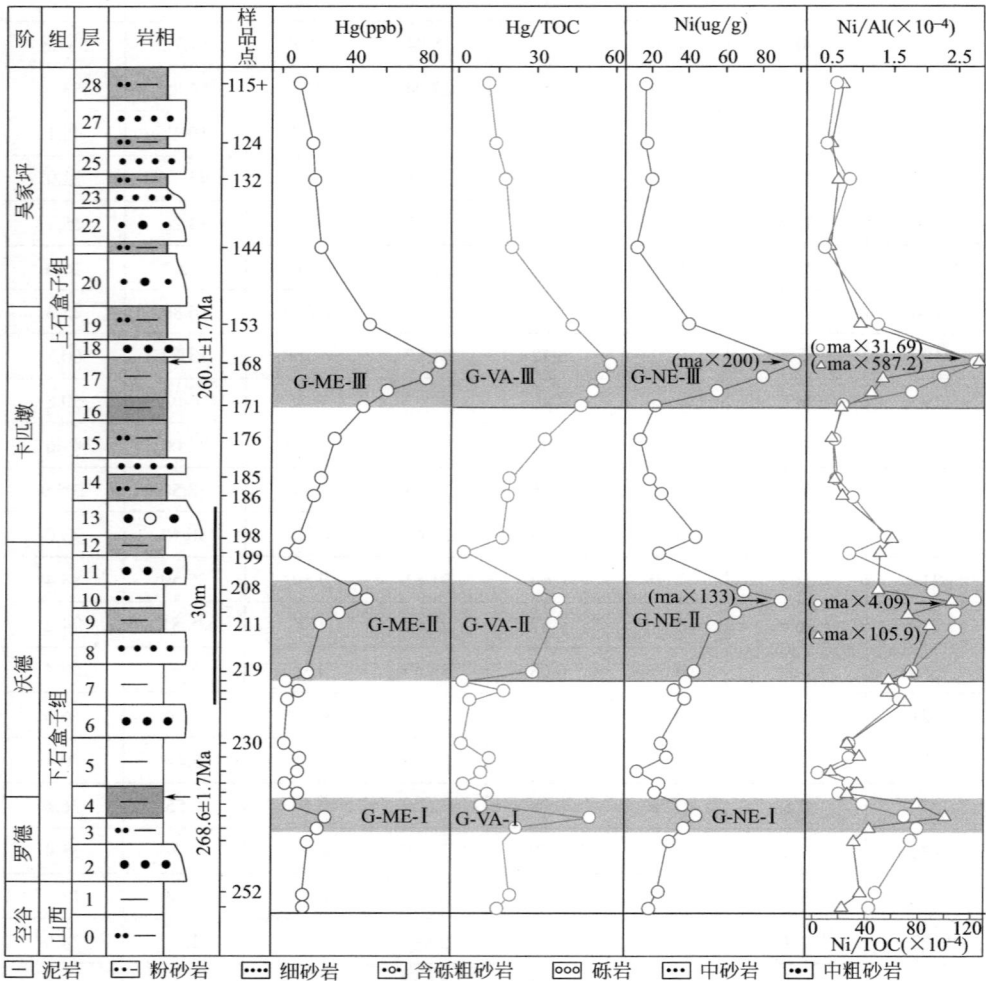

图6-10 中二叠世 ZK-3809 钻孔 TOC（TOC 所有数值 >0.2%，临界值来源于 Grasby 等人，2017）、干酪根显微组分、Hg、Hg/TOC、Ni、Ni/Al 和 δ¹³C_org 结果

表现出3次Hg的富集异常（垂向上命名为G–ME–1、G–ME–2和G–ME–3）。Hg与TOC（+0.77）显著的相关性，与Al（+0.05）和TS（+0.16）弱相关性表明，有机质是Hg的宿主（图6–11），所以本书用TOC来矫正Hg的浓度。

Hg/TOC比值从0.55ppb/wt.%变化到57.72ppb/wt.%，平均23.60ppb/wt.%，并与Hg浓度的3次峰值表现出等时的3次峰值（命名为G–VA–1、G–VA–2和G–VA–3）。3次Hg的输入的开始与3次惰质组开始升高对应，并且Hg浓度的峰值与3次碳同位素负偏移的最低点对应。Ni浓度从12.0mg/g变化到917.0mg/g，平均值为63.3mg/g，并在罗德晚期、沃德晚期和卡匹敦晚期表现出3次Ni的富集异常（命名为G–NE–1、G–NE–2和G–NE–3）。Ni与TOC（+0.42）显著的相关性和Al（+0.04）与TS（+0.11）弱相关相关性表明，有机质是Ni的宿主（图6–11），所以本书用Ni/TOC和Ni/Al来矫正Ni的浓度。Ni/TOC比值从12.3×10^{-4}变化到587.8×10^{-4}，平均值为60.8×10^{-4}；Ni/Al比值从0.33×10^{-4}变化到31.7×10^{-4}，平均值2.28×10^{-4}。Ni/TOC、Ni/Al与Ni共同在罗德晚期、沃德晚期和卡匹敦晚期表现出3次富集，其3次峰值与Hg富集峰值同时发生，并且Ni的3次富集的开始点和峰值与两次碳同位素负偏移的开始点和最低点对应。因此目标地层中二叠世的Hg/TOC和Ni/TOC的3个峰值分别在罗德晚期、沃德晚期和卡匹敦晚期记录了三次火山活动。

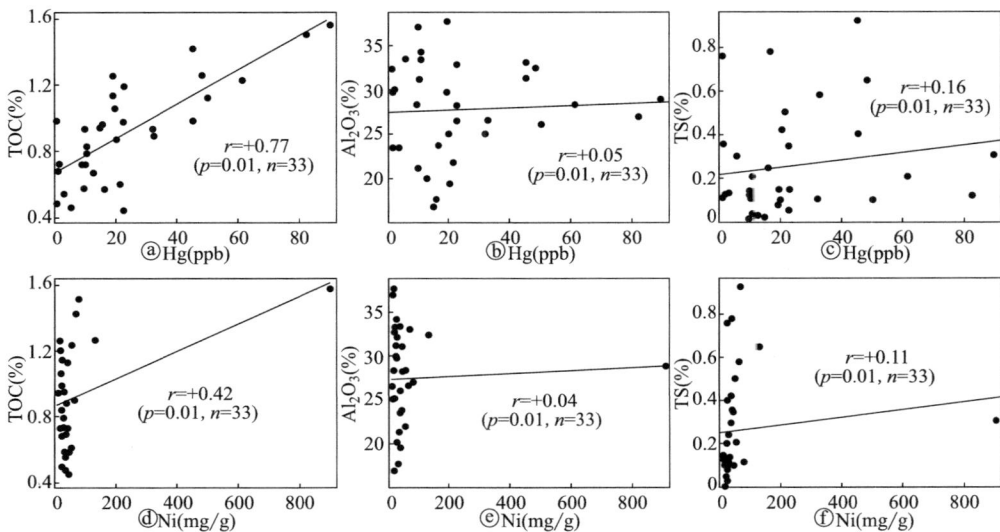

图6–11　Hg和Ni分别与TOC、TS和Al的相关性分析图

6.4.2　讨论

研究区Hg的浓度除了在罗德晚期、沃德晚期和卡匹敦晚期表现出3次Hg浓度的富集异常，在其他时期都相对较低。Hg/TOC是评估火山在沉积地层中良好的指标，并且Hg通常富存在有机质、黏土矿物和硫化物中。研究区Hg的浓度与TOC显著相关，标准化后Hg/TOC仍然在Hg富集的时期表现出3个峰值（G–VA–1、G–VA–2和G–VA–3），并且研究区低的TOC值不是Hg/TOC升高的原因，有如下两个原因：（1）研究区每个样品的TOC数值均大于0.2%，这是运用Hg与TOC进行标准化处理时TOC的临界值；（2）研究区Hg/TOC的峰值与Hg的峰值同时存在，并且包括TOC含量高（<1.0%）和低（>3.0%）的样品。Hg/TOC记录的3次火山活动（G–VA– Ⅰ 、G–VA– Ⅱ 和G–VA– Ⅲ ）对应于$\delta^{13}C_{org}$的3次负偏移（G–CIE–1、G–CIE–2和G–CIE–3），表明岩浆侵入并加热富有机质的沉积物的共同来源。说明岩浆侵入富有机质岩层是两次碳循环波动和汞富集异常的原因，并且G–VA–1、G–VA–2和G–VA–3指示了3次增强的火山活动。

Hg/TOC推断出的火山活动曲线不仅与峨眉山大火成岩省和华北北缘的火山活动有着时间上的关系，并且还可以通过$\delta^{13}C_{org}$和Hg/TOC之间的关系得到证实。在有机质类型和植物组合稳定的条件下，陆地有机碳同位素反映了古大气CO_2组成的变化。火山活动释放出大量偏重的CO_2和Hg，导致Hg的富集、大气中pCO_2增加和大气中$\delta^{13}C$数值的降低。罗德期—吴家坪期Hg/TOC和$\delta^{13}C$曲线的负耦合关系支持了上述结论，这一推断与同期大气CO_2浓度增加和喷出火成岩的广泛记录相一致。

研究区Hg/TOC的3次峰值较好地记录了峨眉山大火成岩省（259.1～260.1Ma）、华北北缘的火山活动（265～269Ma）。沃德晚期和卡匹敦晚期2次火山活动的记录在遥远的Sverdrup Basin也有记录，说明Hg可以通过大气传输到很远的地方，并且记录在沉积地层中。

6.5　晚二叠世火山活动记录

6.5.1　研究结果与分析

晚二叠世Ni浓度范围为3.64～34.78ppm（平均为18.22 ppm）（图6–12、表6–6）。Fielding等人（2019）认为镍含量受铝含量的影响，因此我们将镍标准化为铝，并以Ni/Al比值的形式呈现数据。Ni/Al比值其变化范围为0.17×10^{-4}～2.28×10^{-4}（平均为1.07×10^{-4}）。Ni和Ni/Al均在图6–12的第20层底部显示出明显的峰值。

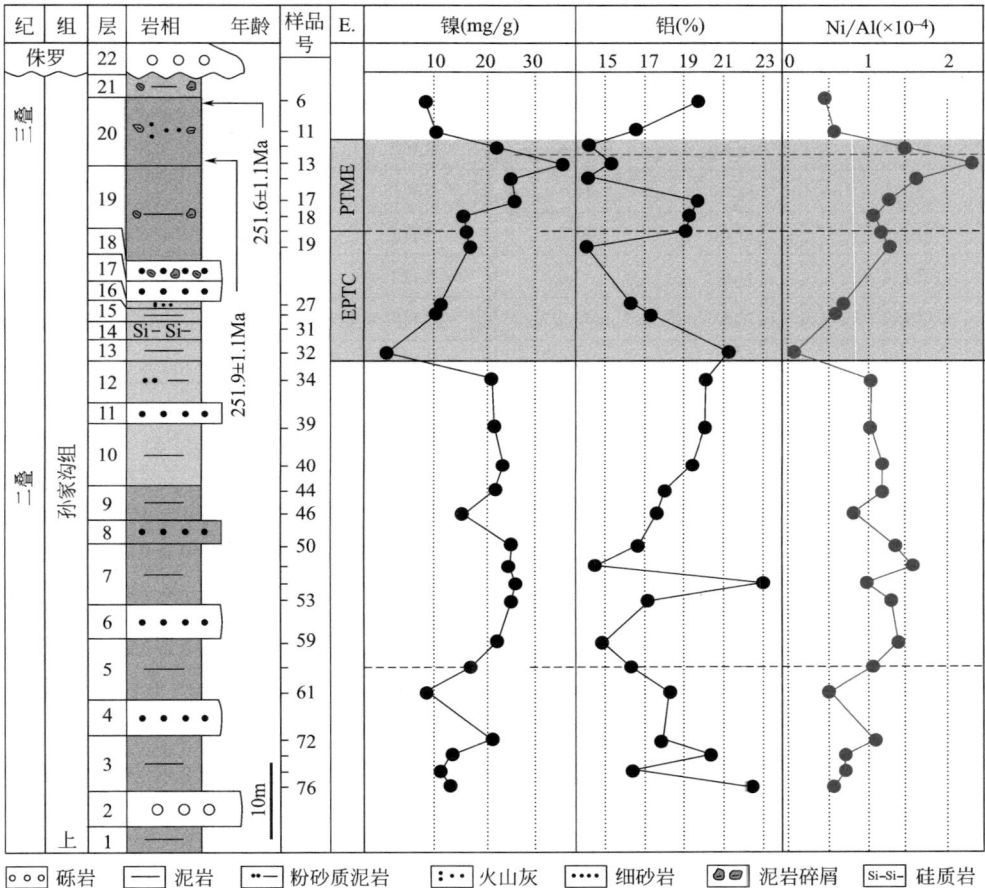

图6-12 晚二叠世 ZK-3809 钻孔 Ni 浓度、Ni/Al 比值结果

注：二叠纪—三叠纪大灭绝（PTME）；二叠纪末期陆地生态系统崩溃（EPTC）。

Ni 及 Ni/Al 比值结果表　　　　　　　　　　　　表6-6

样品编号	Ni（%）	Ni/Al（×10⁻⁴）	样品编号	Ni（%）	Ni/Al（×10⁻⁴）
LJ6	14.1	18.0	LJ18-1	13.5	7.2
LJ11	19.3	21.6	LJ19	9.2	6.3
LJ12	14.3	18.5	LJ27	21.5	8.0
LJ13	9.3	15.4	LJ30	24.1	9.8
LJ16	19.4	16.0	LJ32	90.0	8.0
LJ17	3.8	7.6	LJ34	34.9	50.6
LJ18	17.7	8.0	LJ39	10.9	63.4

样品编号	Ni（%）	Ni/Al（×10⁻⁴）	样品编号	Ni（%）	Ni/Al（×10⁻⁴）
LJ40	40.4	50.6	LJ59	4.9	84.0
LJ44	16.6	61.6	LJ60	5.0	38.2
LJ46	38.9	16.7	LJ61	28.0	36.0
LJ50	19.6	48.2	LJ72	7.2	57.2
LJ51	31.6	57.9	LJ73	1.5	69.2
LJ52	19.6	48.2	LJ75	19.5	52.4
LJ53	31.6	57.9	LJ76	10.4	63.6

6.5.2 讨论

研究区晚二叠世末期Ni的浓度存在着异常，虽然Ni是一种植物所必需的微量营养素，但它在高浓度下对植物有毒，对光合作用和呼吸作用产生负面影响，抑制植物生长，并导致植物多样性严重枯竭。研究区P–T界线处Ni的浓度增加，这意味着西伯利亚火山的侵入作用可能是造成二叠—三叠界线处Ni浓度增加的原因之一，并且Ni的释放是二叠纪末期陆地植被消亡（EPPE）的一个潜在因素。并且在华南的海相剖面、澳大利亚悉尼和研究区陆相剖面中都发现了Ni的浓度在P–T界线附近的异常富集。此时正值西伯利亚火山侵入阶段的开始（251.907±0.067Ma），由于西伯利亚火山作用侵入到Ni金属矿床，进而导致了Ni在海相陆相剖面P–T界线位置的异常富集。

Ni的富集异常在煤山、Spitzbergen、Western Slovenia、Southern Israel、Austria、India、Hungary、Japan等地的二叠—三叠纪界线处普遍存在。这种异常记录了在Siberia的Noril'sk地区大规模富集镍的岩浆岩侵位过程中，Siberian Trap火山作用引起的海洋化学元素变化（图6–13）。

6.6 本章小结

（1）通过Hg、Hg/TOC和Ni元素的富集异常，揭示了目标地层晚石炭世4次火山活动记录（P–VA–1、P–VA–2、P–VA–3、P–VA–4），早二叠世2次火山活动记录（C–VA–1、C–VA–2），中二叠世3次火山活动记录（G–VA–1、G–VA–2、G–VA–3）和晚二叠世1次火山活动记录（L–VA–1）。

（2）研究区记录的10次火山活动分别与晚石炭世的华北板块北缘的火山活动，C–P过渡期的SCLIP火山活动，早二叠世Tarim、Panjal、羌塘和Cholyoi火山

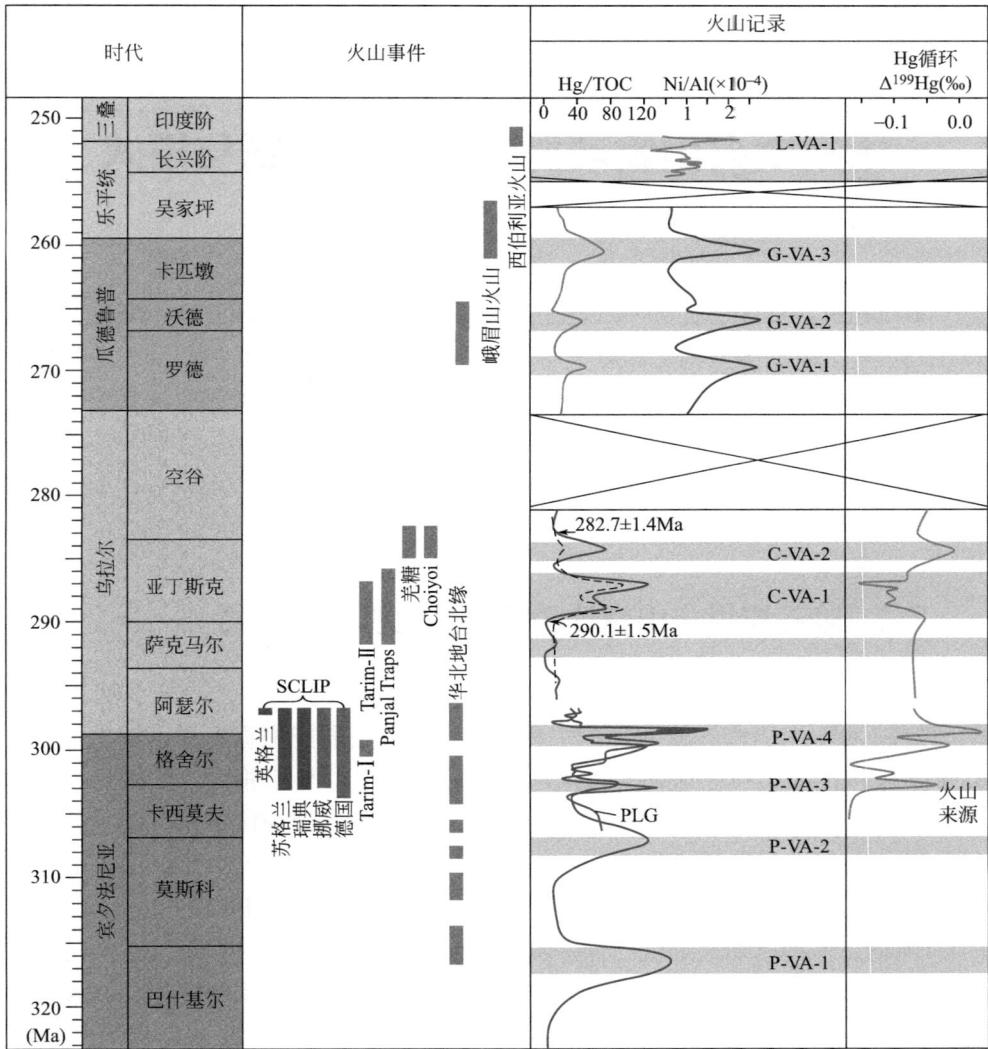

图6-13 研究区石炭—二叠纪火山记录—环境变化汇总图

活动，中二叠世峨眉山大火成岩省和晚二叠世末期西伯利亚大火成岩省对应，研究区Hg和Ni的富集异常是石炭—二叠纪火山活动的沉积记录。

第7章

冰室期火山驱动的环境变化机制与模式

本章通过目标地层石炭—二叠纪的火山活动记录、碳循环波动、野火、大陆风化趋势、有机质类型转变和海平面变化等陆地环境变化之间的耦合关系及与高纬度冰川旋回的对比分析，探讨了石炭—二叠纪火山活动（华北板块北缘的火山活动，C–P过渡期的SCLIP火山活动，早二叠世Tarim、Panjal、羌塘和Cholyoi火山活动，中二叠世峨眉山大火成岩省和晚二叠末期西伯利亚大火成岩省）对环境和气候的驱动模式和差异驱动机制。

7.1 晚石炭世火山驱动的环境变化机制与模式

火山活动、古热带低地成煤森林和硅酸盐风化程度被认为是宾夕法尼亚纪期间控制大气$p\mathrm{CO_2}$和气候变化的主要因素。过去的研究根据海洋碳酸盐$\delta^{13}\mathrm{C}$值的长期模式推断出显生宙期间冰川活动的阶段。根据与相邻时间段相对较高的$\delta^{13}\mathrm{C}$和$\delta^{18}\mathrm{O}$值，推断了石炭纪和二叠纪的冰期条件。在研究区域内，碳同位素值显示巴什基尔中早期的高原对应于Fielding等人（2008）的C3冰期和Isbell等人（2003）的Glacial II（图7–1），而莫斯科中早期的高原对应于Fielding等人（2008）的C4冰期。这些冰期间隔被巴什基尔晚期火山活动增强期（P–VA–1）及其相应的负碳同位素漂移期（P–CIE–1）分隔开。研究区同期火山作用峰值P–VA–1同时出现，$p\mathrm{CO_2}$值增加表明，火山作用是C3和C4冰川之间温暖间冰期大气$p\mathrm{CO_2}$增加和气候变暖的主要驱动因素之一。

在研究区域的晚莫斯科期至格舍尔期，碳同位素趋势显示出快速的负漂移（P–CIE–2），随后出现稳定的增加值，对应于澳大利亚C2和P1冰川之间的间冰期。莫斯科晚期和格舍尔早期的火山P–VA–2和P–VA–3，以及$p\mathrm{CO_2}$的增加，表明火山作用是大气$p\mathrm{CO_2}$增加和气候变暖从巴什基尔期—莫斯科期的冰川条件向卡西莫夫期—格舍尔期的间冰期条件转变的主要驱动因素之一。这与海西造山运动（约53%）导致的热带成煤森林面积快速收缩相吻合。

在格舍尔中后期，研究区和右江盆地（华南）、纳庆剖面（华南）、空山剖面（华东）和俄罗斯莫斯科剖面的正碳同位素漂移，可能归因于该时间段火山活动

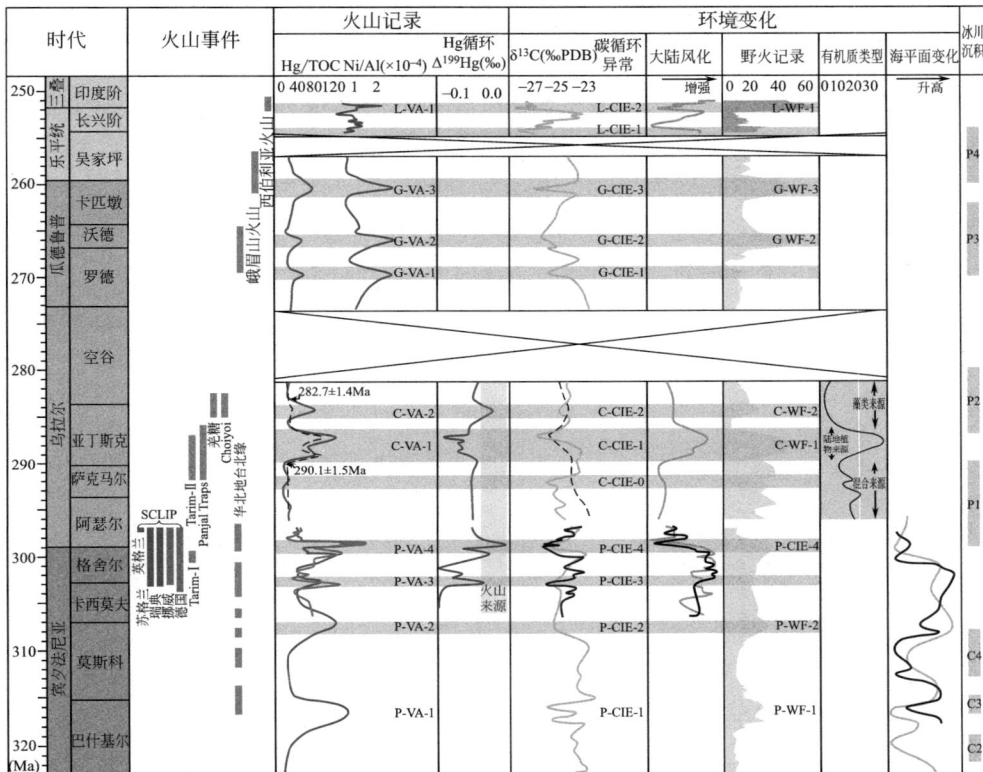

图7-1　研究区石炭—二叠纪火山记录—环境变化汇总图

增强，释放了大量相对较重的CO_2（-6‰），使大气中的CO_2更重，与pCO_2的增加一致。跨越C-P转换期的P-VA-4对应于负偏移P-CIE-4，并伴随着pCO_2的增加。这表明，石炭—二叠纪冰库期间气候变暖与火山活动时期相关。以斯卡格拉克为中心的大火成岩省和塔里木大火成岩省的侵位以及华北板块的火山作用可能是主要原因。这些事件可能释放了大量二氧化碳排放，导致气候变暖。这是在二叠纪早期冷却之后立即发生的，可能是热带纬度新近形成的玄武岩爆发后快速风化的结果，这将隔离大气中的CO_2，并促进返回到较冷的冰库条件。

　　综上所述，在晚石炭世，除了石炭—二叠纪过渡期，华北板块北缘的火山欧洲西北部的火山和塔里木第一期火山可能释放了大量的二氧化碳，导致气候变暖，碳同位素发生了多次负偏移、野火事件和海平面上升。并且这些事件与高纬度的C3、C4和P1之间的间冰期有着较好的时间上的联系，说明火山活动在晚石炭世驱动的全球气候变暖。华北板块表现的环境变化主要为：碳同位素的负偏移、海平面上升及野火的发生。

7.2 石炭—二叠纪过渡期火山驱动的环境变化机制与模式

在C–P过渡期，研究区记录的SCLIP火山与高纬度冰川冰的增长和全球气候变冷的间隔共存。因此，我们的研究支持硫酸盐气溶胶的火山释放到平流层，导致太阳负辐射和散射增加，并引发导致气候变冷的"阳伞效应"。C–P边界的环境景观变化主要是由于SCLIP火山的大规模喷发引发了全球"火山冬天"（图7–2）。由SCLIP引发的"火山冬天"在时间上与欧洲和北美石炭—二叠纪边界湿地植物群落的崩溃相耦合。我们认为由SCLIP引起的全球变冷，增强的硅酸盐风化作用和海西运动引起的干旱增加共同导致了欧洲和北美石炭纪雨林的崩溃。

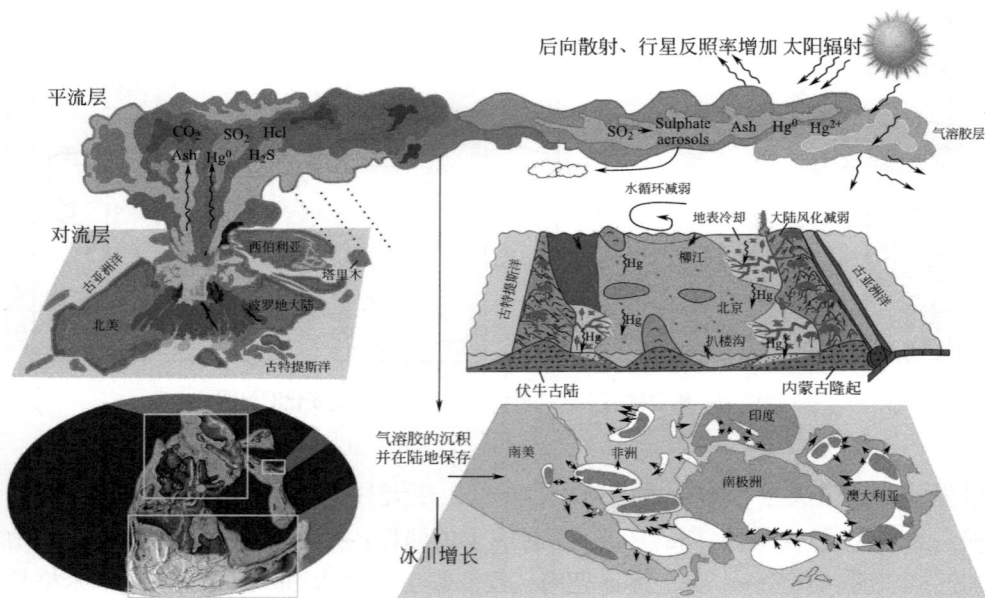

图7–2 石炭–二叠纪界线火山–气候演化模型图
注：华北板块根据尚冠雄于1997年修改；岗瓦纳冰原根据Isbell等人于2012年修改。

根据资料，火山活动在C–P过渡期时释放了大量的C和Hg，在研究区表现为CP–CIE、CP–ME和接近于零的 $\Delta^{199}Hg$ 值。如果火山活动释放了足够的温室气体来形成CP–CIE，那么它应该会使大气变暖，但大陆风化作用的减少，加上冰盖的增长引发了一场冷却事件。火山活动释放的硫酸盐气溶胶可以阻挡太阳辐射，不仅具有遮阳伞效应，火山灰也是导致海洋富营养化的P、Si和Fe等营养物质的重要来源，海洋生产力的增加吸收 CO_2 导致C固定和埋藏，这可能是C–P边界大气 CO_2 减少的原因之一。因此，我们的研究证明了深层地质历史中火山活动释放的CO_2和CH_4等温室气体以及火山灰和气溶胶造成的气候效应的正反馈和负反馈之间的竞争。

7.3　早二叠世火山与野火共同驱动的环境变化机制与模式

野火是释放储存的陆地 C 和 Hg 的重要触发机制，在研究区可以看到，作为野火的直接证据（C-WF-1 和 C-WF-2）的惰质组含量的同步上升以及 C 和 Hg 同位素的变化（图 5-15）。C-WF-1 与 $\delta^{13}C_{org}$ 负偏移（C-CIE-1）和增强的全球大陆风化也有较好的相关性，C-WF-2 与 $\delta^{13}C_{org}$ 偏移（C-CIE-2）有较好的相关性。近年来的研究表明，亚丁斯克时期，印度 Rajmahal 盆地和华北南部禹州盆地的山火较为频繁，这次野火事件可能是全球信号。研究区 C-WF-1 强度高于 C-WF-2，土壤侵蚀较强，大陆风化作用较 C-VA-1 显著。因此，即使 C-VA-1 区间有大量火山活动直接释放的接近零的 $\Delta^{199}Hg$ 信号，这些信号也被巨大的土壤侵蚀所传输的陆地 Hg 信号所覆盖。

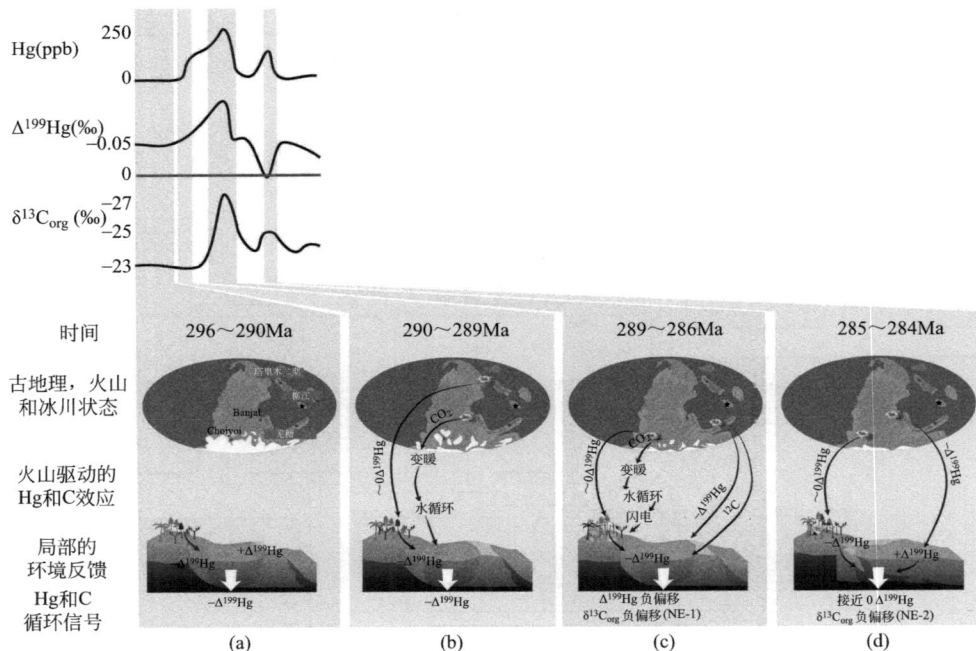

图 7-3　冰期至间冰期大陆生态阶段的重建和萨克马尔晚期至亚丁斯克期 Hg 通量的示意图

（a）显示冰期时的正常状态；（b）冰消期开始时 Hg 输入和野火的开始、塔里木 LIP-Ⅱ 和盘加尔圈闭的爆发期；（c）亚丁斯克冰消期最大时期与植物燃烧和土壤侵蚀源有关的陆地环境中额外的优先 Hg 负荷；（d）表示间冰期的环境变化

　　碳同位素负偏移与Hg通量峰值同时出现的另一种解释是火山活动造成的环境和气候影响（图7-3）。在研究区，两场山火的发生与Hg负荷（C-VA-1和C-VA-2）开始增加同步；野火、汞的富集异常和碳同位素负偏移的同步表明，火山作用是亚丁斯克全球野火增加的原因，野火引起的土壤侵蚀是汞的另一个重要来源（Δ^{199}Hg值为负），野火还可以氧化有机质并将C（富含^{12}C）释放到大气中。这可能在阿瑟尔早期尤其明显。当土壤侵蚀伴随着陆地生态系统崩溃，这些证据由阿瑟尔早期的植物灭绝事件所表明，并且通常伴随着大规模的野火和大量Hg的流入。在P-T转变期间也观察到类似的现象，当时全球C和Hg循环的生物地球化学耦合建模表明，在海洋和陆地二叠—三叠界线大规模灭绝期间，δ^{13}C中存在一个较大的Hg峰值和低谷，最好的解释是陆地生态系统崩溃导致的陆地生物量氧化突然大规模脉冲。

　　然而，在亚丁斯克早期冰川消融的区间内，气候趋于相对湿润，化学风化作用增强，降低了野火发生的可能性。因此，亚丁斯克早期冰川消融时期野火的流行可能是由点火因素控制的。在自然条件下，点火是由闪电、火山喷发和流星撞击引起的，可能性较小。其中，在研究区域没有适合点燃野火的近距离火山活动，也没有任何证据表明陨石撞击是此时的点火机制。闪电可能是野火的主要火源，其发生与潮湿的气候增加了水循环有关，这反过来又导致了更多的闪电。此外，在冰川消冰期间永久冻土也将释放大量的C和Hg，这些也是额外地成为C-CIE-1和C-VA-1共存的潜在贡献者。

　　火山—气候—野火的耦合关系贯穿整个亚丁斯克期（图7-4）。亚丁斯克中

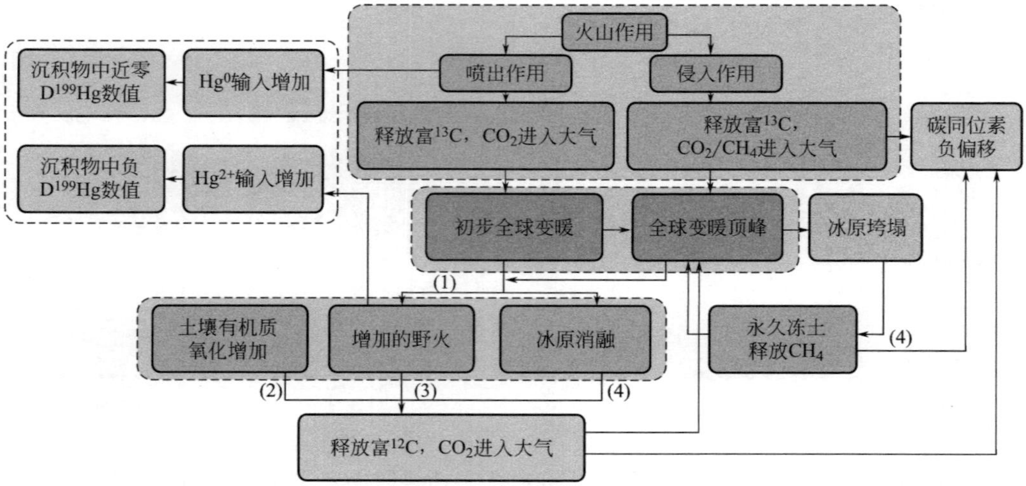

图7-4　火山活动与环境变化的耦合关系图

（1）水循环加剧产生闪电，引发野火；（2）土壤圈中土壤有机质的氧化增加；
（3）生物圈中有机质的氧化增加；（4）大气圈中CH4氧化增加

期火山活动和野火峰值的同时出现，与亚丁斯克期间的冰川消冰相吻合，并与Hg和C的异常有关。澳大利亚冰川沉积物直接记录了亚丁斯克冰川消融，南半球基于腕足动物的$^{87}Sr/^{86}Sr$数据也证实了亚丁斯克的冰川消融。研究区有机质类型从混合源向陆源的变化，以及全球大陆风化和大气温度、CO_2浓度的当代峰值也支持了亚丁斯克的冰川消融。亚丁斯克早期的冰川消融表明，当全球温度上升到一定阈值时，变暖（表现为大陆风化作用增强）会导致冰盖融化。陆地C的释放导致C和Hg循环异常，野火引发的土壤侵蚀导致盆地内沉积Hg的富集异常，对地球系统造成灾难性气候变化（如大陆风化、野火和植物灭绝等），而这些变化都是由火山活动和野火驱动的。

7.4　中二叠世火山与野火共同驱动的环境变化机制与模式

火灾是陆地生态系统的重要组成部分，并影响着植被碳循环和气候的变化。惰质组或木炭是火灾的衍生物，在岩石记录中证明了野火的存在。研究区惰质组垂向变化模式表明，在早中沃德期和早中卡匹敦期古火灾盛行。野火通过高温火焰，二氧化硫等污染物和多环芳烃（PAHs）等有毒化合物直接摧毁生物。此外由于植被覆盖的丧失，动物也失去了可供生存的食物来源，并导致大规模动物的死亡。此外，世界范围内的野火会释放出大量的CO_2，烟柱和大气气溶胶，可能会导致动物的死亡，地表温度在局部甚至全球范围升高，并加剧干旱的气候条件。

迄今为止，火灾最重要的自然点火源是雷击，目前地球上每秒钟有100次雷击，加上火山造成的有利于火灾的气候条件，会导致野火大规模盛行。沃德晚期研究区广泛的野火的点燃条件还可能是华北板块北缘频繁的火山活动，火山喷发出热的火山灰和熔岩可能烘烤并点燃华北板块罗德晚期和沃德晚期的植被，造成了罗德期的植物灭绝。但Bond等人（2010）曾把华北的这次生物灭绝与南非Karoo盆地的四足动物灭绝相关联，说明有可能是大规模的植物灭绝导致动物失去食物来源而死亡，但还可能是大规模的野火释放的SO_2等污染物通过大气来造成遥远的Karoo盆地的动物灭绝。卡匹敦晚期华北板块的野火则可能是峨眉山大火成岩省引起的气候变化导致野火发生，通过高温火焰，二氧化硫等污染物、多环芳烃等有毒化合物摧毁了植物，导致研究区植物的大规模灭绝。

古野火可直接扰动或干扰造成植被的更替或灭绝，但更深层的原因可能是火山活动。在研究区Hg/TOC代表的火山活动（G-VA-1、G-VA-2和G-VA-3）与瓜德鲁普的2次植物危机和1次动物危机有着较好的对应关系。火山活动被认为是通过影响气候而导致野火的间接触发机制，广泛的火山作用和岩浆侵入有机质燃烧的同时会导致大量的温室气体排放，加剧了气候变化，助长了野火的增加和碳同位素的负偏移。

Ni是植物生长必需的营养物质，然而植物正常生长所需的Ni含量非常低，它在高浓度下对植物有毒，对光合作用和呼吸产生负面影响，抑制植物生长，并导致植物多样性的严重枯竭。在卡匹敦期的2个植物和1个动物灭绝区间，研究区表现出3个Ni浓度的增加，这意味着火山活动引起的Ni元素的释放是导致瓜德鲁普动植物危机的一个潜在因素。

7.5　晚二叠世火山和野火共同驱动的环境变化机制与模式

古野火和二叠纪末陆地危机：EPTC表现为植物和土壤的突然大规模消失。关于这一现象的因果机制，目前还没有达成共识，因为有太多的假设驱动因素，包括火山驱动的酸雨、臭氧消耗导致的UV-B辐射诱发的植物死亡，以及导致野火增加的季节性气候变化，其中部分或全部可能导致土壤灾难性损失，也与海洋PTME的机制有关。

在各种的陆地灭绝驱动因素的观点中，野火是我们研究区域晚二叠世最常见的现象之一。研究区域内惰质组的浓度向PTB（图5-19第13～20层）急剧增加，平均浓度为68.1%，表明当时华北板块东北边缘的野火很常见。TOC值在EPTC之后呈下降趋势，表明这些野火导致了陆地植物燃料的大量损失。华北南缘陆相地层禹州剖面和海相石川河剖面中的TOC含量同样较低，表明TOC存在普遍较低的趋势。

尽管柳江煤田的TOC含量有所下降，但在EPTC之后，惰质组浓度仍然相对较高，这可能是因为华北板块的植物没有完全灭绝，而是有11属16种存活到三叠纪。在NCP（保德和禹州段及本研究）、华南（Guanbachong、Taoshujing、Lubei、Sandaogou、Dalongkou and Lengqinggou sections）和澳大利亚的海洋PTME之前，在更广泛的区域发现了陆地环境中的火衍生产品，这表明当时森林火灾很普遍。

晚二叠期间，华北地区的古气候从干旱到半干旱变化，因此有利于野火的发生。在EPTC开始时，CIA值的增加表明气候相对湿润，这可能抑制了野火活动。长兴晚期野火的发生可能是由闪电等点火机制控制的。我们的数据支持全球径流量的增加和PTB周围湿度的急剧增加，但这些湿度的增加可能是短暂的。

古野火活动的增加会导致植物燃烧产生大量的有机质和养分，并导致土壤和岩石的风化增强，从而通过地表径流进入海洋。这些大量的营养输入刺激了蓝藻和藻类的繁殖。我们认为，在EPTC期间造成地表破坏的野火可能导致了海洋 PTME。西伯利亚圈闭引发的火灾气候效应，以及特提斯洋周围潜在的岛弧火山作用，引发了二叠—三叠纪陆地和海洋危机，并因此成为这场危机的主要驱动力。

7.6　冰室期火山与野火共同驱动的环境—气候变化机制

火山活动造成的环境变化：

（1）火山引发的气候变暖：引发火山活动可以通过侵入作用和喷出作用释放大量的温室气体。研究区的环境变化表现为海平面上升、大陆风化增强、全球水循环增强和大规模的冰川消融事件（图7-5）。研究区晚石炭世恢复的海平面变化与高纬度冰川旋回有着较好的对应关系：即冰期海平面下降，而间冰期海平面上升。并且在亚丁斯克早期海平面上升造成了研究区有机质类型由混合型向藻类增多转换。长兴期大陆风化作用的增强导致陆地向海洋输入了大量的营养物质造成海洋缺氧。

（2）火山引发的气候变冷：火山活动的喷出作用会释放大量的硫酸盐气溶胶，会在平流层形成"阳伞效应"导致气候变冷，表现出的环境变化为大陆风化作用的降低和高纬度冰川的增长。而火山喷发的火山灰会给海洋生态系统输入大量的营养物质（如P等）造成海洋固碳，大气中的C减少，是火山活动引发的气候变冷非常重要的正反馈机制。

火山活动的正反馈机——野火：火山活动引起的水循环增强引发的野火事件在研究区石炭—二叠纪地层中都有记录，野火是火山活动伴生的非常重要的一个组成部分，它不仅会向使有机质氧化返还大量的C到大气中（正反馈），也会使土壤侵蚀造成陆源Hg输入到盆地中造成沉积Hg的富集异常。因此野火是气球表层系统C和Hg循环的重要来源和触发机制。同时，火山活动造成的大规模的冰原融化使永久冻土释放CH_4等温室气体，也会返还大量C到大气中。野火导致的土壤侵蚀和冰川融化使永久冻土释放C，都是火山活动的非常重要的正反馈，是一个恶性的生态系统的C循环过程。另外，火山喷发作用释放的气态Hg也是沉积Hg的一个重要来源。

火山活动引发的生物灭绝机制：火山活动的侵入作用释放的Ni等有毒元素，造成动植物中毒死亡；火山的正反馈作用——野火会直接导致植物大规模死亡；火山活动的喷发作用释放的硫酸盐气溶胶会导致酸雨的增多，也会造成动植物的死亡；火山活动造成的全球变暖引发的大陆风化作用增强，输入大量的营养物质到海洋造成海洋的缺氧，引发最终的二叠纪末生物大灭绝。

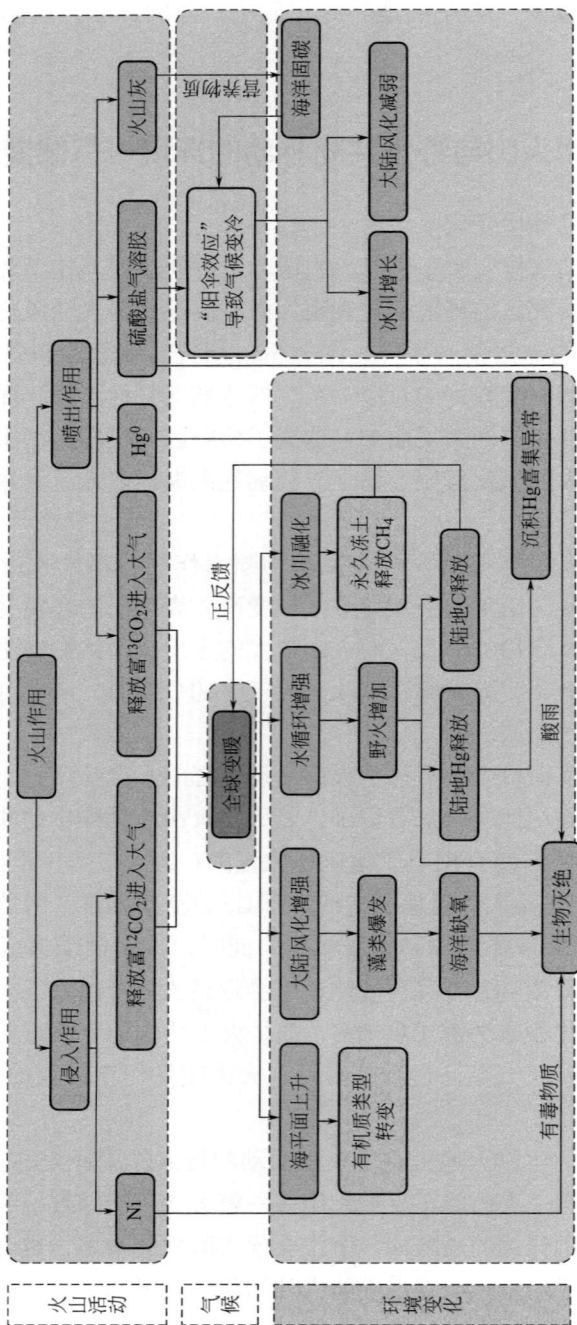

图 7-5 火山活动驱动的环境变化因果关系流程图

7.7　本章小结

（1）火山活动不仅会引发气候变暖，还会引发气候变冷：火山活动通过侵入作用和喷出作用释放大量的温室气体，表现为导致海平面上升、大陆风化增强、全球水循环增强和大规模的冰川消融事件。火山活动的喷出作用会释放大量的硫酸盐气溶胶，会在平流层形成"阳伞效应"导致气候变冷。

（2）火山活动引起的水循环增强引发古野火，会使有机质氧化返还大量的C到大气中（正反馈），也会造成土壤侵蚀造成陆源Hg输入到盆地中，造成沉积Hg的富集异常。同时，火山活动造成的大规模的冰原融化使永久冻土释放CH_4等温室气体，也会返还大量C到大气中。

（3）火山活动的侵入作用释放的Ni等有毒元素、火山的正反馈作用——野火、火山活动的喷发作用释放的硫酸盐气溶胶会导致酸雨的增多，火山活动造成的全球变暖引发的大陆风化，输入大量的营养物质到海洋造成海洋的缺氧，都会引起不同程度的陆地和海洋生物灭绝。

第8章

结论与展望

8.1 主要结论

本书以华北板块中部河东煤田的扒楼沟剖面、东北缘柳江煤田的石门寨剖面和ZK-3809钻孔的本溪组至孙家沟组的陆相地层为研究对象。应用年代地层学、沉积学、岩石学、地球化学和矿物学等相关的理论知识，利用锆石U-Pb定年来约束目标地层的年代地层格架；Hg及Hg同位素和Ni来记录火山活动；$\delta^{13}C_{org}$、干酪根显微组分、大陆风化等指标来恢复环境变化。围绕火山活动对陆地环境和气候变化的驱动作用及驱动机制这一科学问题，进行了火山活动引起的环境和气候变化的差异驱动机制的研究，为当前人类所处的第四纪冰室期的地球表层系统的环境和气候变化提供科学的"深时"理论依据。本书有如下认识：

（1）研究区典型剖面目标地层阶/期级别的综合年代地层格架的建立：获得了河东煤田扒楼沟剖面的本溪组和太原组、柳江煤田石门寨剖面的本溪组和太原组，以及ZK-3809钻孔的太原组至孙家沟组的13个锆石年代，这些年龄将华北东北缘柳江煤田的本溪组对应于巴什基尔期—莫斯科期；太原组对应于卡西莫夫期—萨克马尔期；山西组对应于亚丁斯克期—空谷期；下石盒子组对应于沃德期—罗德期；上石盒子组对应于卡匹敦期—吴家坪期；孙家沟组对应于长兴期。将扒楼沟剖面的本溪组对应于巴什基尔期晚期—莫斯科期中期；太原组下部对应于莫斯科晚期—阿瑟尔期。

（2）对目标地层的环境气候变化记录进行恢复，并建立冰室期高纬度冰期—间冰期旋回与低纬度地区环境—气候变化的关系模型：

1）将研究区晚石炭世的10个岩相划分为2个相组合，分别代表三角洲沉积体系和潮坪沉积体系。根据垂直沉积环境演化恢复的海平面在巴什基尔早期和晚期、莫斯科—格舍尔晚期上升了3次；在巴什基尔中期、莫斯科中期和阿瑟尔期海平面下降3次。

2）通过$\delta^{13}C_{org}$、干酪根显微组分和化学风化指数等指标参数，揭示了研究区12次$\delta^{13}C_{org}$负偏移；由稳定变化的丝质体含量推断出8次古野火记录；由化学蚀变指数（CIA）记录了2次大陆风化作用相对增强和1次减弱。

3）通过C/N比值在亚丁斯克早期记录了一次大陆风化的增强和有机质类型的转变。阿瑟尔—萨克马尔期有机质类型为陆源和湖泊源OM混合的时期，早亚丁斯克期OM来自陆源植物，亚丁斯克晚期—空谷期OM来自湖泊藻类。

4）高纬度间冰期与低纬度碳同位素负偏移、大陆风化增强、野火增强和海平面升高对应；高纬度冰期与低纬度碳同位素高原、大陆风化减弱、野火减弱和海平面下降对应。

（3）恢复并分析了华北板块石炭—二叠纪的火山活动的记录。

1）通过Hg、Hg/TOC和Ni元素的富集异常，揭示了目标地层晚石炭世4次火山活动记录（P–VA–1、P–VA–2、P–VA–3、P–VA–4），早二叠世2次火山活动记录（C–VA–1、C–VA–2），中二叠世3次火山活动记录（G–VA–1、G–VA–2、G–VA–3）和晚二叠世1次火山活动记录（L–VA–1）。

2）研究区记录的10次火山活动分别与晚石炭世的华北板块北缘的火山活动，C–P过渡期的SCLIP火山活动，早二叠世Tarim、Panjal、羌塘和Cholyoi火山活动，中二叠世峨眉山大火成岩省和晚二叠世末期西伯利亚大火成岩省对应，研究区Hg和Ni的富集异常是石炭—二叠纪火山活动的沉积记录。

（4）总结冰室期火山与野火共同驱动的环境—气候变化机制和模式。

1）火山活动会引发气候变暖和气候变冷的双重气候作用机制。火山活动通过侵入作用和喷出作用释放大量的温室气体，表现为海平面上升、大陆风化增强、全球水循环增强和大规模的冰川消融。火山活动的喷出作用会释放大量的硫酸盐气溶胶，会在平流层形成"阳伞效应"导致气候变冷。

2）野火是火山活动伴生的非常重要的一个组成部分，它不仅会向使有机质氧化返还大量的C到大气中（正反馈），也会使土壤侵蚀造成陆源Hg输入到盆地中造成沉积Hg的富集异常。因此野火是气球表层系统C和Hg循环的重要来源和触发机制。同时，火山活动造成的大规模的冰原融化使永久冻土释放CH_4等温室气体，也会返还大量C到大气中。野火导致的土壤侵蚀和冰川融化使永冻土释放C，都是火山活动的非常重要的正反馈，是一个恶性的生态系统的C循环过程。

8.2 展望

（1）本书虽然利用U–Pb锆石定年、化学地层和生物地层等数据建立了研究区石炭—二叠纪的综合年代地层格架，但实验方法为LA–ICP–MS，并非为目前国际流行的TIMS定年。因此，在高精度U–Pb定年方法上需要进一步改进和提升。

（2）本书虽然用Hg和Ni以及沉积学的证据约束了瓜德鲁普灭绝和晚二叠大灭绝的位置，但是由于华北红层的广泛发育，孢粉化石在地层中的保存和提取难度增大，应进一步对研究区的孢粉化石进行提取和鉴定工作，以更好地探索火山活动对陆地植物演化的影响。

参考文献

［1］鲁静，杨敏芳，邵龙义，等. 陆相盆地古气候变化与环境演化、聚煤作用［J］. 煤炭学报，2016，41（07）：1788-1797.

［2］周凯. 柴达木盆地早侏罗世环境—气候变化与火山活动的联系［D］. 北京：中国矿业大学，2021.

［3］陈宗杨. 松辽盆地嫩江组—二段岩相精细划分与古湖泊变化［D］. 北京：中国地质大学，2017.

［4］王成善. 深时古气候与未来地球［J］. 国土资源科普与文化，2019，（01）：4-9.

［5］Burgess S D, Muirhead J D, Bowring S A. Initial pulse of Siberian Traps sills as the trigger of the end-Permian mass extinction［J］. Nature Communications，2017，8：164.

［6］Shellnutt J G. The Panjal Traps［J］. Geological Society, London, Special Publications, 2018，463（1）：59-86.

［7］Torsvik T, Smethurst M, Burke K, et al. Long term stability in deep mantle structure: Evidence from the ~300 Ma Skagerrak-Centered Large Igneous Province（the SCLIP）［J］. Earth and Planetary Science Letters，2008，267（3-4）：444-452.

［8］Wang X, Shao L, Eriksson K A, et al. Evolution of a plume-influenced source-to-sink system: An example from the coupled central Emeishan large igneous province and adjacent western Yangtze cratonic basin in the Late Permian, SW China［J］. Earth-Science Reviews，2020，207：103224.

［9］Xu Y, Wei X, Luo Z, et al. The Early Permian Tarim Large Igneous Province: Main characteristics and a plume incubation model［J］. Lithos，2014，204：20-35.

［10］Zhai Q, Li C, Wang J, et al. Shrimp U-Pb dating and Hf isotopic analyses of zircons from the mafic dyke swarms in central Qiangtang area, Northern Tibet［J］. Chinese Science Bulletin，2009，54（13）：2279-2285.

［11］Zhang S, Zhao Y, Kröner A, et al. Early Permian plutons from the northern North China Block: constraints on continental arc evolution and convergent margin magmatism related to the Central Asian Orogenic Belt［J］. International Journal of Earth Sciences，2009，98（6）：1441-1467.

［12］Fielding C R, Frank T D, Birgenheier L P. A revised, late Palaeozoic glacial time-space framework for eastern Australia, and comparisons with other regions and events［J］.

Earth-Science Reviews, 2023, 236: 104263.

[13] Berner R A. Geocarbsulf: A combined model for Phanerozoic atmospheric O_2 and CO_2 [J] . Geochimica Et Cosmochimica Acta, 2006, 70（23）: 5653-5664.

[14] Cleal C J, Thomas B A. Palaeozoic tropical rainforests and their effect on global climates: is the past the key to the present [J] . Geobiology, 2005, 3（1）: 13-31.

[15] Soreghan G S, Soreghan M J, Heavens N G. Explosive volcanism as a key driver of the late Paleozoic ice age [J] . Geology（Boulder）, 2019, 47（7）: 600-604.

[16] Dal Corso J, Song H, Callegaro S, et al. Environmental crises at the Permian – Triassic mass extinction [J] . Nature Reviews Earth & Environment, 2022, 3（3）: 197-214.

[17] Shen J, Chen J, Algeo T J, et al. Evidence for a prolonged Permian – Triassic extinction interval from global marine mercury records [J] . Nature Communications, 2019, 10: 1563.

[18] Shen J, Algeo T J, Chen J, et al. Mercury in marine Ordovician/Silurian boundary sections of South China is sulfide-hosted and non-volcanic in origin [J] . Earth and Planetary Science Letters, 2019, 511: 130-140.

[19] Shen J, Chen J, Algeo T J, et al. Mercury fluxes record regional volcanism in the South China craton prior to the end-Permian mass extinction [J] . Geology, 2020, 49（4）: 452-456.

[20] Shen J, Feng Q, Algeo T J, et al. Sedimentary host phases of mercury（Hg）and implications for use of Hg as a volcanic proxy [J] . Earth and Planetary Science Letters, 2020, 543: 116333.

[21] Shen J, Yin R, Zhang S, et al. Intensified continental chemical weathering and carbon-cycle perturbations linked to volcanism during the Triassic – Jurassic transition [J] . Nature Communications, 2022, 13（1）: 299.

[22] Shen J, Yin R, Algeo T J, et al. Mercury evidence for combustion of organic-rich sediments during the end-Triassic crisis [J] . Nature Communications, 2022, 13: 1307.

[23] Wang J. Late Paleozoic macrofloral assemblages from Weibei Coalfield, with reference to vegetational change through the Late Paleozoic Ice-age in the North China Block [J] . International Journal of Coal Geology, 2010, 83（2-3）: 292-317.

[24] Jianghai Y, Cawood P A, Yuansheng D, et al. Global continental weathering trends across the Early Permian glacial to postglacial transition: correlating high- and low-paleolatitude sedimentary records [J] . Geology（Boulder）, 2014, 42（10）: 835-838.

[25] Lu J, Wang Y, Yang M, et al. Records of volcanism and organic carbon isotopic

composition（δ13Corg）linked to changes in atmospheric pCO$_2$ and climate during the Pennsylvanian icehouse interval［J］. Chemical Geology，2021，570：120168.

［26］Wu Q，Ramezani J，Zhang H，et al. High-precision U-Pb age constraints on the Permian floral turnovers，paleoclimate change，and tectonics of the North China block［J］. Geology，2021，49：677-681.

［27］Yang J，Cawood P A，Montañez I P，et al. Enhanced continental weathering and large igneous province induced climate warming at the Permo-Carboniferous transition［J］. Earth and Planetary Science Letters，2020，534：116074.

［28］Lu J，Zhou K，Yang M，et al. Records of organic carbon isotopic composition（δ13Corg）and volcanism linked to changes in atmospheric pCO$_2$ and climate during the Late Paleozoic Icehouse［J］. Global and Planetary Change，2021，207：103654.

［29］Zhang P，Yang M，Lu J，et al. Low-latitude climate change linked to high-latitude glaciation during the late paleozoic ice age：Evidence from terrigenous detrital kaolinite［J］. Frontiers in Earth Science，2022，10：1-8.

［30］Lu J，Zhou K，Yang M，et al. Terrestrial organic carbon isotopic composition（δ13Corg）and environmental perturbations linked to Early Jurassic volcanism：Evidence from the Qinghai-Tibet Plateau of China［J］. Global and Planetary Change，2020，195：103331.

［31］Lu J，Zhang P，Dal Corso J，et al. Volcanically driven lacustrine ecosystem changes during the Carnian Pluvial Episode（Late Triassic）［J］. Proceedings of the National Academy of Sciences，2021，118（40）：e2109895118.

［32］Zhou K，Lu J，Zhang S，et al. Volcanism driven Pliensbachian（Early Jurassic）terrestrial climate and environment perturbations［J］. Global and Planetary Change，2022，216：103919.

［33］尚冠雄. 华北板块晚古生代煤地质学研究［M］. 太原：山西科学技术出版社，1997.

［34］Grasby S E，Wenjie S，Runsheng Y，et al. Isotopic signatures of mercury contamination in latest Permian oceans［J］. Geology（Boulder），2017，45（1）：55-58.

［35］Lu J，Zhou K，Yang M，et al. Jurassic continental coal accumulation linked to changes in palaeoclimate and tectonics in a fault - depression superimposed basin，Qaidam Basin，NW China［J］. Geological Journal，2020，55（12）：7998-8016.

［36］Grasby S E，Them T R，Chen Z，et al. Mercury as a proxy for volcanic emissions in the geologic record［J］. Earth-Science Reviews，2019，196：102880.

［37］Fielding C R，Frank T D，Savatic K，et al. Environmental change in the late Permian of Queensland，NE Australia：The warmup to the end-Permian Extinction［J］.

Palaeogeography, Palaeoclimatology, Palaeoecology, 2022, 594: 110936.

[38] Frank T D, Shultis A I, Fielding C R. Acme and demise of the late Palaeozoic ice age: A view from the southeastern margin of Gondwana [J]. Palaeogeography, Palaeoclimatology, Palaeoecology, 2015, 418: 176-192.

[39] Isbell J L, Miller M F, Wolfe K L, et al. Timing of late Paleozoic glaciation in Gondwana: was glaciation responsible for the development of Northern Hemisphere cyclothems [J]. Special Papers (Geological Society of America), 2003, 370: 5-24.

[40] Jr. Smith, Langhorne B, Read, et al. Rapid onset of late Paleozoic glaciation on Gondwana: Evidence from Upper Mississippian strata [J]. Geology, 2000, 28 (3): 279.

[41] Montañez I P, Poulsen C J. The late Paleozoic ice age: an evolving paradigm [J]. Annual Review of Earth and Planetary Sciences, 2013, 41 (1): 629-656.

[42] Veevers, McA., Powell. Late Paleozoic glacial episodes in Gondwanaland reflected in transgressive-regressive depositional sequences in Euramerica [J]. GSA Bulletin, 1987 (98): 475-487.

[43] Fielding C R, Frank T D, Birgenheier L P, et al. Stratigraphic imprint of the late Palaeozoic ice age in eastern Australia: a record of alternating glacial and nonglacial climate regime [J]. Journal of the Geological Society, 2008, 165 (1): 129-140.

[44] Metcalfe I, Crowley J L, Nicoll R S, et al. High-precision U-Pb CA-TIMS calibration of Middle Permian to Lower Triassic sequences, mass extinction and extreme climate-change in eastern Australian Gondwana [J]. Gondwana Research, 2015, 28 (1): 61-81.

[45] Montañez I, Deb N J T, Tracy F, et al. CO_2-forced climate and vegetation instability during Late Paleozoic deglaciation [J]. Journal of Geophysical Research, 2007, 315: 87-91.

[46] Saltzman M R. Organic carbon burial and phosphogenesis in the Antler foreland basin: an out-of-phase relationship during the Lower Mississippian [J]. Journal of Sedimentary Research, 2003, 73 (6): 844-855.

[47] Royer D L. CO_2-forced climate thresholds during the Phanerozoic [J]. Geochimica Et Cosmochimica Acta, 2006, 70 (23): 5665-5675.

[48] DiMichele W A. Wetland-Dryland Vegetational Dynamics in the Pennsylvanian Ice Age Tropics [J]. International Journal of Plant Sciences, 2014, 175 (2): 123-164.

[49] Poulsen C J, Pollard D, Horton D E. Influence of high-latitude vegetation feedbacks on late Palaeozoic glacial cycles [J]. Nature Geoscience, 2010, 3 (8): 572-577.

［50］Goddéris Y，Donnadieu Y，Carretier S，et al. Onset and ending of the late Palaeozoic ice age triggered by tectonically paced rock weathering ［J］. Nature Geoscience，2017，10（5）：382–386.

［51］Foster G L，Royer D L，Lunt D J. Future climate forcing potentially without precedent in the last 420 million years ［J］. Nature Communications，2017，8（1）：14845.

［52］Korte C，Jones P J，Brand U，et al. Oxygen isotope values from high–latitudes：Clues for Permian sea–surface temperature gradients and Late Palaeozoic deglaciation ［J］. Palaeogeography，Palaeoclimatology，Palaeoecology，2008，269（1–2）：1–16.

［53］Korte C，Kozur H W，Veizer J. $\delta13C$ and $\delta18O$ values of Triassic brachiopods and carbonate rocks as proxies for coeval seawater and palaeotemperature ［J］. Palaeogeography，Palaeoclimatology，Palaeoecology，2005，226（3–4）：287–306.

［54］Davydov V I，Biakov A S，Isbell J L，et al. Middle Permian U－Pb zircon ages of the "glacial" deposits of the Atkan Formation，Ayan–Yuryakh anticlinorium，Magadan province，NE Russia：Their significance for global climatic interpretations ［J］. Gondwana Research，2016，38：74–85.

［55］Davydov V I，Haig D W，McCartain E. A latest Carboniferous warming spike recorded by a fusulinid–rich bioherm in Timor Leste：Implications for East Gondwana deglaciation ［J］. Palaeogeography，Palaeoclimatology，Palaeoecology，2013，376：22–38.

［56］Montaez I P，Mcelwain J C，Poulsen C J，et al. Climate，$p\mathrm{CO}_2$ and terrestrial carbon cycle linkages during late palaeozoic glacial–interglacial cycles ［J］. Nature Geoscience，2016，11（9）：824–828.

［57］王自强. 华北二叠纪大型古植物事件 ［J］. 古生物学报，1989，（3）：314–343.

［58］阎同生. 河北柳江煤田石炭纪和二叠纪植物群及古地理演化 ［J］. 古地理学报，2003，（04）：461–474.

［59］杨关秀，王洪山. 禹州植物群——中、晚期华夏植物群之瑰宝 ［J］. 中国科学：地球科学，2012，42（08）：1192–1209.

［60］杨起. 河南禹县晚古生代煤系沉积环境与聚煤特征 ［M］. 北京：地质出版社，1987.

［61］Embleton B，Mcelhinny M W，Ma X，et al. Permo–Triassic magnetostratigraphy in China：the type section near Taiyuan，Shanxi Province，North China ［J］. Geophysical Journal International，1996，133（1）：213–216.

［62］Isozaki Y. Illawarra Reversal：The fingerprint of a superplume that triggered Pangean breakup and the end–Guadalupian（Permian）mass extinction ［J］. Gondwana Research，2009，15（3–4）：421–432.

［63］Isozaki Y，Kawahata H，Minoshima K. The Capitanian（Permian）Kamura cooling event：The beginning of the Paleozoic‑Mesozoic transition ［J］. Palaeoworld，2007，16（1‑3）：16–30.

［64］Isozaki Y，Kawahata H，Ota A. A unique carbon isotope record across the Guadalupian‑Lopingian（Middle‑Upper Permian）boundary in mid‑oceanic paleo‑atoll carbonates：The high‑productivity "Kamura event" and its collapse in Panthalassa ［J］. Global and Planetary Change，2007，55（1‑3）：21–38.

［65］朱鸿，杨关秀，盛阿兴. 河南禹州大风口剖面二叠纪地层古地磁研究 ［J］. 地质学报，1996，（02）：121–128.

［66］Hounslow M W，Balabanov Y P. A geomagnetic polarity timescale for the Permian，calibrated to stage boundaries ［J］. Geological Society of London Special Publications，2016，450：450–458.

［67］申博恒，沈树忠，吴琼，等. 华北板块石炭纪—二叠纪地层时间框架 ［J］. 中国科学：地球科学，2022，52（07）：1181–1212.

［68］马收先，孟庆任，曲永强. 华北地块北缘上石炭统—中三叠统碎屑锆石研究及其地质意义 ［J］. 地质通报，2011，30（10）：1485–1500.

［69］Yang J H，Wu F Y，Shao J A，et al. Constraints on the timing of uplift of the Yanshan Fold and Thrust Belt，North China ［J］. Earth & Planetary Letters，2007，246（3‑4）：336–352.

［70］Wang M，Zhong Y，He B，et al. Geochronology and geochemistry of the fossil‑flora‑bearing Wuda Tuff in North China Craton and its tectonic implications ［J］. Lithos，2020，364–365：105485.

［71］Schmitz M D，Pfefferkorn H W，Shen S，et al. A volcanic tuff near the Carboniferous‑Permian boundary，Taiyuan Formation，North China：Radioisotopic dating and global correlation ［J］. Review of Palaeobotany and Palynology，2021，294：104244.

［72］李洪颜，徐义刚，黄小龙，等. 华北克拉通北缘晚古生代活化：山西宁武—静乐盆地上石炭统太原组碎屑锆石U‑Pb测年及Hf同位素证据 ［J］. 科学通报，2009，54（05）：632–640.

［73］孙蓓蕾，曾凡桂，刘超，等. 太原西山上古生界含煤地层最大沉积年龄的碎屑锆石U‑Pb定年约束及地层意义 ［J］. 地质学报，2014，88（02）：185–197.

［74］XQ Zhu，WB Zhu，RF Ge，et al. Late Paleozoic provenance shift in the south‑central North China Craton：Implications for tectonic evolution and crustal growth ［J］. Gondwana Research：International Geoscience Journal，2014，25（1）：383–400.

［75］Sun J，Yang L，Dong Y，et al. Permian tectonic evolution of the southwestern Ordos Basin，North China：Integrating constraints from sandstone petrology and detrital zircon geochronology ［J］. Geological Journal，2020，12：25–32.

［76］ Zhang S, Zhao Y, Song B, et al. Zircon Shrimp U－Pb and in－situ Lu－Hf isotope analyses of a tuff from Western Beijing: Evidence for missing Late Paleozoic arc volcano eruptions at the northern margin of the North China block ［J］. Gondwana Research, 2007, 12（1–2）: 157–165.

［77］ Wang Y, Yang W, Zheng D, et al. Detrital zircon U－Pb ages from the Middle to Late Permian strata of the Yiyang area, southern North China Craton: Implications for the Mianlue oceanic crust subduction ［J］. Geological Journal, 2019, 54（6）: 1–8.

［78］ 刘超，孙蓓蕾，曾凡桂. 太原西山上二叠统—下三叠统地层最大沉积年龄的碎屑锆石U–Pb定年约束 ［J］. 地质学报，2014，88（08）：1579–1587.

［79］ Li H Y, He B, Xu Y G, et al. U–Pb and Hf isotope analyses of detrital zircons from Late Paleozoic sediments: Insights into interactions of the North China Craton with surrounding plates ［J］. Journal of Asian Earth Sciences, 2010, 39（5）: 335–346.

［80］ Zhu Z, Liu Y, Kuang H, et al. Altered fluvial patterns in North China indicate rapid climate change linked to the Permian–Triassic mass extinction ［J］. Scientific Reports, 2019, 9（1）: 16818.

［81］ Schroeder W H, Munthe J. Atmospheric mercury – An overview ［J］. Atmospheric Environment, 1998, 5（5）: 809–822.

［82］ Blum J D, Sherman L S, Johnson M W. Mercury isotopes in earth and environmental sciences ［J］. Annual Review of Earth and Planetary Sciences, 2014, 42（1）: 249–269.

［83］ Lamborg C H, Fitzgerald W F, Donnell J O, et al. A non–steady–state compartmental model of global–scale mercury biogeochemistry with interhemispheric atmospheric gradients ［J］. Geochimica Et Cosmochimica Acta, 2002, 66（7）: 1118.

［84］ Mason R P, Fitzgerald W F, Morel F M. The biogeochemical cycling of elemental mercury: anthropogenic in fluencies ［J］. Geochimica Et Cosmochimica Acta, 1994, 58: 3191–3198.

［85］ T. G Gibson, L. M. Bybell, D. B. Mason . Stratigraphic and climatic implications of clay mineral changes around the Paleocene/Eocene boundary of the northeastern US margin ［J］. Sedimentary Geology, 2000, 5: 110–115.

［86］ Manoch, Kongchum, Wayne, et al. Relationship between sediment clay minerals and total mercury ［J］. Journal of Environmental Science and Health, Part A, 2011, 46（5）: 534–539.

［87］ Sial A N, Gaucher C, Filho M, et al. C–, Sr–isotope and Hg chemostratigraphy of Neoproterozoic cap carbonates of the Sergipano Belt, Northeastern Brazil ［J］. Precambrian Research, 2010, 182（4）: 351–372.

［88］Sial A N, Lacerda L D, Ferreira V P, et al. Mercury as a proxy for volcanic activity during extreme environmental turnover: The Cretaceous - Paleogene transition ［J］. Palaeogeography, Palaeoclimatology, Palaeoecology, 2013, 387: 153–164.

［89］Sial A N, Chen J, Lacerda L D, et al. High-resolution Hg chemostratigraphy: A contribution to the distinction of chemical fingerprints of the Deccan volcanism and Cretaceous - Paleogene Boundary impact event ［J］. Palaeogeography Palaeoclimatology Palaeoecology, 2014, 414: 98–115.

［90］Sial A N, Chen J, Lacerda L D, et al. Globally enhanced Hg deposition and Hg isotopes in sections straddling the Permian - Triassic boundary: Link to volcanism ［J］. Palaeogeography, Palaeoclimatology, Palaeoecology, 2020, 540: 109537.

［91］Sanei H, Grasby S E, Beauchamp B. Latest Permian mercury anomalies ［J］. Geology, 2012, 40（1）: 63–66.

［92］Thibodeau A M, Ritterbush K, Yager J A, et al. Mercury anomalies and the timing of biotic recovery following the end-Triassic mass extinction ［J］. Nature Communications, 2016, 7（1）: 11147.

［93］Jones M T, Percival L M E, Stokke E, et al. Mercury anomalies across the Palaeocene - Eocene Thermal Maximum ［J］. Climate of the Past, 2019, 15（1）: 217–236.

［94］Selin N E. Global Biogeochemical Cycling of Mercury: A Review ［J］. Annual Review of Environment and Resources, 2009, 34（1）: 43–63.

［95］Pyle D M, Mather T A. The importance of volcanic emissions for the global atmospheric mercury cycle ［J］. Atmospheric Environment, 2003, 37（36）: 5115–5124.

［96］Zambardi T, Sonke J E, Toutain J P, et al. Mercury emissions and stable isotopic compositions at Vulcano Island （Italy） ［J］. Earth and Planetary Science Letters, 2009, 277（1-2）: 236–243.

［97］Zambardi T, Toutain J P, Sonke J E, et al. Elemental and isotopic budget of volcanic mercury （Hg） at Vulcano Island （Italy）: European Geoscience Union ［J］. 2008.

［98］Percival L M E, Ruhl M, Hesselbo S P, et al. Mercury evidence for pulsed volcanism during the end-Triassic mass extinction ［J］. Proceedings of the National Academy of Sciences, 2017, 114（30）: 7929–7934.

［99］Percival L, Bergquist B A, Mather T A, et al. Sedimentary Mercury Enrichments as a Tracer of Large Igneous Province Volcanism ［J］. Large Igneous Provinces, 2021.

［100］Grasby S E, Sanei H, Beauchamp B, et al. Mercury deposition through the Permo - Triassic Biotic Crisis ［J］. Chemical Geology, 2013, 351: 209–216.

［101］Reidel S. Exploring the use of mercury in reconstructing the environmental impacts of Large Igneous Provinces ［J］. Elements, 2015, 11（3）: 220.

［102］ Chu D，Grasby S E，Song H，et al. Ecological disturbance in tropical peatlands prior to marine Permian–Triassic mass extinction ［J］. Geology, 2020, 48: 1–9.

［103］ Lu J，Zhang P，Yang M，et al. Continental records of organic carbon isotopic composition （δ13Corg）, weathering, paleoclimate and wildfire linked to the End–Permian Mass Extinction ［J］. Chemical Geology, 2020, 558: 119764.

［104］ Bergquist B A，Blum J D. Mass–dependent and –independent fractionation of hg isotopes by photoreduction in aquatic systems ［J］. Science, 2007, 318 (5849) : 417–420.

［105］ Chen J，Hintelmann H，Feng X，et al. Unusual fractionation of both odd and even mercury isotopes in precipitation from Peterborough, ON, Canada ［J］. Geochimica Et Cosmochimica Acta, 2012, 90: 33–46.

［106］ Perrot V，Bridou R，Pedrero Z，et al. Identical Hg isotope mass dependent fractionation signature during methylation by sulfate–reducing bacteria in sulfate and sulfate–free environment ［J］. Environmet Science Technol, 2015, 3 (49) : 1365–1373.

［107］ Yager J A，West A J，Thibodeau A M，et al. Mercury contents and isotope ratios from diverse depositional environments across the Triassic – Jurassic Boundary: Towards a more robust mercury proxy for large igneous province magmatism ［J］. Earth–Science Reviews, 2021, 223: 103775.

［108］ Yin R，Feng X，Hurley J P，et al. Mercury isotopes as proxies to identify sources and environmental impacts of mercury in sphalerites ［J］. Scientific Reports, 2016, 6 (1) : 18686.

［109］ Zheng W，Gilleaudeau G J，Kah L C，et al. Mercury isotope signatures record photic zone euxinia in the Mesoproterozoic ocean ［J］. Proceedings of the National Academy of Sciences, 2018, 115 (42) : 10594–10599.

［110］ Jones M T，Jerram D A，Svensen H H，et al. The effects of large igneous provinces on the global carbon and sulphur cycles ［J］. Palaeogeography, Palaeoclimatology, Palaeoecology, 2016, 441: 4–21.

［111］ Racki，Grzegorz，Rakocinski，et al. Mercury enrichments and the Frasnian–Famennian biotic crisis: A volcanic trigger proved ［J］. Geology, 2018, 46 (6) : 543–546.

［112］ Bond D P G，Grasby S E. On the causes of mass extinctions ［J］. Palaeogeography, Palaeoclimatology, Palaeoecology, 2017, 478: 3–29.

［113］ Yin H，Feng Q，Lai X，et al. The protracted Permo–Triassic crisis and multi–episode extinction around the Permian – Triassic boundary ［J］. Global and Planetary Change, 2007, 55 (1–3) : 1–20.

［114］ Lee C A，Jiang H，Ronay E，et al. Volcanic ash as a driver of enhanced organic carbon burial in the Cretaceous ［J］. Scientific Reports, 2018, 8 (1) : 4197.

［115］Oakes M，Ingall E D，Lai B，et al. Iron solubility related to particle sulfur content in source emission and ambient fine particles ［J］. Environmental Science & Technology，2012，46（12）：6637–6644.

［116］Sur S，Owens J D，Soreghan G S，et al. Extreme eolian delivery of reactive iron to late Paleozoic icehouse seas ［J］. Geology（Boulder），2015，43（12）：1099–1102.

［117］Faure K，Wit M J D，Willis J P. Late Permian global coal hiatus linked to 13C–depleted CO_2 flux into the atmosphere during the final consolidation of Pangea ［J］. Geology，1996，23（6）：507–510.

［118］Gehrke G E，Blum J D，Meyers P A. The geochemical behavior and isotopic composition of Hg in a mid–Pleistocene western Mediterranean sapropel ［J］. Geochimica Et Cosmochimica Acta，2009，73（6）：1651–1665.

［119］Nan C A，Jahren A H，Amundson R. Can C3 plants faithfully record the carbon isotopic composition of atmospheric carbon dioxide ［J］. Paleobiology，2000，26（1）：137–164.

［120］Jenkyns H C，Clayton C J. Lower Jurassic epicontinental carbonates and mudstones from England and Wales；chemostratigraphic signals and the early Toarcian anoxic event ［J］. Sedimentology，1997，44（4）：687–706.

［121］Hesselbo S P，Gröcke D R，Jenkyns H C，et al. Massive dissociation of gas hydrate during a Jurassic oceanic anoxic event ［J］. Nature，2000，406（6794）：392–395.

［122］Kemp D B，Coe A L，Cohen A S，et al. Astronomical pacing of methane release in the Early Jurassic period ［J］. Nature，2005，437（7057）：396–399.

［123］Nesbitt H W，Young G M. Early Proterozoic climates and plate motions inferred from major element chemistry of lutites［J］. Nature，1982，299（5885）：715–717.

［124］Nesbitt H W，Young G M. Prediction of some weathering trends of plutonic and volcanic rocks based on thermodynamic and kinetic considerations ［J］. Geochimica Et Cosmochimica Acta，1984，48（7）：1523–1534.

［125］Roy D K，Roser B P. Climatic control on the composition of Carboniferous–Permian Gondwana sediments，Khalaspir basin，Bangladesh ［J］. Gondwana Research，2013，23（3）：1163–1171.

［126］Murthy S，Mendhe V A，Uhl D，et al. Palaeobotanical and biomarker evidence for Early Permian（Artinskian）wildfire in the Rajmahal Basin，India ［J］. Journal of Palaeogeography，2021，10（1）：1–21.

［127］Scott A C. The Pre–Quaternary history of fire ［J］. Palaeogeography，Palaeoclimatology，Palaeoecology，2000，164（1）：281–329.

［128］Scott A C，Kenig F，Plotnick R E，et al. Evidence of multiple late Bashkirian to early

Moscovian （Pennsylvanian） fire events preserved in contemporaneous cave fills ［J］. Palaeogeography, Palaeoclimatology, Palaeoecology, 2010, 291（1-2）: 72-84.

［129］ Scott A C, Bowman D J M S, Bond W J, et al. Fire on earth: an introduction ［J］. John Wiley & Sons, Ltd., Chichester, UK, 2014.

［130］ Jasper A, Uhl D, Agnihotri D, et al. Evidence of Wildfires in the Late Permian （Changsinghian） Zewan formation of Kashmir, India ［J］. Current Science, 2016, 110（3）: 419-423.

［131］ Glasspool I J, Edwards D, Axe L. Charcoal in the Silurian as evidence for the earliest wildfire ［J］. Geology, 2004, 32（5）: 381-384.

［132］ Belcher, Claire M, Yearsley, et al. Baseline intrinsic flammability of Earth's ecosystems estimated from paleoatmospheric oxygen over the past 350 million years ［J］. Proceedings of the National Academy of Sciences of the United States of America, 2010, 107（52）: 22448-22453.

［133］ 吴孔友, 冀国盛. 秦皇岛地区地质认识实习指导书 ［M］. 北京: 中国石油大学出版社, 2007.

［134］ 尚冠雄. 华北晚古生代聚煤盆地造盆构造述略 ［J］. 中国煤田地质, 1995, （02）: 1-6.

［135］ 鲁静, 邵龙义, 孙斌, 等. 河东煤田东缘石炭—二叠纪煤系层序—古地理与聚煤作用 ［J］. 煤炭学报, 2012, 37（05）: 747-754.

［136］ 邵龙义, 董大啸, 李明培, 等. 华北石炭—二叠纪层序—古地理及聚煤规律 ［J］. 煤炭学报, 2014, 39（08）: 1725-1734.

［137］ 邵龙义, 徐小涛, 王帅, 等. 中国含煤岩系古地理及古环境演化研究进展 ［J］. 古地理学报, 2021, 23（01）: 19-38.

［138］ Liu F, Zhu H, Ouyang S. Late Pennsylvanian to Wuchiapingian palynostratigraphy of the Baode section in the Ordos Basin, North China ［J］. Journal of Asian Earth Sciences, 2015, 111: 528-552.

［139］ Scotese C. Atlas of Permo-Carboniferous Paleogeographic Maps （Mollweide Projection） ［J］. The Late Paleozoic, Paleomap Atlas for ArcGIS, Paleomap Project, Evanston, IL., 2014, 4: 53-69.

［140］ Zhang S H, Zhao Y, Davis G A, et al. Temporal and spatial variations of Mesozoic magmatism and deformation in the North China Craton: Implications for lithospheric thinning and decratonization ［J］. Earth-Science Reviews, 2014, 131: 49-87.

［141］ 赵越, 翟明国, 陈虹, 等. 华北克拉通及相邻造山带古生代—侏罗纪早期大地构造演化 ［J］. 中国地质, 2017, 44（01）: 44-60.

［142］ 何锡麟, 朱梅丽, 丁惠. 山西太原东山晚古生代地层划分对比及古生物研究

［M］. 长春：吉林大学出版社，1995.

［143］孔宪祯，李润兰，常江林，等. 山西晚古生代含煤地层及其生物群［J］. 中国煤田地质，1995，（01）：18–21.

［144］于文娟. 山西晚古生代四射珊瑚及其古生态意义［D］. 北京：中国地质大学，2010.

［145］陈世悦，徐凤银，刘焕杰. 华北晚古生代层序地层与聚煤规律［M］. 北京：石油大学出版社，2000.

［146］陈世悦. 华北石炭二叠纪海平面变化对聚煤作用的控制［J］. 煤田地质与勘探，2000，（05）：8–11.

［147］王自强，王立新. 华北石千峰群下部晚二叠世植物化石［J］. 中国地质科学院天津地质矿产研究所文集，1987，（15）.

［148］鲁静，张凤海，杨敏芳，等. 模式化煤系露头剖面沉积环境分析方法［J］. 煤田地质与勘探，2016，46（02）：40–48.

［149］Miall A D. Lithophacies types and vertical profile models in braided rivers：A summary［J］. Fluvial sedimentology，1977，5：597–604.

［150］Li Y，Shao L，Fielding C R，et al. Sequence stratigraphy，paleogeography，and coal accumulation in a lowland alluvial plain，coastal plain，and shallow–marine setting：Upper Carboniferous–Permian of the Anyang–Hebi coalfield，Henan Province，North China［J］. Palaeogeography，Palaeoclimatology，Palaeoecology，2021，567：110287.

［151］Wiedenbeck M，Alle P，Corfu F，et al. Three natural zircon standards for U–Th–Pb，Lu–Hf，trace element and REE analyses［J］. Geostandards Newsletter，1995，19（1）：1–23.

［152］Wiedenbeck M，Hanchar J M，Peck W H，et al. Further characterisation of the 91500 zircon crystal［J］. Geostandards and Geoanalytical Research，2004，28（1）：9–39.

［153］Liu Y，Hu Z，Gao S，et al. In situ analysis of major and trace elements of anhydrous minerals by LA–ICP–MS without applying an internal standard［J］. Chemical Geology，2008，257：34–43.

［154］柴华，钟尚志，崔海莹，等. 植物呼吸释放CO_2碳同位素变化研究进展［J］. 生态学报，2018，38（08）：2616–2624.

［155］Arens N C，Jahren A H，Amundson R. Can C3 plants faithfully record the carbon isotopic composition of atmospheric carbon dioxide［J］. Paleobiology，2000，26（1）：137–164.

［156］Sun R，Enrico M，Heimbürger L，et al. A double–stage tube furnace–acid–trapping protocol for the pre-concentration of mercury from solid samples for isotopic analysis 〔J〕. Analytical and Bioanalytical Chemistry, 2013, 405（21）: 6771-6781.

［157］Sun R, Yuan J, Sonke J E, et al. Methylmercury produced in upper oceans accumulates in deep Mariana Trench fauna 〔J〕. Nature Communications, 2020, 11 （1）: 3389.

［158］Blum J D, Bergquist B A. Reporting of variations in the natural isotopic composition of mercury 〔J〕. Analytical and Bioanalytical Chemistry, 2007, 388（2）: 353-359.

［159］Meng M, Sun R, Liu H, et al. Mercury isotope variations within the marine food web of Chinese Bohai Sea: Implications for mercury sources and biogeochemical cycling 〔J〕. Journal of Hazardous Materials, 2020, 384: 121379.

［160］Zhang Y, Jaeglé L, Thompson L A. Natural biogeochemical cycle of mercury in a global three - dimensional ocean tracer model 〔J〕. Global Biogeochemical Cycles, 2014, 28（5）: 553-570.

［161］Pirrone N, Cinnirella S, Feng X, et al. Global mercury emissions to the atmosphere from anthropogenic and natural sources 〔J〕. Atmospheric Chemistry and Physics, 2010, 10（13）: 5951-5964.

［162］Shen J, Algeo T J, Planavsky N J, et al. Mercury enrichments provide evidence of Early Triassic volcanism following the end-Permian mass extinction 〔J〕. Earth-Science Reviews, 2019, 195: 191-212.

［163］Shen J, Zhu H, Shi S, et al. Gravitomagnetic Field and Time-Dependent Spin-Rotation Coupling 〔J〕. Physica Scripta, 2002, 65（6）: 465-468.

［164］Glasspool I J, Scott A C. Phanerozoic concentrations of atmospheric oxygen reconstructed from sedimentary charcoal 〔J〕. Nature Geoscience, 2010, 3（9）: 627-630.

［165］Lu J, Wang Y, Yang M, et al. Diachronous end-Permian terrestrial ecosystem collapse with its origin in wildfires 〔J〕. Palaeogeography, Palaeoclimatology, Palaeoecology, 2022, 594: 110960.

［166］Yan M, Wan M, He X, et al. First report of Cisuralian （early Permian） charcoal layers within a coal bed from Baode, North China with reference to global wildfire distribution 〔J〕. Palaeogeography, Palaeoclimatology, Palaeoecology, 2016, 8: 559430.

［167］Yan Z, Shao L, Glasspool I J, et al. Frequent and intense fires in the final coals of the Paleozoic indicate elevated atmospheric oxygen levels at the onset of the End-Permian Mass Extinction Event 〔J〕. International Journal of Coal Geology, 2019, 207: 75-83.

［168］Diessel C. The stratigraphic distribution of inertinite 〔J〕. International Journal of Coal

Geology, 2010, 81（4）: 251-268.

［169］Shao L, Wang H, Xiaohui Y U, et al. Paleo-fires and Atmospheric Oxygen Levels in the Latest Permian: Evidence from Maceral Compositions of Coals in Eastern Yunnan, Southern China ［J］. Acta Geologica Sinica, 2012, 86（4）: 14.

［170］Algeo T J, Henderson C M, Tong J, et al. Plankton and productivity during the Permian - Triassic boundary crisis: An analysis of organic carbon fluxes ［J］. Global and Planetary Change, 2013, 105: 52-67.

［171］Biswas R K, Kaiho K, Saito R, et al. Terrestrial ecosystem collapse and soil erosion before the end-Permian marine extinction; organic geochemical evidence from marine and non-marine records ［J］. Global and Planetary Change, 2020, 195: 103327.

［172］Mays C, McLoughlin S, Frank T D, et al. Lethal microbial blooms delayed freshwater ecosystem recovery following the end-Permian extinction ［J］. Nature Communications, 2021, 12（1）: 5511.

［173］David M. J. S. Bowman, Jennifer K. Balch, Paulo Artaxo et al. Fire in the earth system ［J］. Science, 2009（324）: 481-484.

［174］Sheldon N D, Tabor N J. Quantitative paleoenvironmental and paleoclimatic reconstruction using paleosols ［J］. Earth-Science Reviews, 2009, 95（1）: 1-52.

［175］McLennan S M, Hemming S, McDaniel D K, et al. Geochemical approaches to sedimentation, provenance, and tectonics ［J］. Special Papers（Geological Society of America）, 1993, 284: 21-40.

［176］Fedo C M, Nesbitt H W, Young G M. Unraveling the effects of potassium metasomatism in sedimentary rocks and Paleosols, with implications for paleoweathering conditions and provenance ［J］. Geology（Boulder）, 1995, 23（10）: 921-924.

［177］Fagel N, Bo S X. Clay-mineral record in Lake Baikal sediments: The Holocene and Late Glacial transition ［J］. Palaeogeography Palaeoclimatology Palaeoecology, 2008, 259（2）: 230-243.

［178］G Xu, Deconinck, Jean-Franois, et al. Clay mineralogical characteristics at the Permian-Triassic Shangsi section and their paleoenvironmental and/or paleoclimatic significance ［J］. Palaeogeography, Palaeoclimatology, Palaeoecology: An International Journal for the Geo-Sciences, 2017, 474（1）: 1-12.

［179］Chamley H. Clay formation through weathering ［J］. Clay Sedimentology, 1990: 21-50.

［180］Gingele F X, Deckker P D, Hillenbrand C D. Late Quaternary fluctuations of the Leeuwin Current and palaeoclimates on the adjacent land masses: clay mineral evidence ［J］. Journal of the Geological Society of Australia, 2001, 48（6）: 867-874.

［181］Adatte T，Keller G，Stinnesbeck W. Late Cretaceous to early Paleocene climate and sea-level fluctuations：the Tunisian record［J］. Palaeogeography Palaeoclimatology Palaeoecology，2002，178（3-4）：165-196.

［182］Singer A. The paleoclimatic interpretation of clay minerals in soils and weathering profiles ［J］. Earth-Science Reviews，1980，15（4）：303-326.

［183］Singer A. The paleoclimatic interpretation of clay minerals in sediments： a review ［J］. Earth-Science Reviews，1984，21（4）：251-293.

［184］裴放. 河南华北型石炭—二叠纪地层划分与时代对比［J］. 河南地球科学通报，2009.

［185］侯光才，张茂省. 河东煤田地下水勘察研究［M］. 北京：地质出版社，2008.

［186］陈忠惠. 河东煤田东缘晚古生代含煤岩系的沉积环境和聚煤规律—兼论山西境内晚古生代含煤岩的沉积环境［M］. 北京：中国地质大学出版社，1990.

［187］林万智，邵济安，赵章元. 中朝板块晚古生代的古地磁特征 ［J］. 物探与化探，1984，（05）：297-304.

［188］苏朴，贾炳文. 古地磁学在煤田地质中的应用前景 ［J］. 煤田地质与勘探，1988，（03）：20-24.

［189］Qiao X，Wang Y. Discussions on the Lower Boundary Age of the Mesoproterozoic and Basin Tectonic Evolution of the Mesoproterozoic in North China Craton ［J］. Acta Geologica Sinica，2014，88：1623-1631.

［190］沈玉林，郭英海，李壮福，等. 河东煤田东缘晋祠组晋祠砂岩沉积特征 ［J］. 天然气地球科学，2006，（01）：109-113.

［191］Fang X，Deyan Z，Kang C，et al. Early Cretaceous paleoclimate characteristics of China；clues from continental climate-indicative sediments ［J］. Acta geologica Sinica（Beijing），2015，89（4）：1307-1318.

［192］Wang Y，Mosbrugger V，Zhang H. Early to Middle Jurassic vegetation and climatic events in the Qaidam Basin，Northwest China ［J］. Palaeogeography，Palaeoclimatology，Palaeoecology，2005，224（1-3）：200-216.

［193］杜远生，余文超. 沉积型铝土矿的陆表淋滤成矿作用：兼论铝土矿床的成因分类 ［J］. 古地理学报，2020，22（05）：812-826.

［194］杨江海，颜佳新，黄燕. 从晚古生代冰室到早中生代温室的气候转变：兼论东特提斯低纬区的沉积记录与响应 ［J］. 沉积学报，2017，35（5）：13.

［195］Andrews J E，Kendall A C，Hall A. Microbial crust with Frutexites and iron staining in chalks：Albian-Cenomanian boundary，Hunstanton，UK ［J］. Geological Magazine，2015，152（1）：1-11.

［196］Salama W，Aref M E，Gaupp R. Mineralogical and geochemical investigations of the

Middle Eocene ironstones, El Bahariya Depression, Western Desert, Egypt [J]. Gondwana Research, 2012, 22（2）: 717-736.

[197] Salama W, El Aref M, Gaupp R. Facies analysis and palaeoclimatic significance of ironstones formed during the Eocene greenhouse [J]. Sedimentology, 2014, 61 （6）: 1594-1624.

[198] Salama W, El Aref M M, Gaupp R. Mineral evolution and processes of ferruginous microbialite accretion – an example from the Middle Eocene stromatolitic and ooidal ironstones of the Bahariya Depression, Western Desert, Egypt [J]. Geobiology, 2013, 11（1）: 15-28.

[199] Zaton M, Kremer B, Marynowski L, et al. Middle Jurassic（Bathonian）encrusted oncoids from the Polish Jura, southern Poland [J]. Facies, 2012, 58（1）: 57-77.

[200] McLaughlin P I, Emsbo P, Brett C E. Beyond black shales: The sedimentary and stable isotope records of oceanic anoxic events in a dominantly oxic basin（Silurian; Appalachian Basin, USA）[J]. Palaeogeography, Palaeoclimate, Palaeoecology, 2012, 367: 153-177.

[201] Preat A, El Hassani A, Mamet B. Iron bacteria in Devonian carbonates（Tafilalt, Anti-Atlas, Morocco）[J]. Facies, 2008, 54（1）: 107-120.

[202] Preat A, Mamet B, De Ridder C, et al. Iron bacterial and fungal mats, Bajocian stratotype（Mid-Jurassic, northern Normandy, France）[J]. Sedimentary Geology, 2000, 137（3-4）: 107-126.

[203] Reolid M, Nieto L M. Jurassic Fe-Mn macro-oncoids from pelagic swells of the External Subbetic（Spain）: evidences of microbial origin [J]. Geologica Acta, 2010, 8 （2）: 151-168.

[204] Barbieri R, Ori G G, Cavalazzi B. A silurian cold-seep ecosystem from the Middle Atlas, Morocco [J]. Palaios, 2004, 19（6）: 527-542.

[205] Hein J R, Koschinsky A. 13.11 – Deep-Ocean Ferromanganese Crusts and Nodules [J]. Treatise on Geochemistry（Second Edition）, 2014, 13: 273-291.

[206] Luan X, Brett C E, Zhan R, et al. Middle-Late Ordovician iron-rich nodules on Yangtze Platform, South China, and their palaeoenvironmental implications [J]. Lethaia, 2018, 51（4）: 523-537.

[207] 陈世悦, 刘焕杰. 含煤建造露头层序地层分析——以太原西山石炭二叠系剖面为例 [J]. 煤田地质与勘探, 1995, 23（2）: 5.

[208] Ross C A, Ross J R P. Late Paleozoic sea levels and depositional sequences [J]. Cushman Foundation for Foraminiferal Research Special Publication, 1987, （24）: 137-149.

［209］Haq B U，Schutter S R. A Chronology of Paleozoic Sea–Level Changes ［J］. Science，2008，322（5898）：64–68.

［210］Balsam W，Ji J，Chen J. Climatic interpretation of the Luochuan and Lingtai loess sections，China，based on changing iron oxide mineralogy and magnetic susceptibility ［J］. Earth and Planetary Science Letters：A Letter Journal Devoted to the Development in Time of the Earth and Planetary System，2004，（3–4）：223.

［211］Schwertmann U. Occurrence and formation of iron oxides in various pedoenvironments ［J］. Iron in Soils & Clay Minerals，1998，217：15–25.

［212］柳永清，宋立珩. 影响沉积盆地相对海平面变化的多重因素和旋回层序响应 ［J］. 岩相古地理，1997，17（01）：54–63.

［213］付秀清，王正东. 石油地质学 ［M］. 北京：石油工业出版社，2009.

［214］Bhatia M R，Taylor S R. Trace element characteristics of graywackes and tectonic setting discrimination of sedimentary basins ［J］. Contributions to Mineralogy and Petrology，1981，92（2）：181–193.

［215］Cao Y，Song H，Algeo T J，et al. Intensified chemical weathering during the Permian–Triassic transition recorded in terrestrial and marine successions ［J］. Palaeogeography，Palaeoclimatology，Palaeoecology，2019，519：166–177.

［216］Isbell J L，Henry L C，Gulbranson E L，et al. Glacial paradoxes during the late Paleozoic ice age：Evaluating the equilibrium line altitude as a control on glaciation ［J］. Gondwana Research，2012，22（1）：1–19.

［217］Isbell J L，Biakov A S，Vedernikov I L，et al. Permian diamictites in northeastern Asia：Their significance concerning the bipolarity of the late Paleozoic ice age ［J］. Earth–Science Reviews，2016，154：279–300.

［218］Richey J D，Montañez I P，Goddéris Y，et al. Influence of temporally varying weatherability on CO_2–climate coupling and ecosystem change in the late Paleozoic ［J］. Climate of the Past，2020，16（5）：1759–1775.

［219］Lv D，Wang L，Isbell J L，et al. Records of chemical weathering and volcanism linked to paleoclimate transition during the Late Paleozoic Icehouse ［J］. Global and Planetary Change，2022，217：103934.

［220］Scheffler K，Hoernes S，Schwark L. Global changes during Carboniferous–Permian glaciation of Gondwana；linking polar and equatorial climate evolution by geochemical proxies ［J］. Geology（Boulder），2003，31（7）：605–608.

［221］付亚飞，邵龙义，张亮，等. 焦作煤田石炭—二叠纪泥质岩地球化学特征及古环境意义 ［J］. 沉积学报，2018，36（02）：415–426.

［222］Hilton J，Cleal C J. The relationship between Euramerican and Cathaysian tropical floras in the Late Palaeozoic: Palaeobiogeographical and palaeogeographical implications [J]. Earth-Science Reviews, 2007, 85 (3-4): 85-116.

[223] Cao C, Bataille C P, Song H, et al. Persistent late permian to early triassic warmth linked to enhanced reverse weathering [J]. Nature Geoscience, 2022, 15 (10): 832-838.

[224] Yyw A, Yxa B, He S C, et al. Lithium isotope composition of the Carboniferous seawater: implications for initiating and maintaining the Late Paleozoic Ice Age [J]. Journal of Asian Earth Sciences, 2021, 222: 104977.

[225] Cheng C, Li S, Xie X, et al. Permian carbon isotope and clay mineral records from the Xikou section, Zhen'an, Shaanxi Province, central China: Climatological implications for the easternmost Paleo-Tethys [J]. Palaeogeography, Palaeoclimatology, Palaeoecology, 2019, 514: 407-422.

[226] Nakazawa T, Ueno K. Carboniferous-Permian long-term sea-level change inferred from Panthalassan oceanic atoll stratigraphy [J]. Palaeoworld, 2009, 18 (2-3): 162-168.

[227] Krause A J, Mills B J W, Zhang S, et al. Stepwise oxygenation of the Paleozoic atmosphere [J]. Nature Communications, 2018, 9 (1): 4081.

[228] Jones B, Manning D A C. Comparison of geochemical indices used for the interpretation of palaeoredox conditions in ancient mudstones [J]. Chemical Geology, 1994, 111 (1): 111-129.

[229] Pattan J N, Pearce N J G, Mislankar P G. Constraints in using Cerium-anomaly of bulk sediments as an indicator of paleo bottom water redox environment: A case study from the Central Indian Ocean Basin [J]. Chemical Geology, 2005, 221 (3-4): 260-278.

[230] Bustin R M, Guo Y. Abrupt changes (jumps) in reflectance values and chemical compositions of artificial charcoals and inertinite in coals [J]. International Journal of Coal Geology, 1999, 38 (3): 237-260.

[231] Glasspool I J, Scott A C, Waltham D, et al. The impact of fire on the Late Paleozoic Earth system [J]. Frontiers in Plant Science, 2015, 6: 756.

[232] Goodarzi F. Optically anisotropic fragments in a Western Canadian subbituminous coal [J]. Fuel, 1985, 64 (9): 1294-1300.

[233] Meyers P A, Lee C. Preservation of elemental and isotopic source identification of sedimentary organic matter [J]. Chemical Geology, 1994, 114 (3-4): 289-302.

[234] Zeng J, Cao C Q, Davydov V I, et al. Carbon isotope chemostratigraphy and implications of palaeoclimatic changes during the Cisuralian (Early Permian) in the

southern Urals，Russia［J］. Gondwana Research，2012，21（2–3）：601–610.

［235］Birgenheier L P，Frank T D，Fielding C R，et al. Coupled carbon isotopic and sedimentological records from the Permian system of eastern Australia reveal the response of atmospheric carbon dioxide to glacial growth and decay during the late Palaeozoic Ice Age［J］. Palaeogeography Palaeoclimatology Palaeoecology，2010，286（3–4）：178–193.

［236］Hong Z，Guanglong S，Zonglian H. A Carbon Isotopic Stratigraphic Pattern of the Late Palaeozoic Coals in the North China Platform and Its Palaeoclimatic Implications［J］. Acta Geologica Sinica English Edition，1999，73（1）：111–119.

［237］Koch J T，Frank T D. Imprint of the Late Palaeozoic Ice Age on stratigraphic and carbon isotopic patterns in marine carbonates of the Orogrande Basin，New Mexico，USA［J］. Sedimentology，2012，59（1）：291–318.

［238］Tierney K E，Saltzman M R，Advisor W I，et al. Carbon and strontium isotope stratigraphy of the Permian from Nevada and China：Implications from an icehouse to greenhouse transition［J］. Dissertations & Theses – Gradworks，2010，5：168.

［239］Goldberg K，Humayun M. The applicability of the Chemical Index of Alteration as a paleoclimatic indicator：An example from the Permian of the Paraná Basin，Brazil［J］. Palaeogeography，Palaeoclimatology，Palaeoecology，2010，293（1–2）：175–183.

［240］Korte C，Jasper T，Kozur H W，et al. $\delta 18O$ and $\delta 13C$ of Permian brachiopods：A record of seawater evolution and continental glaciation［J］. Palaeogeography，Palaeoclimatology，Palaeoecology，2005，224（4）：333–351.

［241］吕大炜，李增学，刘海燕，等. 华北晚古生代海平面变化及其层序地层响应［J］. 中国地质，2009，36（05）：1079–1086.

［242］Stevens L G，Hilton J，Bond D P G，et al. Radiation and extinction patterns in Permian floras from North China as indicators for environmental and climate change［J］. Journal of the Geological Society，2011，168（2）：607–619.

［243］Shen S，Cao C，Zhang H，et al. High–resolution $\delta 13C$ carb chemostratigraphy from latest Guadalupian through earliest Triassic in South China and Iran［J］. Earth and Planetary Science Letters，2013，375：156–165.

［244］Bond D P G，Hilton J，Wignall P B，et al. The Middle Permian（Capitanian）mass extinction on land and in the oceans［J］. Earth–Science Reviews，2010，102（1–2）：100–116.

［245］Lucas S G. Timing and magnitude of tetrapod extinctions across the Permo–Triassic boundary［J］. Journal of Asian Earth Sciences，2009，36（6）：491–502.

［246］Shen S，Shi G R. Latest Guadalupian brachiopods from the Guadalupian/Lopingian boundary GSSP section at Penglaitan in Laibin, Guangxi, South China and implications for the timing of the pre-Lopingian crisis [J]. Palaeoworld, 2009, 18 (2-3): 152-161.

[247] Wignall P B, Védrine S, Bond D, et al. Facies analysis and sea-level change at the Guadalupian-Lopingian Global Stratotype (Laibin, South China), and its bearing on the end-Guadalupian mass extinction [J]. Journal of the Geological Society, 2009, 166 (4): 655-666.

[248] Wignall P B, Sun Y, Bond D P G, et al. Volcanism, mass extinction, and carbon isotope fluctuations in the Middle Permian of China [J]. Science, 2009, 324 (5931): 1179-1182.

[249] 欧阳舒, 侯静鹏. 论华夏孢粉植物群特征 [J]. 古生物学报, 1999, (03): 3-23.

[250] 欧阳舒, 张振来. 河南登封早三叠世孢粉组合 [J]. 古生物学报, 1982, 21: 687-696.

[251] 侯静鹏, 欧阳舒. 山西柳林孙家沟组孢粉植物群 [J]. 古生物学报, 2000, (03): 356-365.

[252] Cohen K M, Finney S C, Gibbard P L, et al. The ICS international chronostratigraphic chart [J]. Episodes, 2013, 36 (3): 199-204.

[253] Shen S, Crowley J L, Wang Y, et al. Calibrating the end-permian mass extinction [J]. Science, 2011, 334 (6061): 1367-1372.

[254] 彭玉鲸, 陈跃军, 刘跃文. 本溪组—岩石地层和年代地层与穿时性 [J]. 世界地质, 2003, 22 (2): 8.

[255] Yang G, Wang H. Yuzhou Flora—A hidden gem of the Middle and Late Cathaysian Flora [J]. Science China Earth Sciences, 2012, 46: 534.

[256] Burgess S D, Bowring S A. High-precision geochronology confirms voluminous magmatism before, during, and after Earth's most severe extinction [J]. Science Advances, 2015, 1 (7): e1500470.

[257] Fielding C R, Frank T D, McLoughlin S, et al. Age and pattern of the southern high-latitude continental end-Permian extinction constrained by multiproxy analysis [J]. Nature Communications, 2019, 10 (1): 385.

[258] Kaiho K, Kajiwara Y, Nakano T, et al. End-Permian catastrophe by a bolide impact; evidence of a gigantic release of sulfur from the mantle [J]. Geology (Boulder), 2001, 29 (9): 815-818.

[259] Xie S, Pancost R D, Huang J, et al. Changes in the global carbon cycle occurred as two episodes during the Permian - Triassic crisis [J]. Geology, 2007, 35 (12):

1083–1086.

［260］Xie S，Pancost R D，Yin H，et al. Two episodes of microbial change coupled with Permo/Triassic faunal mass extinction ［J］. Nature，2005，434（7032）：494–497.

［261］Kaiho K，Saito R，Ito K，et al. Effects of soil erosion and anoxic – euxinic ocean in the Permian – Triassic marine crisis ［J］. Heliyon，2016，2（8）：e137.

［262］Xie S，Algeo T J，Zhou W，et al. Contrasting microbial community changes during mass extinctions at the Middle/Late Permian and Permian/Triassic boundaries ［J］. Earth and Planetary Science Letters，2017，460：180–191.

［263］Thomas，J.，Algeo，et al. Anomalous Early Triassic sediment fluxes due to elevated weathering rates and their biological consequences ［J］. Geology，2010，38：1023–1026.

［264］Daoliang C，Grasby S E，Haijun S，et al. Ecological disturbance in tropical peatlands prior to marine Permian–Triassic mass extinction ［J］. Geology（Boulder），2020，48（3）：288–292.

［265］Ward P D，Montgomery D R，Smith R. Altered river morphology in South Africa related to the Permian–Triassic extinction ［J］. Science（American Association for the Advancement of Science），2000，289（5485）：1740–1743.

［266］Algeo T J，Chen Z Q，Fraiser M L，et al. Terrestrial – marine teleconnections in the collapse and rebuilding of Early Triassic marine ecosystems ［J］. Palaeogeography，Palaeoclimatology，Palaeoecology，2011，308（1–2）：1–11.

［267］Wignall P B，Chu D，Hilton J M，et al. Death in the shallows：The record of Permo–Triassic mass extinction in paralic settings，southwest China ［J］. Global and Planetary Change，2020，189：103176.

［268］Kaiho K，Aftabuzzaman M，Jones D S，et al. Pulsed volcanic combustion events coincident with the end–Permian terrestrial disturbance and the following global crisis ［J］. Geology，2020，49（3）：289–293.

［269］Xing Z F，Fu Y X，Zheng W，et al. Sporopollen assemblage of upper Permian Sunjiagou Formation in Yiyang，western Henan and its geological significance ［J］. Palaeogeography，2021，23：901–918.

［270］Burgess S D，Bowring S A. High–precision geochronology confirms voluminous magmatism before，during，and after Earth's most severe extinction ［J］. Science Advances，2015，1（7）：e1500470.

［271］Vajda V，McLoughlin S，Mays C，et al. End–Permian（252 Mya）deforestation，wildfires and flooding—An ancient biotic crisis with lessons for the present ［J］. Earth and Planetary Science Letters，2020，529：115875.

［272］Burgess S D，Bowring S，Shen S. High-precision timeline for Earth's most severe extinction ［J］. Proceedings of the National Academy of Sciences，2014，111（9）：3316-3321.

［273］沈文杰，林杨挺，孙永革，等. 浙江省长兴县煤山剖面二叠—三叠系过渡地层中的黑碳记录及其地质意义 ［J］. 岩石学报，2008，24（10）：2407-2414.

［274］Liu J，Zhao Y，Liu A，et al. Origin of Late Palaeozoic bauxites in the North China Craton：constraints from zircon U－Pb geochronology andin situ Hf isotopes ［J］. Journal of the Geological Society，2014，171（5）：695-707.

［275］钟蓉，孙善平，付泽明. 华北地台本溪组、太原组火山事件沉积特征及时空分布规律 ［J］. 地质力学学报，1996，（01）：83-91.

［276］Wang J，Pfefferkorn H W，Zhang Y，et al. Permian vegetational Pompeii from Inner Mongolia and its implications for landscape paleoecology and paleobiogeography of Cathaysia ［J］. Proceedings of the National Academy of Sciences，2012，109（13）：4927-4932.

［277］Wang X，Cawood P A，Zhao H，et al. Global mercury cycle during the end-Permian mass extinction and subsequent Early Triassic recovery ［J］. Earth and Planetary Science Letters，2019，513：144-155.

［278］Vervoort P，Adloff M，Greene S E，et al. Negative carbon isotope excursions：an interpretive framework ［J］. Environmental Research Letters，2019，14（8）：85014.

［279］Javoy M，Pineau F，Delorme H. Carbon and nitrogen isotopes in the mantle ［J］. Chemical Geology，1986，57（1-2）：41-62.

［280］McElwain J C，Wade-Murphy J，Hesselbo S P. Changes in carbon dioxide during an oceanic anoxic event linked to intrusion into Gondwana coals ［J］. Nature，2005，435（7041）：479-482.

［281］Chen J，Xu Y. Establishing the link between Permian volcanism and biodiversity changes：Insights from geochemical proxies ［J］. Gondwana Research，2019，75：68-96.

［282］Zhao G C，Wang Y J，Huang B C，et al. Reconstructions of East Asian blocks in Pangea：Preface ［J］. Earth-Science Reviews，2018，186：1-7.

［283］Xu Z，Hamilton S K，Rodrigues S，et al. Palaeoenvironment and palaeoclimate during the late Carboniferous－early Permian in northern China from carbon and nitrogen isotopes of coals ［J］. Palaeogeography，Palaeoclimatology，Palaeoecology，2020，539：109490.

［284］Burke M P，Hogue T S，Ferreira M，et al. The effect of wildfire on soil mercury concentrations in Southern California Watersheds [J]. Water, Air, & Soil Pollution, 2010, 212 (1-4): 369-385.

[285] Shao L, Wang X, Wang D, et al. Sequence stratigraphy, paleogeography, and coal accumulation regularity of major coal-accumulating periods in China [J]. International Journal of Coal Science & Technology, 2020, 7 (2): 240-262.

[286] Ravichandran M. Interactions between mercury and dissolved organic matter-a review [J]. Chemosphere, 2004, 55 (3): 319-331.

[287] Farrah H, Pickering W. The sorption of mercury species by clay minerals [J]. Water, Air, and Soil Pollution, 1978, 9 (1): 23-31.

[288] Bower J, Savage K S, Weinman B, et al. Immobilization of mercury by pyrite (FeS$_2$) [J]. Environmental Pollution, 2008, 156 (2): 504-514.

[289] Dong, Suk, Han, et al. Reactive iron sulfide (FeS) -supported ultrafiltration for removal of mercury (Hg (Ⅱ)) from water [J]. Water Research: A Journal of the International Water Association, 2014, 53 (15): 310-321.

[290] Duan Y, Han D S, Batchelor B, et al. Synthesis, characterization, and application of pyrite for removal of mercury [J]. Colloids and Surfaces A: Physicochemical and Engineering Aspects, 2016, 490: 326-335.

[291] Sato A M, Llamb í as E J, Basei M A S, et al. Three stages in the Late Paleozoic to Triassic magmatism of southwestern Gondwana, and the relationships with the volcanogenic events in coeval basins [J]. Journal of South American Earth Sciences, 2015, 63: 48-69.

[292] Grasby S E, Sanei H, Beauchamp B. Catastrophic dispersion of coal fly ash into oceans during the latest Permian extinction [J]. Nature Geoscience, 2011, 4 (2): 104-107.

[293] Chen B, Jahn B M, Tian W. Evolution of the Solonker suture zone: Constraints from zircon U‐Pb ages, Hf isotopic ratios and whole-rock Nd‐Sr isotope compositions of subduction- and collision-related magmas and forearc sediments [J]. Journal of Asian Earth Sciences, 2009, 34 (3): 245-257.

[294] Rampino M R, Rodriguez S, Baransky E, et al. Global nickel anomaly links Siberian Traps eruptions and the latest Permian mass extinction [J]. Scientific Reports, 2017, 7 (1): 12416.

[295] Grossman E L, Yancey T E, Jones T E, et al. Glaciation, aridification, and carbon sequestration in the Permo-Carboniferous: The isotopic record from low latitudes [J]. Palaeogeography, Palaeoclimatology, Palaeoecology, 2008, 268 (3-4): 222-233.

[296] Liu C, Jarochowska E, Du Y, et al. Stratigraphical and δ13C records of Permo-

Carboniferous platform carbonates, South China: Responses to late Paleozoic icehouse climate and icehouse‐greenhouse transition [J]. Palaeogeography, Palaeoclimatology, Palaeoecology, 2017, 474: 113-129.

[297] Veizer J. 87Sr/86Sr, Delta13C and Delta18O evolution of Phanerozoic seawater [J]. Chemical Geology, 1999, 161 (1-3): 59-88.

[298] Buggisch W, Wang X, Alekseev A S, et al. Carboniferous‐Permian carbon isotope stratigraphy of successions from China (Yangtze platform), USA (Kansas) and Russia (Moscow Basin and Urals) [J]. Palaeogeography Palaeoclimatology Palaeoecology, 2011, 301 (1-4): 18-38.

[299] Shen J, Chen J, Yu J, et al. Mercury evidence from southern Pangea terrestrial sections for end-Permian global volcanic effects [J]. Nat Commun, 2023, 14 (1): 6.

[300] Garbelli C, Shen S Z, Immenhauser A, et al. Timing of Early and Middle Permian deglaciation of the southern hemisphere: Brachiopod-based 87Sr/86Sr calibration [J]. Earth and Planetary Science Letters, 2019, 516: 122-135.

[301] Van de Schootbrugge B, Quan T M, Lindström S, et al. Floral changes across the Triassic/Jurassic boundary linked to flood basalt volcanism [J]. Nature Geoscience, 2009, 2 (8): 589-594.

[302] Chen Y, Cao C, Cao Y, et al. Observed evidence of the growing contributions to aerosol pollution of wildfires with diverse spatiotemporal distinctions in China [J]. Journal of Cleaner Production, 2021, 298: 126860.

[303] Shi Y, Wang X, Fan J, et al. Carboniferous-earliest Permian marine biodiversification event (CPBE) during the Late Paleozoic Ice Age [J]. Earth-Science Reviews, 2021, 220: 103699.

[304] Joachimski M M, Xulong L, Shuzhong S, et al. Climate warming in the latest Permian and the Permian-Triassic mass extinction [J]. Geology (Boulder), 2012, 40 (3): 195-198.

[305] Chen C, Huang D, Liu J. Functions and toxicity of nickel in plants: recent advances and future prospects [J]. Clean‐Soil, Air, Water, 2009, 37 (4-5): 304-313.

[306] Black, Benjamin A, Lamarque, et al. Acid rain and ozone depletion from pulsed Siberian Traps magmatism [J]. Geology, 2014, 42: 67-70.

[307] Maruoka T, Koeberl C, Hancox P J, et al. Sulfur geochemistry across a terrestrial Permian‐Triassic boundary section in the Karoo Basin, South Africa [J]. Earth & Planetary Science Letters, 2003, 206 (1-2): 101-117.

[308] Benca J P, Duijnstee I A P, Looy C V. UV-B‐induced forest sterility: Implications of ozone shield failure in Earth's largest extinction [J]. Science Advances, 2018, 4

（2）：e1700618.

［309］Foster C B, Afonin S A. Abnormal pollen grains: an outcome of deteriorating atmospheric conditions around the Permian-Triassic boundary ［J］. Journal of the Geological Society, 2005, 162: 653-659.

［310］Visscher H, Looy C V, Collinson M E, et al. Environmental mutagenesis at the time of the end Permian ecological crisis ［J］. Proceedings of the National Academy of Sciences, 2004, 101（35）: 12952-12956.

［311］Sephton M A, Looy C V, Brinkhuis H, et al. Catastrophic soil erosion during the end-Permian biotic crisis ［J］. Geology（Boulder）, 2005, 33（12）: 941-944.

［312］Cai Y F, Zhang H, Feng Z, et al. Intensive wildfire associated with volcanism promoted the vegetation changeover in southwest China during the Permian-Triassic Transition ［J］. Frontiers of Earth Science, 2021, （9）: 615841.

［313］Yan B, Hua Z, Cqc A, et al. Wildfires and deforestation during the Permian - Triassic transition in the southern Junggar Basin, Northwest China ［J］. Earth-Science Reviews, 2021, 218（7）: 103670.

［314］Yan Z, Shao L, Large D, et al. Using geophysical logs to identify Milankovitch cycles and to calculate net primary productivity（NPP）of the Late Permian coals, western Guizhou, China ［J］. Journal of Palaeogeography, 2019, 8（1）: 2-12.

［315］Dal Corso J, Mills B J W, Chu D, et al. Permo - Triassic boundary carbon and mercury cycling linked to terrestrial ecosystem collapse ［J］. Nature Communications, 2020, 11（1）: 2962.

［316］Song H, Wignall P B, Tong J, et al. Geochemical evidence from bio-apatite for multiple oceanic anoxic events during Permian - Triassic transition and the link with end-Permian extinction and recovery ［J］. Earth and Planetary Science Letters, 2012, 353-354: 12-21.

［317］Song H, Tong J, Xiong Y, et al. The large increase of δ 13C carb-depth gradient and the end-Permian mass extinction ［J］. Science China Earth Sciences, 2012, 55（7）: 1101-1109.

［318］Song H, Wignall P B, Tong J, et al. Integrated Sr isotope variations and global environmental changes through the Late Permian to early Late Triassic ［J］. Earth and Planetary Science Letters, 2015, 424: 140-147.

［319］Yin H, Song H. Mass extinction and Pangea integration during the Paleozoic-Mesozoic transition ［J］. Science China Earth Sciences, 2013, 56（11）: 1791-1803.

［320］Yin H, Xie S, Luo G, et al. Two episodes of environmental change at the Permian - Triassic boundary of the GSSP section Meishan ［J］. Earth-Science Reviews, 2012,

115（3）：163-172.

［321］Algeo T J，Ellwood B，Nguyen T K T，et al. The Permian‐Triassic boundary at Nhi Tao，Vietnam：Evidence for recurrent influx of sulfidic watermasses to a shallow-marine carbonate platform ［J］. Palaeogeography，Palaeoclimatology，Palaeoecology，2007，252（1-2）：304-327.

［322］Song H，Wignall P B，Tong J，et al. Two pulses of extinction during the Permian‐Triassic crisis ［J］. Nature Geoscience，2013，6（1）：52-56.

［323］Algeo T J，Hannigan R，Rowe H，et al. Sequencing events across the Permian‐Triassic boundary，Guryul Ravine （Kashmir，India） ［J］. Palaeogeography，Palaeoclimatology，Palaeoecology，2007，252（1-2）：328-346.